国家古籍整理出版专项经费资助项目

中国历代园艺典籍整理丛书

倦圃蒔植记

〔清〕曹溶 著

卢晓辉 王英 译注

长江出版传媒

湖北科学技术出版社

图书在版编目（CIP）数据

倦圃莳植记 /（清）曹溶著；卢晓辉，王英译注 . — 武汉：
湖北科学技术出版社，2022.1
　　（中国历代园艺典籍整理丛书 / 程杰，化振红主编）
　　ISBN 978-7-5352-7528-8

　　Ⅰ . ①倦… Ⅱ . ①曹… ②卢… ③王… Ⅲ . ①花卉—
观赏园艺—中国—清代 Ⅳ . ① S68

　　中国版本图书馆 CIP 数据核字 (2021) 第 239617 号

倦圃莳植记
JUANPU SHIZHI JI

责任编辑：胡思思
封面设计：胡　博
督　　印：刘春尧

出版发行：湖北科学技术出版社
地　　址：武汉市雄楚大街 268 号湖北出版文化城 B 座 13—14 层
电　　话：027-87679468　　　　　　　邮　　编：430070
网　　址：http://www.hbstp.com.cn
印　　刷：武汉市金港彩印有限公司　　　邮　　编：430023
开　　本：889mm×1194mm　　1/32　　11 印张
版　　次：2022 年 1 月第 1 版
印　　次：2022 年 1 月第 1 次印刷
字　　数：400 千字
定　　价：88.00 元

总序

花有广义和狭义之分。广义的花即花卉，统指所有观赏植物，而狭义的花主要是指其中的观花植物，尤其是作为观赏核心的花朵。古人云："花者，华也，气之精华也。"花是大自然的精华，是植物进化到最高阶段的产物，是生物界的精灵。所谓花朵，主要是被子植物的生殖器官，是植物与动物对话的媒介。花以鲜艳的色彩、浓郁的馨香和精致的结构绽放在植物世界葱茏无边的绿色中，刺激着昆虫、鸟类等动物的欲望，也吸引着人类的目光和嗅觉。

人类对于花有着本能的喜爱，在世界所有民族的文化中，花总是美丽、青春和事物精华的象征。现代研究表明，花能激发人们积极的情感，是人类生活中十分重要的伙伴。围绕着花，各种文化都发展起来，人们培植、观赏、吟咏、歌唱、图绘、雕刻花卉，歌颂其美好的形象，寄托深厚的情愫，装点日常的生活，衍生出五彩缤纷的物质与精神文化。

我国是东亚温带大国，花卉资源极为丰富；我国又是文明古国，历史十分悠久。传统文化追求"天人合一"，尤其尊重自然。"望杏敦耕，瞻蒲劝穑"，"花心柳眼知时节"，"好将花木占农候"，这些都是我国农耕社会古老的传统。"花开即佳节"，"看花醉眼不须扶，花下长歌击唾壶"，总是人生常有的赏心乐事。花田、花栏、花坛、花园、花市等花景、花事应运而生，展现出无比美好的生活风光。而如"人心爱春见花喜""花迎喜气皆知笑"，花总是生活幸福美满的绝妙象征。梅开五福、红杏呈祥、牡丹富贵、莲花多子、菊花延寿等吉祥寓意不断萌发、积淀，传载着人们美好的生活理想，逐步形成我们民族系统而独特的装饰风习和花语符号。至于广大文人雅士更是积极系心寄情，吟怀寓性。正如清人张璨《戏题》

诗所说，"书画琴棋诗酒花，当年件件不离它"。花与诗歌、琴棋、书画一样成了士大夫精神生活不可或缺的内容，甚而引花为友，尊花为师，以花表德，借花标格，形成深厚有力的传统，产生难以计数的文艺作品与学术成果，体现了优雅高妙的生活情趣和精神风范。正是我国社会各阶层的热情投入，使得我国花卉文化不断发展积累，形成氤氲繁盛的历史景象，展现出鲜明生动的民族特色，蕴蓄起博大精深的文化遗产。

在精彩纷呈的传统花卉文化中，花卉园艺专题文献无疑最值得关注。根据王毓瑚《中国农学书录》、王达《中国明清时期农书总目》统计，历代花卉园艺专题文献多达三百余种，其中不少作品流传甚广。如综类通述的有《花九锡》《花经》《花历》《花佣月令》等，专述一种的有《兰谱》《菊谱》《梅谱》《牡丹谱》等，专录一地的有《洛阳花木记》《扬州芍药谱》《亳州牡丹志》等，专录私家一园的有《魏王花木志》《平泉山居草木记》《倦圃莳植记》等。从具体内容看，既有《汝南圃史》《花镜》之类重在讲述艺植过程的传统农书，又有《全芳备祖》《花史左编》《广群芳谱》之类辑录相关艺文掌故辞藻的资料汇编，也有《瓶史》《瓶花谱》等反映供养观赏经验的专题著述。此外，还有大量农书、生活百科类书所设花卉园艺、造作、观赏之类专门内容，如明人王象晋《群芳谱》"花谱"、高濂《遵生八笺》"四时花纪""花竹五谱"、清人李渔《闲情偶寄》"种植部"等。以上种种，构成了我国花卉园艺文献的丰富宝藏，蕴含着极为渊博的理论知识和专业经验。

湖北科学技术出版社拟对我国历代花卉园艺文献资料进行全面的汇集整理，并择取一些重要典籍进行注解诠释、推介普及。本丛书可谓开山辟路之举，主要收集古代花卉专题文献中篇幅相对短小、内容较为实用的十多种文献，分编成册。按成书时间先后排列，主要有以下这些。

1.《花九锡·花九品·花中三十客》，唐人罗虬、五代张翊、宋人姚宏等编著，主要是花卉品格、神韵、情趣方面标举名目、区分类别、品第高下的系统名录与说法。

2.《花信风·花月令·十二月花神》，五代徐锴、明人陈诗教、清人俞樾等编著，主要是花信、月令、花神方面的系统名录与说法。

3.《瓶花谱·瓶史·瓶史月表》，明人张谦德、袁宏道、屠本畯著，系统介绍花卉瓶养清供之器具选择、花枝裁配、养护欣赏等方面的技术经验与活动情趣，相当于现代所说的插花艺术指导。

4.《花里活》，明人陈诗教编著，着重收集以往文献及当时社会生活中生动有趣、流传甚广的花卉故事。

5.《花佣月令》，明人徐石麒著，以十二个月为经，以种植、分栽、下种、过接、扦压、滋培、修整、收藏、防忌等九事为纬，记述各种花木的种植、管理事宜。

6.《培花奥诀录·赏花幽趣录》，清人孙知伯著。前者主要记述庭园花木一年四季的培植方法，实用性较高；后者谈论一些重要花木欣赏品鉴的心得体会。

7.《名花谱》，清人沈赋编著，汇编了九十多种名花异木物性、种植、欣赏等方面的经典资料。

8.《倦圃莳植记》，清人曹溶著，列述四十多种重要花卉以及若干竹树、瓜果、蔬菜的种植宜忌、欣赏雅俗之事，进而对众多花木果蔬的品性、

情趣进行评说。

9.《花木小志》，清人谢堃著，细致地描述了作者三十多年走南闯北亲眼所见的一百四十多种花木，其中不乏各地培育出来的名优品种。

10.《品芳录》，清人徐寿基著，分门别类地介绍了一百三十六种花木的物性特色、种植技巧、制用方法等，兼具观赏和实用价值。

以上合计十九种，另因题附录一些相关资料，大多是关乎花卉品种名目、性格品位、时节月令、种植养护、观赏玩味的日用小知识、小故事和小情趣，有着鲜明的实用价值，无异一部"花卉实用小丛书"。我们逐一就其文献信息、著者情况、内容特点、文化价值等进行简要介绍，并对全部原文进行了比较详细的注释和白话翻译，力求方便阅读，衷心希望得到广大园艺工作者、花卉爱好者的喜欢。

程　杰　化振红

2018 年 8 月 22 日

解題

　　《倦圃蒔植记》三卷，总论两卷，清代曹溶撰。曹溶（1613—1685），字洁躬，号秋岳，晚年自号锄菜翁，亦号倦圃老人。浙江嘉兴平湖人，居住在秀水（现浙江省嘉兴市秀水县）。曹溶适逢明清易代之际，他的一生经历可以比较清晰地分为三个阶段：一是明末时期。他于崇祯十年（1637年），25岁时考中进士，步入仕途后官至监察御史。二是入清后。他历任顺天学政、副都御史、太仆寺少卿、户部侍郎、广东布政使等职，后降职为山西阳和兵备道。大约在康熙七年（1668年），56岁后裁缺归里。三是赋闲在家时期。这期间由于他有"边才"，康熙十二年三藩之乱（1673—1681）起被推荐随征福建，有为时任浙江总督李之芳写的诗作《赠李邺园总督五十韵》《贺李邺园总督平寇诗六首》等。康熙十七年（1678年），被大学士李霨等荐为博学鸿词；康熙十九年（1680年），学士徐元文荐佐修《明史》，俱辞不赴，遂卒于家，年七十有三（据《槜李诗系》）。朱彝尊为其作长诗《曹先生挽诗六十四韵》，在《清史稿》卷四八四《文苑一》有传。

　　曹溶是由明入清的高级官吏，虽宦海奔波，但他天性耿直，恪尽职守，为官有声绩。作为封建时代典型的士大夫知识分子，曹溶学识渊博，喜好交游游历，热衷文化文艺活动尤其是文章古籍的收集整理以及书画古玩的欣赏鉴定等。他家富藏书，其倦圃别业家中筑有藏书楼"静惕堂"，是明末清初卓有盛名的藏书大家。尤其难得的是，曹溶生性达观，见识出众，他不仅热心于古籍收藏，并且十分乐意对外借阅，以流通古书为己任，这种高尚的情怀对于古代文化的保存和传承极为有益。在谈艺论文的同时，曹溶自己也挥洒才情，笔耕不辍，平生著作有《明漕运志》《流通古书约》《金石表》《砚录》《崇祯五十宰相传》《明人小传》《静惕堂诗集》《粤游草》《倦圃蒔植记》等。特别是在文学创作方面，曹溶诗词兼工，为一代文坛领袖，与清初著名文士王士慎、朱彝尊等人多有倡和。曹溶的诗歌与合肥龚鼎孳齐名，世称"龚曹"，其词则规摹两宋，为浙西词派先驱。

　　曹溶的《静惕堂诗集》是在他去世四十年之后（1725年），由其外孙朱丕戡（yǎn）刊刻的，存诗四千余首。假如按作者一生的作诗时间为四十年来计算，那么大概每三天就会写一首诗，这种创作频率差不多可以算是日记体写作了。从诗作内容来看，作者也是很自然地用诗的形式把自己的日常活动以及所思所感记录下来，所以，《静惕堂诗集》可以被看作是曹溶一生活动的真实写照。只要大致浏览一下其诗作就可看出，曹溶的日常生活中充满着访友、登临、游园、宴饮、赏花、艺圃等活动，显示出作者丰富多彩的日常爱好和兴致盎然的生活情趣。这些文士们特有的颇具雅兴的文艺活动也有很多是在曹溶自己的倦圃别业家中进行的。倦圃别业景色优美，其中布置有"山泉、鱼鸟、蔬果、花药"等诸多名胜，著名景点二十处之多。曹溶的门人——周之恒擅长绘画，为他画了《倦圃图》；朱彝尊则为其写了散文《倦圃图记》。据《倦圃图记》记载：倦圃距嘉兴府治西南一里，即今嘉兴市城南的范蠡湖畔。此地原来叫金陀坊，是南宋管内劝农使岳珂（岳飞之孙，号倦翁）居住和著书的地方。曹溶得到后治理荒园，建为园林别业，命名为倦圃。除了多植花木，营造自然景观外，还多"聚文史其中，暇则与宾客浮觞乐饮，其以倦圃名者，盖取倦翁之字以自寄"（《倦圃图记》）。曹溶经营倦圃别业的时间大概是在他任户部侍郎（1656年）前后，据曹溶的另一老乡、平湖人沈季友编的《槜李诗系》介绍说："（曹溶）晚年自号锄菜翁，筑室范蠡湖，颜曰倦圃。莳花种竹、置酒倡和无虚日，爱才若渴，四方之士倚为雅宗者四十年。"这些充满敬意的叙述给我们勾勒出了曹溶虚怀若谷的人格魅力，以及他中晚年之后对家乡文化的影响和贡献。同时我们可以注意到，上文的介绍明确清晰地突出了曹溶一代"雅宗"的地位。"雅宗"的含义是诗文的宗主，也就是文坛领袖，这个评价也为我们充分理解曹溶及其创作提供了准确的坐标，我们可以想见，距今三百六十多年前的江浙，雅宗曹溶在倦圃别业家中迎接四方宾客，宾主诗酒谈宴、心灵相契的悠游雅致生活。

从《静惕堂诗集》中还可以看到大量的有关美食、园艺、花卉品种方面的记载，可见曹溶对这些休闲消遣活动是极有兴趣的。他在得到减员裁缺的通知时，作有七言律诗《得省官报志喜二首》，其中一首写道"瘦骨长嗟惫帐前，开笼佳信自遥天"，把仕途中的自己比作笼中鸟，已是形神怠倦，想到从此可以抛开枷锁，回归田园，又精神一振；"灯前笑看儿童长，共力桑麻数顷田"，家人团聚，耕织自足，是最好的疗伤药方，何况此时倦圃已经建好，后顾无忧，此后可以恬淡自适，过闲云野鹤般的自在生活了。了解了作者的生活理想和价值取向之后，我们就会理解《倦圃莳植记》一书的出现是非常自然的。

二

　　《倦圃莳植记》是一部记载倦圃内花卉种植的小品类散文著作，题目中的"莳"（shì）是栽种的意思。此书是曹溶在晚年闲暇生活中信笔写成的，书前有小序，其中重点说明自己之所以写此书并不是因为像唐代李德裕那么看不开，割舍不下，只是凭着对植物的兴趣写作，自娱自乐而已。在小序之末，作者自题"康熙甲子立夏后二日，倦圃老人书"。康熙甲子是 1684 年，也是作者去世的前一年，因此，《四库全书总目·倦圃莳植记三卷》提要评论说："此书乃其晚年游戏之笔也"。所谓"游戏之笔"是说此书的写作并不是正襟危坐、冥思苦想的结果，而是轻松愉悦地完成的。这种"游戏"式的写作状态，一方面是由本书的内容决定的，因为此书不是有关学术研究的高深内容；另一方面与作者的创作目的有关，即曹溶写此书并没有严谨地著书立说、写书刻卖、传播知识等想法，按其序言的说法是"不过偶而兴趣所寄，涉笔及之"，所以反而获得了作者写得轻松、读者读得不累的良好效果。

　　此书不属于大部头著作，字数也不是太多，约三万五千字。内容上首先是正文三卷：其中上卷和中卷都是写花卉的，上卷记载了牡丹、芍药等约十五种，中卷记载了莲花、栀子等约二十五种；下卷分为三类，竹树类记载了竹子、松树、槐树等约十种，瓜果类记载了西瓜、枇杷、杨梅等十五种，茶蔬类记载了茶、笋、瓠瓜、茄子等约十三种。正文三卷之后又有总论二卷，

共讨论了为圃之道和树木的品第，花卉、果蔬、草药的特点，盆景的制作等。总之，《倦圃莳植记》主要是记载倦圃园内所有的植物的，偶尔涉及园外当地的果品菜蔬等，其中详写花卉，略写果蔬，每种植物都用醒目的小标题标记，独立成篇，篇幅也比较短小。在具体写作时，一般是重点介绍植物的培育方法和注意事项，行文中又很自然地穿插提及相关的历史、典故和逸闻趣事。这样的写作方式使得该书具有实用性和趣味性相结合的特点，读者随意翻开一页，既可以看到有关植物的栽培知识，又可以了解与其相关的历史知识。提高文化修养的同时也获得了精神涵养，是一种既轻松又有益的阅读体验，这种特点也使这本已有数百年历史的古籍在今天具有崭新的生命力。

　　首先，修建园圃、莳花养草的生活方式在古代，或者仅以清代为限，毫无疑问是要有一定经济能力做基础才有可能实现的。在当时的社会条件下，只有少数人才会有阅读此书的需要。在曹溶生活的那个时代，大多数的普通人是丝毫不会对《倦圃莳植记》这类著作有任何关注的。这一点，作者也十分清楚，所以如上所述，曹溶的自序表明，他根本没有写书流传的打算，仅仅是自娱自乐而已。而现代社会，人们的生活质量普遍提高，养盆花卉以愉悦精神、修身养性也成为绝大多数爱家人士的首选。而在花间叶下阅读此书，不仅可以解决养花过程中的疑难问题，而且可以丰富相关的文化知识。对于喜欢文学、历史，热爱传统文化的人们来说，这种阅读是一举多得的享受。

其次，阅读此书可以给现代读者以人文熏陶。书中通过记写植物，介绍了大量的人文趣事，使我们对植物的认识不再局限于植物学方面的理解，而是在更广阔的人文领域实现了人与自然的融合，是一种全息的阅读体验。当然，这一特点不是《倦圃莳植记》所独有的。从史籍记载可知，宋明以来出现了大量有关园艺、花卉种植等内容的小品文著作。这类著作与传统的农书不同，往往只记载某地某类，或某方面的园艺花卉植物。它们的共同之处在于，除了栽培种植之法以外，十分注重记载相关植物的历史文化典故。这是因为此类书籍的作者往往都是知识渊博之士，他们具有非常深厚的传统文化修养，故其眼光和情怀都具有高于世俗的雅化倾向。当代读者在阅读时会有一种深刻的体会，即受到众多大手笔文士的思想感染，看待植物的眼光不再是狭隘的实用性，而是提升为丰富的审美性，这样的读书体验有助于培养、提升我们的人格，确实是有益身心的。

再次，阅读此书可以为现代读者提供心灵休憩之所，这一点尤其重要。如前所述，此书的创作毫无功利目的，只是一位悠闲达观而又知识渊博的老者把他对植物的理解和认识向我们娓娓道来，这种轻松的生活状态在现今社会尤为珍贵。在现代快节奏的生活环境下，人们的工作压力普遍增大，身心长期处于紧张状态，身体需要充分放松，心灵需要充实滋润。人们所喜好的休闲方式虽有不同，但亲近绿色植物和大自然无疑是对人们都有益的一种方法。在家中培植一些绿色植物，或在风和日丽之时漫步田野，此时阅读这样的古典著作，可以让我们的精神得以放松，相当于现代人所亟须的精神良药。在工作生活之余，一本优秀的小书陪伴在身边，就像一位随时可以给我们提供帮助的好友，帮我们疏导负面情绪，在嘈杂的生活中保持清醒。此外，作者曹溶一生经历丰富，既有宦海奔波的政治生涯，又不乏文坛主盟的高雅才情；不仅学识出众，人情练达，而且性情随和，品味脱俗，所以他的写作中始终贯穿着一种高屋建瓴式的洒脱精神。我们现代读者在阅读过程中自然会受其引领，体会到醍醐灌顶、身心释然的感悟之乐。

最后，阅读此书对提高我们的文学修养和写作能力也有潜移默化的影响。因为作者曹溶是一代文宗，学识极为渊博，一生的创作经验又极其丰富，所以对于这样的小品文写作是信手拈来、极为娴熟的。读者只要细心体会，认真揣摩，把握文章的行文脉络和语言风格，必然会在不知不觉中养成良好的写作习惯，提高写作水平。以本书所记的第一种植物牡丹为例，作者首先开门见山地提出"牡丹一种，世称花王"。这是切入题目，引出所要写的对象，语言简洁有力。接着，说到洛阳牡丹"为天下冠"的来历，因为武则天的传说是一般人比较熟悉和已经接受的，但是从下文的论述可知这并不可信。所以下文笔锋一转，作者指出北齐时的著名宫廷画师"杨子华已有画牡丹"，这说明洛阳牡丹的出现时间应该比唐代早，但是早到何时呢？作者以自己丰富的史学知识提出，西晋时期的豪贵王恺喜欢奢侈斗富，当时又发现了花卉嫁接的方法，"而不闻以此种花傲金谷小儿，岂前此未之有耶？"这就把洛阳牡丹的培育时间上限定到了西晋。从植物学的角度而言，这个结论或许不能保证科学无误，但从写作学的角度来说，在短短百字之内，作者严谨精确地分析了洛阳牡丹的出现时间，澄清了模糊认识，有理有据，文笔错落，令人读来津津有味，豁然开朗。如此文章，怎能不令人拍手称快呢？

三

《四库全书总目》中这样评价本书："（曹）溶学本赡博，故引据多有可观。"这是从本书内容方面给予的肯定。接下来提了一点批评，那就是"语颇涉纤仄，尚未脱明季小品积习"，是说《倦圃莳植记》的语言风格偏于纤细柔弱，境界狭窄，没有摆脱晚明小品文的窠臼。这个断语似乎有可商榷之处。晚明小品文创作蔚为大观，不是简单几句话所能涵盖的，但是其中的"积习"，一般认为主要是境界狭小，语言萎靡不振。从这两点来看，《倦圃莳植记》还没有严重到"积习"难改的地步。因为题材的关系，本书中的论述仅限于植物花卉，似乎有所局限，但是我们知道此书的创作动机是写自家园中所有，借以排遣消闲，所以社会环境或政治形势等重大题材本来就不应包括在内，假如非要故作高深，反而不伦不类。小品文本非经典著作，不可人为拔高要求。再从具体写作来看，《倦圃莳植记》的思想见解达观开朗，论述简洁有力，语言恳切，富有感染力，应是比较优秀的小品文著作。总结起来说，此书有如下特点：①翔实可信。其中的植物栽培技术切实可用，因为作者是亲自体验、有感而发的，因此各种植物栽培中所会遇到的问题也能细致指出。②语言简洁。无论写哪个问题，作者总是围绕主题，简洁明了，从不拖泥带水，这一点已见前述。③笔端

带有感情。从前面的介绍我们已经知道，曹溶是一位热爱生活的文人士大夫，他对世间山水万物的体察很真挚，或幽默诙谐或感慨叹恨，无不真实动人。④行文不拘一格，委婉曲折，变化有致，同时语言凝练，表达准确。这些特点使此书在古代花卉经典丛书中具有不可磨灭的地位。

我国的植物文化源远流长，在《诗经》当中已描写了大量的具有食用和药用价值的水陆植物；西晋陆机的《毛诗草木鸟兽鱼虫疏》中详细记载了一百多种常见植物。南北朝以来，出现了北魏农学家贾思勰所著的综合性农书《齐民要术》，涉及农、林、牧、副、渔等农业范畴。而随着我国古代园林建筑的兴盛，植物（特别是其中的各色花卉）无疑更加令人注目，因为园林的景色布置基本上全是用植物（花卉）来作为材料的。从隋唐开始，特别到了宋代和明代，有关花卉植物的作品开始大量涌现。比如，唐代李德裕的《山居草木记》，宋代欧阳修的《洛阳牡丹记》，周师厚的《洛阳花木记》，范成大的《梅谱》，明代王象晋的《群芳谱》等。对于当代喜欢文学、历史的人们来说，往往并不是要以栽培种植为谋生之道，所以不必去研究专门的农书，现代的科学著作又往往有抽象之嫌。而像《倦圃莳植记》这样的古籍，语言典雅而不晦涩，重要的是作者拥有真实的耕作经历，既有博物学知识，又有高洁的田园情怀，同时还具有深厚的文学修养，由这样的大学者写出的小品散文，带给我们的是实用和审美相结合的阅读体验，我们又何乐而不为呢？

《倦圃莳植记》的版本目前只存有一种，《四库全书存目丛书》与《续修四库全书》均有收录，仅是内容顺序有些差别：一为上海图书馆藏《四库全书存目》清钞本，体例为三卷在前，总论在后；二为《续修四库全书》子部谱录类所收录，体例为总论在前，三卷在后。经比对，二者并无文字及版式上的差异。

与花史中的大部分著作一样，《倦圃莳植记》并非严格意义上的学术著作，仅是作者在现实生活中的有感而发和创作才情的随意挥洒。以曹溶的诗集两相对照，我们也可以明白，在作者与友人的唱和交往中，倦圃及其中的景物、植物都占据了重要的地位。我们可以看到作者对于花卉的关注与热爱，进而展示出古代文人的生活情趣与态度，进而我们可以发现，花草植物的微观世界中凝结着士人对自然的态度、人与自然和谐相处的人生理想，这对现代人也有重要启发。

曹溶作为清代前期的一代文学巨擘，丰富的农史知识与深厚的学术素养，使得本书既有花卉知识的普及性，同时又具有趣味性与可读性。书中论述，既有作者自身的生活体验，同时也有从前代典籍中的辗转抄录，客观上也起到了典籍保存、传承文化的作用。据粗略统计，书中引文所涉及的同类作品大约有十几种，包括《清异录》《山家清供》《花编》《竹谱》《罗钟斋兰谱》《本草纲目》《农政全书》《汝南圃史》《说郛》《长物志》等。不过，世人对于曹溶，更重视其在文学与历史上的贡献，对此书的价值有所忽略。据笔者统计，仅有清代的《桑志》《光绪揭阳县续志》《民国建平县志》《光绪镇海县志》几部著作中有关于本书的引文，而本书更多的是出现于后人所辑的版本目录之作中。

目录

序 / 001

倦圃莳植记　卷上 / 003
　　花卉一 / 004

倦圃莳植记　卷中 / 058
　　花卉二 / 059

倦圃莳植记　卷下 / 125
　　竹树 / 126
　　瓜果 / 143
　　茶蔬 / 167

倦圃莳植记　总论卷上 / 191

倦圃莳植记　总论卷下 / 260

附录 / 321

序

　　小园花木率皆旧栽。年来稍补其缺略，而种植之法素所未谙，实借场师指授，因一一识之。李赞皇[1]平泉之记[2]殊觉不达，吾所不效。不过偶而兴趣所寄，涉笔及之，略次其大概，无分品之高下，亦非以所爱者先之，所不爱者后之也。康熙甲子[3]立夏后二日，倦圃老人[4]书。

注释

〔1〕李赞皇：即李德裕（787—850），赵郡赞皇（今河北省石家庄市赞皇县）人，唐代政治家、文学家。

〔2〕平泉之记：平泉，地名。现平泉市由河北省直辖，承德市代管。李德裕有平泉庄，在洛阳城外。自制《平泉山居诫子孙记》："鬻吾平泉者，非吾子孙也；以平泉一树一石与人者，非佳子弟也。"（《全唐文》卷708）

〔3〕康熙甲子：康熙是清圣祖的年号（1662—1722），甲子是用天干和地支纪年的说法。康熙甲子年即康熙二十三年（1684）。

〔4〕倦圃老人：作者自号。

译文

　　我的园圃面积不大，里面的花草树木也都是很久以前栽种的。近年来，我在园中空缺疏略的地方稍微补充栽种了一些植物，但是我并不熟悉各种栽种方法，实际上都是凭借苗圃师傅的指点传授才一一了解的。唐代李赞皇曾经写过《平泉花木记》，我觉得他文中的看法不全面，我是不会效仿的。我的这本书不过是偶尔想让兴趣有所寄托才动笔写作的，书中简略地分了前后次序，记载了园中花木的大概情况，但是并没有把花木分成高低不同的等级，也不是把我喜欢的写在前面而把不喜欢的写在后面。康熙甲子年，立夏后的第二天，倦圃老人书写。

倦圃蒔植记　卷上

花卉一

牡丹

牡丹一种，世称花王[1]。《事物纪原》[2]云唐武后[3]冬月遣诏游后苑，百花俱开而牡丹独迟，遂贬于洛阳，故洛阳花为天下冠。然北齐杨子华[4]已有画牡丹，昔人辨之审矣。独计接花之法始于王恺[5]，而不闻以此种花傲金谷小儿[6]，岂前此未之有耶？花计百种，具载欧阳修、陆务观、史正志诸谱。

大抵此花宜秋社[7]前或秋分后缓去宿土，勿伤细根，随坐坛内，用土轻覆，即以雨水或河水灌之，满坛方止。俟次日土干低凹，填满，复浇如初。和土宜白蔹[8]末，每花一本，用末一斤，能杀诸虫。或云牡丹中秋生日，移栽必旺，须直其根，屈之则死，此栽花之法也。种子则于六月收枝间黑子，风晒一日，盛以湿土。八月以水试之，取沉者，畦种约三寸一株。来春芽长，验是子活，次年八月便可移种。然性畏日炙，夏月须用苇箔[9]遮之，此种花之法也。

注释

〔1〕花王：北宋李格非《洛阳名园记》："洛中花甚多种，而独名牡丹曰'花王'。"

〔2〕《事物纪原》：北宋高承编撰，是专记事物原始本末的类书。

〔3〕唐武后：唐代皇后武则天（624—705），690—705年在位称帝。

〔4〕杨子华：北齐画家，擅画人物、宫苑、车马等，也被认为是牡丹圣手。苏轼《牡丹》："丹青欲写倾城色，世上今无杨子华。"

〔5〕王恺：西晋外戚、富豪，曾在晋武帝帮助下与石崇斗富。南朝宋刘义庆《世说新语·汰侈》："石崇与王恺争豪……武帝，恺之甥也，每助恺。尝以一珊瑚树高二尺许赐恺，枝柯扶疏，世罕其比。恺以示崇，崇视讫，以铁如意击之，应手而碎。恺既惋惜，又以为疾己之宝，声色甚厉。"

〔6〕金谷小儿：指西晋石崇。金谷园是石崇的别墅，遗址在今洛阳老城东北金谷洞内。《晋书·石苞传》："崇有别馆在河阳之金谷，一名梓泽，送者倾都，帐饮于此焉。"

〔7〕秋社：秋季祭祀土地神的日子。一般在立秋后第五个戊日，约新谷登场的八月。陆游《秋社》："雨余残日照庭槐，社鼓咚咚赛庙回。"

〔8〕白蔹（liǎn）：又名山地瓜、山葡萄秧等，为葡萄科藤本植物。其根可入药，能清热解毒、抗真菌。

〔9〕苇箔（bó）：箔，帘子。苇箔即用芦苇或高粱秆等编成的帘子，可以盖屋顶、铺床或当门帘、窗帘用。

译文

　　牡丹这种花，一向被称作花王。《事物纪原》这本书中说，唐代皇后武则天曾经在冬天下诏游赏后苑，百花都因此而开放了，唯独牡丹却迟迟不开，于是就将其贬到洛阳去了。从此，洛阳牡丹就成为天下第一的名花。但是北齐时期的杨子华已经画过牡丹，前人对这个问题分辨得很清楚了。我个人的想法是，给花木进行嫁接的做法是从西晋王恺开始的，但史书中并没有记载王恺拿牡丹花向金谷园的主人石崇炫耀，这是不是说明在西晋之前，洛阳并没有牡丹花呢？牡丹花总计有一百多个种类，都记载在欧阳修、陆务观、史正志等人所作的花谱书中。

大概来说，移栽牡丹花苗适宜在秋社前或秋分后的时间，要把花苗慢慢地从原来的土中挖出来，不要弄伤了细弱的花根，随即栽到已经准备好的坛子里，再用土轻轻地把花根覆盖起来，接着用雨水或河水进行浇灌，直到水浇满坛子为止。等第二天泥土干了，低凹下去后，再用土填满凹坑，像上次一样浇满水。栽花的土中最好混合一些白蔹粉末，每棵花用一斤，能杀灭害虫。有人说，中秋是牡丹的生日，这时候移栽花苗一定能生长得旺盛，但是必须把花根平直地栽到土中，弯曲了就不容易成活。以上这些是栽花的方法。如果要种花种子，就要在六月里摘收花枝上已经长好的黑色种子，经过一天的风吹日晒之后，盛放在潮湿的泥土中贮存起来。等到八月的时候把种子放入水中来试验，选取能沉在水下的饱满种子种到畦地里，大约每隔三寸种一棵。第二年春天，种子发芽了，证明这颗种子成活了，下一年的八月就可以移栽了。但是牡丹最怕烈日烤晒，盛夏时节必须用芦苇编的帘子给它搭棚遮阴，这是种花的方法。

分花须拣棵大枝多者，八九月间全根掘出，视可分处，用手劈开，以小麦一握[1]拌土，栽如前法，此分花之法也。接花亦宜秋分前后，将本枝及分枝各斜削去半，合如一株，用麻缚定，调泥涂之，以两瓦圈合，内填细泥。待来春去瓦，随以草荐^[2]围之。或拣芍药根肥大如萝卜者削光如马耳，将牡丹枝劈开如燕尾，插下缚紧，以肥泥培之即活。或云立春如遇子日^[3]，于茄根上接牡丹花，不出一月即烂漫，亦接花之法也。浇花亦有候^[4]：八九月旬日一浇，法宜雨水；立冬后五日一浇，法宜粪水；十一月后搜松根土，以宿粪浓浇一次或二次，余宜河水。至冬末地冻、春分花发、夏际天炎俱不可浇，浇则花开不齐，且多损根须。或遇旱，则于凌晨以河水浇之，勿使湿其枝叶。一云牡丹、芍药俱可洒浇，此浇花之法也。

培养须八九月时壅^[5]土二寸，三年一次。春夏风日覆以帐幕；秋冬霜雪障以棘^[6]枝。花未放，去其小蕊，谓之"打剥"；花才落，剪其故枝，勿伤花床^[7]。又于冬至日以钟乳粉和硫磺少许置根下；或拨开花根，以水中苔衣壅之，则来春花盛，此壅花之法也。折枝插瓶，先烧断处，熔蜡封之，可浸数日不萎。或用蜜，养芍药亦然。如已萎者，剪去下截烂处，用竹架起，于水缸中尽浸枝梗，一夕复鲜，此养花之法也。

注释

[1]握：量词。即以手握拳，一把的容量。

[2]草荐：用干稻秆等编织的草垫子。

[3]子日：农历用天干地支纪日的说法，地支为子的日子都叫子日。

[4]候：时令；时节。

〔5〕壅（yōng）：把泥土或肥料培在植物的根部。

〔6〕棘：俗称野酸枣，落叶乔木，似枣树而多刺。

〔7〕花床：花芽下面的护枝。《广群芳谱》卷三十四："凡打掐牡丹在花卸后，五月间止留当顶一芽傍枝，余朵摘去，则花大。欲存二枝，留二红芽；存三枝，留三红芽；其余尽用竹针挑去。芽上二层叶枝为花棚，芽下护枝名花床，养命护胎，尤宜爱惜。"

译文

如果要用整株牡丹分株的话，必须选择长得高大而且分枝较多的植株，在八、九月的时候把整棵植株带着根全部挖出来，看看花根哪里可以分就用手把它掰开，这样，一棵植株就分成了几株。然后拿一把小麦搅拌在泥土中，按前面所说的栽法栽入土中，这是分株的方法。嫁接牡丹也适宜在秋分前后，把本枝（砧木）和用来嫁接的枝条（接穗）都斜着削去一半，使它们的横截面成为倾斜的椭圆形，然后将两个横截面细致地对齐，合并在一起，再用麻绳把它们绑好，麻绳不必缠得太紧，要稍微宽松一些。绑好以后，要调和一些稀泥浆涂抹在麻绳外面，再用两片瓦把这个嫁接好的花枝圈起来，瓦片和花枝之间的空隙要用细泥填满。等到第二年春天把瓦片去掉，随即用草垫子把这棵花围起来；或者选择一棵像萝卜一样肥大的芍药花根，用刀把它削成像马耳朵一样的形状，再把牡丹枝从下端的横截面中间劈开，就像燕子的尾巴一样，然后插到芍药花根上绑紧，用肥泥栽培好就可以成活。还有人说，立春的时候如果恰好遇到是子日，可以在茄子根上嫁接牡丹花枝，不出一个月的时间就能成活，而且花开得非常茂盛，这也是一种嫁接方法。牡丹花的浇灌也有时间、浇法等讲究：八、九月的时候，十天浇一次，这个时候适宜用雨水浇；立冬以后，五天浇一次，适宜用粪水浇；十一月以后，则应该先疏松花根周围的泥土，再用已经发酵好的粪肥浇灌一次或两次，其余时间只适宜用河水浇。到了冬末，大地冻结，或者春分时节，花苞发育，以及夏季天气炎热的时候，都不可以浇；如果浇了，那么花就会开得大小不一，并且对花的根须有很大的损害。如果在这些时候遇到干旱的话，那么就在凌晨的时候用河水来浇，但不要打湿了枝叶。还有一种说法是，牡丹和芍药都可以用洒水的方法来进行浇灌，这是浇花的方法。

牡丹花的培育和养护需要等到八、九月的时候，把泥土培壅在花根上，土要两寸来高，每隔三年培一次。春天和夏天有风的日子，要用帐子或者帷幕把花覆盖起来；秋天和冬天有霜雪的时候，要用棘枝搭在花的上面加以遮护。花朵含苞未放的时候，要摘掉枝上特别小的花苞，这种做法叫作"打剥"。花开完刚落下的时候，就要剪掉它的旧枝，但是不要剪得太短，以免损伤了花床。另外，在冬至日，用钟乳粉混合着少量硫黄末放置到花根下，或者扒开花根处的泥土，把水中长的绿苔藓培壅在花根上，那么，第二年春天花就会开得非常茂盛，这是牡丹花的培壅方法。如果要折几枝花插在瓶中欣赏的话，应该先用火烧灼一下花枝断折的地方，再滴上熔化了的蜡烛油进行密封，这样花枝浸泡好几天也不会枯萎了。或者也可以用蜂蜜来浸泡，芍药花枝也可以用这个方法来养。如果花枝已经枯萎了，那就剪去花枝下方腐烂的地

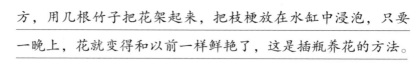

方，用几根竹子把花架起来，把枝梗放在水缸中浸泡，只要一晚上，花就变得和以前一样鲜艳了，这是插瓶养花的方法。

花所畏忌如香麝、油漆，多种葱、蒜、韭、薤以辟之；土蚕、木蠹，遍填白鼓、硫磺以杀之；孝子、孕妇、庸僧、猥尼所剪折，广设绝交论[1]以防之，此医花之法也。

至如《清异录》[2]载抬举牡丹，法：以九月取角屑[3]、硫磺碾如面，拌细土，挑动花根，罨罨[4]，入土一寸，出土三寸。地脉既暖，立春，渐有花蕾生如粟粒，即掏去，唯留中心一蕊，气聚故花肥，至开时大如碗面。《物类相感志》[5]载腰金[6]牡丹，法：以白术[7]放根下，诸般颜色悉是腰金，则又幻花之法也。语云："弄花一年，看花十日。"花何可不珍惜哉？

注释

[1] 绝交论：魏晋时期的嵇康有《与山巨源绝交书》，是写给朋友山涛的一封信，也是著名散文。这里是指避免与各类喜欢剪折牡丹花的人交往。

[2]《清异录》：北宋陶谷著，是一部笔记小说，多记唐、五代时的事物名称，保存了社会史、文化史方面的重要资料。

[3] 角屑：犀牛角研磨成的粉末。

[4] 罨（yǎn）：覆盖，掩盖。

[5]《物类相感志》：旧题东坡先生撰，或又题僧赞宁撰。分记天、地、人、鬼、鸟、兽、草、木、竹、虫、鱼、宝器十二类内容。

[6] 腰金：古代朝官的腰带按品级镶以不同的金饰，品级高者以纯金制成。

腰金牡丹或称"腰金紫"，即在花瓣的"腰间有黄须一围"。(《亳州牡丹史》明·薛凤翔)

〔7〕白术（zhú）：菊科多年生草本植物，其根茎可入药。

译文

　　牡丹花所忌惮的事物，如果是麝香、油漆这样味道浓烈的，就在花的周围多种些葱、蒜、韭、薤等植物用来掩盖那气味；如果是土蚕、蟊等咬花根的小虫子，就在花根处的土中多填些白蔹、硫黄来杀灭它们；至于居丧的人、孕妇、庸鄙的僧尼等来要求剪折花枝，应该避免和这些人交往，这是医护牡丹花的方法。

　　至于《清异录》一书中记载的"抬举牡丹"，它的培育方法是：在九月的时候，把角屑和硫黄碾成粉末，搅拌在细土中，轻轻地把花根挑松动，把已经混合好的细土培壅覆盖在花根处，土中深入一寸，土外高出三寸。等到地气回暖、立春以后，花枝上逐渐长出像米粒一样大的花蕾，就立即摘掉旁边的小花蕾，只留下最中间的一个花蕊，因为所有的养分都聚集在这一个花蕊上，所以花就容易长得肥大，等到花开的时候能像碗口一样大。还有《物类相感志》书中记载的"腰金牡丹"，方法是把白术埋放在花根下，那么不管花是什么颜色，都会长成金腰带的样子，这又是牡丹花的变幻之法了。谚语说："养花护花需要用一整年，赏花的时间只有十天。"花是来之不易的，怎么可以不珍惜它呢？

芍药

洛阳牡丹、广陵芍药古来并传，故芍药亦号花相[1]。王敬美[2]尝遍芍药，榜曰"续芳"，亦此意也。谱志所载，不下百种。然予窃疑沈存中[3]《笔谈》载广陵有金缠腰，从来无种，有时而生，则城中当出宰相。及阅刘贡父、孔武仲诸谱，有金系腰、金束腰，若无足奇者，岂天时人事有不齐耶？抑当世诸公皆相材也？

注释

〔1〕花相：宋陆佃《埤（pí）雅》："今群芳中牡丹为第一，芍药为第二，故世谓牡丹为花王，芍药为花相，又或以为花王之副也。"

〔2〕王敬美：王世懋（1536—1588），字敬美，江苏太仓人。明代文学家、史学家王世贞之弟，好学善诗文，著述颇富。

〔3〕沈存中：沈括（1031—1095），字存中，号梦溪丈人，浙江杭州钱塘县人，北宋政治家、科学家。其《梦溪笔谈》是一部涉及古代中国自然科学、工艺技术及社会历史现象的综合性笔记体著作。

译文

洛阳的牡丹和广陵的芍药自古以来便是广为流传的两种名花，所以人们也把芍药称作"花相"。王敬美就曾在园圃中到处都种了芍药，还在旁边题写着"续芳"两个字，说的也是这个意思。芍药的品种比较多，在各种谱志书中所记载的有不下百种。但是我自己私下怀疑沈存中《梦溪笔谈》的记载，其中说广陵有一种芍药名叫"金缠腰"，当地从来没有过这个品种，却不知道什么时候就会自然生长出来，而每当出现这种花的时候，就预示着广陵城中要出宰相了。等到我读了刘贡父、孔武仲等人的花谱书，看到其中记载的有"金系腰""金束腰"等芍药品种，好像也不觉得有什么奇异的，难道是过去和现在的天时人事有所不同吗？又或者是当代这些著名的先生们都是要做宰相的吗？

治花之法：八九月时悉出其根，涤以甘泉，随用竹刀剖开，剥去老腐，先壤猪粪和泥，分种向阳处。然分不欲数[1]，数则花小；种不欲深，深则花衰。种后培以鸡粪，渥[2]以黄酒，则花能改色。开时扶以竹篠[3]，则花不倾倒。有雨，遮以苇箔，则花堪耐久。花既萎落，亟剪其子，屈盘枝条，使不离散，则脉理皆归于根，明年花繁而色润。知此理者，便堪花市，何必遍访扬州鹤[4]哉？

注释

[1] 数（shuò）：屡次，多次。

[2] 渥（wò）：沾湿。

[3] 篠（xiǎo）：小竹。

[4] 扬州鹤：语出南朝宋殷芸《殷芸小说》："有客相从，各言所志，或愿为扬州刺史，或愿多资财，或愿骑鹤上升。其一人曰'腰缠十万贯，骑鹤上扬州'，欲兼三者。"这里指扬州的芍药。

译文

芍药的栽培方法是：八、九月的时候把花根全部挖出来，用甘甜的泉水洗涤一下，随即用竹刀把花根分开，剥去花根上老朽腐坏的地方，先把猪粪混合到泥土中做成松软肥沃的土壤，然后把花根分种在向阳温暖的地方。但是一丛花根不能分太多次，分的次数太多花就开得小了；栽的时候也不要栽得太深，栽得太深，花就开得不旺盛。栽好以后用鸡粪培壅好，再浇些黄酒，那么花就能改变颜色。花开的时候，要用小竹枝把花撑住，这样花就不会因为太重而倾斜歪倒。有雨的时候，要用芦苇编织的席子遮盖在花的上方，花就能开得长久。花开完凋落了，就立即剪掉花籽，把花枝盘屈起来，不要让它分散着，那么花茎里的脉络纹理就都往回生长到花根上，第二年花就会开很多，而且颜色也鲜艳润泽。了解了这些养芍药的方法，就可以开芍药花市了，何必要辛苦跑到扬州遍地寻访芍药花呢？

兰、蕙

楚辞[1]"滋兰九畹""树蕙百亩"，兰、蕙之臭[2]，几同灵均[3]矣。及读《淮南子》[4]，复云："男子种兰，美而不芳；继子得食，肥而不泽。"则又似有儿女情者。

花有数种：一曰建兰。茎叶肥大，翠劲可爱。若叶生白点，谓之兰虱，以鱼腥水或蚌水洗之。二曰杭兰。苏长公[5]诗"春兰如美人，不采羞自献。时闻风露香，蓬艾深不见。丹青写真色，欲补离骚传。对之如灵均，佩冠不敢燕"者是也。今其俗贾利者，多置浴室，取暖促开，香韵颇减，大负前诗矣。然取大本，种以黄土，用羊、鹿粪浇之，花亦茂盛。三曰兴兰，一名九节兰。花有余，香实不足，所谓蕙也。

注释

[1] 楚辞：是战国时期楚国的屈原创作的一种新诗体。"滋兰九畹""树蕙百亩"是楚辞代表作品《离骚》中的句子。

[2] 臭（xiù）：气味的总称。

[3] 灵均：《离骚》中有"名余曰正则兮，字余曰灵均"，这里指屈原。

[4]《淮南子》：又名《淮南鸿烈》，是西汉淮南王刘安及其门客集体编写的一部哲学著作。

[5] 苏长（zhǎng）公：指苏轼，长公是敬称。

楚辞作品《离骚》中有"种植了九畹的兰""栽植了百亩的蕙"这样的诗句，兰、蕙的芳香气息，几乎等同于屈原的人格。等到我读《淮南子》一书，其中又说："男子种兰花，虽然好看但是气味不芳香；继子得到食物，虽然长得肥胖但是面色不润泽。"从这句话来看，兰花又似乎还有儿女之情呢。

兰花的品种有以下几种：第一种是建兰。建兰的茎叶很肥大，颜色又青翠苍劲，令人喜爱。如果叶子上生出了白点，这叫"兰虱"，可以用洗鱼或蚌的腥水来冲洗它。第二种是杭兰。苏轼写的诗说："春兰就好像一位美人，如果你不自己去采摘的话，它是羞于自我展示的。你不时地能在微风中闻到兰花的花露芳香，但它的花朵却躲藏在茂密的浓叶深处不显露出来。画卷上的兰花描摹细致，生动逼真，简直可以说是《离骚》精神的补充说明。我面对着它就如同面对着屈原本人，只能郑重严肃地佩戴好帽子，不敢像在宴会上一样随便嬉戏。"这首诗赞美的正是杭兰。现在一些庸俗趋利的商贩们大多把杭兰放置在浴室之中，借浴室中的暖气促使兰花提前开放，但是花的芳香韵味却减少了很多，已经大大辜负了前面那首诗的赞美了。但是选取杭兰的大根种在黄土里，用羊或鹿的粪水进行浇灌，花也会长得很茂盛。第三种是兴兰，又叫九节兰。开花的数量是比较多，香味却不够浓郁，其实就是人们所说的蕙兰。

四曰风兰。干短劲，花黄白。不用沙土，取竹篮贮之，悬于有露处；或盛以敝髻[1]，用头发衬之。五曰箬兰[2]。其叶如箬，似兰无香，以上二种俱可勿艺。别有一种名赛兰者，佛家谓之"伊兰"。树如茉莉，花作金粟，香特馥烈，尤堪戴插，好事者易名"金粟兰"。诸谱不载，殆非兰种，亦犹蜡梅之于梅花也。

相传培兰"四戒"，曰："春不出，夏不日，秋不干，冬不湿。"大要先于梅雨后取沟渎肥泥，曝干罗末；或团山头黄土，猛火煅过，取出捶[3]碎。俟九月终，挑起旧本，删去老根，铺以皮屑，分种盆内。掺泥壅之，勿使根曲，长满复分，三岁为度。

注释

[1] 敝髻：古代妇女的头饰，是一种假发髻。

[2] 箬（ruò）兰：箬是一种竹子，叶大而宽，可编竹笠，又可用来包粽子。箬兰的叶子像箬叶，故名。

[3] 捶（chuí）：敲打。

译文

第四种是风兰。它的枝干短小而劲健，花瓣是黄里带白的颜色。风兰的培育不需要用沙土，拿一个竹篮盛着，悬挂在有露水的地方就可以了。或者也可以盛放在假发髻里，用头发衬托着也能生长。第五种是箬兰。它的叶子像箬竹叶，花虽然也像兰花，但是没有香味。以上这两种都不需要特意地栽培种植。另外还有一种叫"赛兰"的，佛教中叫它"伊兰"。它的植株外形像茉莉，花朵就像是金黄色的谷粒，香气特别馥郁浓烈，尤其适合佩戴在身上或者插在头上，好事者因此把它的名字改为"金粟兰"。不过，这种兰花在众多的兰花谱中都不见记载，大概并不属于兰的种类，也正像蜡梅不属于梅花一样。

历代相传的经验是培植兰花有"四戒"，那就是："春天不要急着把花拿出去，夏天不要让花在烈日下暴晒，秋天不要让花土太干燥，冬天不要让花土太潮湿。"具体的栽种方法是：一般是在梅雨之后，取来沟渠中的肥泥，晒干以后用筛子把土筛成细末；或者也可以从山顶上取来黄土，团放猛火中煅烧后，拿出来敲碎待用。等到九月末的时候，把兰花的旧根轻轻地挑起来，把其中的老根除去，在花盆内铺些皮屑，把原来的兰花分种在几个盆内，然后用准备好的泥，把花根培好，不要让花根弯曲着，等花长满盆就要再分种，一般三年就要分一次。

但性畏寒暑，尤忌尘埃，叶上有尘，当即洗去。又忌春雪，着[1]点即枯。须以竹篮罩盆，计日转晒，风雪既却[2]，日色复匀，迨至花发，周围如一。浇用雨水、河水或皮屑、鱼腥水，须四畔[3]匀灌，勿得洒下，致令叶黄，黄则以清茶浇之。又闻注茶瓶中，亦可插花。黄山谷[4]云："培以沙土则茂，沃以茗汁则芳。"有以也。故肥水频浇，多生虫虮，宜研[5]大蒜和水，以笔蘸洗除之。或云盆须水区[6]，可隔蝼蚁，分宜毁盆，不伤花根。

注释

〔1〕着（zhuó）点：接触，挨上。

〔2〕却：去掉，排除。

〔3〕畔：边际。

〔4〕黄山谷：黄庭坚（1045—1105），字鲁直，号山谷道人，洪州分宁（今江西省九江市修水县）人，北宋著名文学家、书法家，为盛极一时的江西诗派开山之祖，与杜甫、陈师道和陈与义素有"一祖三宗"之称。

〔5〕研：细细地磨碎。

〔6〕区：分开区域。

译文

但是兰花的本性是怕严寒和酷暑，尤其忌尘埃，如果叶子上沾了灰尘，就应该立即洗去。兰花还很怕沾到春雪，一旦沾染春雪，就立即枯萎了。所以需要用竹篮把花盆罩住，计算着天数转动花盆，这样既能把风雪阻挡在外面，又可以使叶子接受到均匀的日晒，等到花开的时候，四周的枝叶长得一样茂盛。兰花的浇灌适宜用雨水、河水或者皮屑、鱼腥水，浇的时候必须从花盆四周围均匀地浇灌，不要从花的上面往下洒水，这样做会使兰叶变黄，一旦兰叶变黄了可以用清茶水浇它。我还听说，在花瓶中注入茶水，也可以用来插兰花。黄庭坚说："用沙土培植就会很茂盛，用茶水浇灌就会很芳香。"这话确实有道理啊。如果用肥水频繁地浇灌，兰花就容易生出很多虫虱，可以把捣碎的大蒜混合在水中，用毛笔蘸着蒜水清洗就能除掉。还有人说兰花盆周围必须用水间隔开，这样可以阻隔蝼蚁。等兰花长满了盆需要分盆的时候，应该把原来的盆毁掉，这样往外拿的时候不会伤到花根。

旧有李延平口诀，谨附如左："正月安排用坎方[1]，离[2]明相对蔼阳光。雨淋日炙都休管，要使苍颜不改常。

二月栽培更是难，须愁叶变鹧鸪[3]斑。四时插竹防风折，惜叶犹如惜玉环。

三月新条出旧丛，花盆切忌面西风。堤防湿处多生虱，根下犹嫌大粪浓。

四月清和日似丹，沙泥立见渐时干。新鲜井水休浇灌，腻水时倾尽若干。

五月新芽满旧巢，绿阴深处最平和。此时叶退从他性，剪子芟时又见多。

六月骄阳酷雨加，盆中兰蕙正开花。凉亭水阁堪安顿，否则檐前作架遮。

七月新凉暑渐消，却宜三日一番浇。更防蚯蚓伤根本，肥水长将使尿调。

八月天时稍觉凉，任他风日也何妨。经年污水端[4]为好，还用鸡毛积渍良。

九月时中有薄霜，阶前檐下慎行藏。若生白蚁并黄蚁，叶洒清油定不妨。

十月阳春暖气回，来年花笋又胚胎。幽根不露真奇法，盆满犹宜急换栽。

十一月天宜向阳，夜间须用密收藏。长教土面生微湿，干燥之时叶正黄。

十二月天霜雪欺，谨宜屋里保孙枝[5]。直须解冻春前动，才是斯人道长时。"

注释

〔1〕坎方：坎是《周易》中的卦名，代表水，坎方指北方。

〔2〕离：是八卦之一，在八卦图中位于南方，代表的基本物质为火。

〔3〕鹧鸪（zhè gū）：一种鸟，体形似鸡而比鸡小，羽毛大多黑白相杂，背上和胸、腹等部有显著的眼状白斑。

〔4〕端：这里是副词，意思是确实、果真。

〔5〕孙枝：树木长出的新枝。

译文

以前有李延平的种兰口诀，现在我把它如实地附记在下面。

"正月里要把兰花安排放置在靠北的方向，这样才能更好地接受到从南面照射来的温暖的阳光。雨淋日晒都不用管，重要的是要使兰草苍劲的颜色不改变。

二月的栽培管理更有难度，必须防止叶子上生出像鹧鸪鸟身上那样的白色斑点。四周插上竹枝防止刮风把兰叶吹折，要像爱惜珍贵的玉环一样爱护兰叶。

三月的时候兰草会长出新的枝条，这时候花盆千万不要面对着西风来的方向。要提防太潮湿而容易生虱虫的泥土，兰根下也不要浇太浓的粪水。

四月天气晴朗温和，太阳像红色的丹砂，兰草的沙泥会出现很快就干燥了的现象。这时候的兰草生长旺盛，就不要用新鲜井水来浇灌了，可以尽管多用肥粪、污腻的水经常给它浇灌。

五月的时候新枝芽已经长满了花盆，浓密的绿荫深处生机勃勃，平和稳定。这个时候如果有些老叶子出现掉落的现象也不必担心，修剪掉以后又会长出许多。

六月要么骄阳似火，要么大雨倾盆，这时候盆中的蕙兰正在开花，所以要把它们安顿在凉亭下或者临水的楼阁里，否则的话就应该在屋檐前搭个架子用来遮挡和保护兰花。

七月天气渐凉，暑气渐消。此时不要浇水浇得太频繁，适宜三天浇一次。还要防止蚯蚓钻伤花根，可以在浇肥水的时候调和进一些尿液来驱赶蚯蚓。

八月的天气已经觉得有些凉了，但是任凭刮风等不好的天气也不必害怕。已经发酵了一年的污水这时候是用来浇灌的好肥料，也可以在污水中浸渍一些鸡毛，那就更好用了。

九月开始有薄霜了，这时候要把兰花收藏到屋檐下的台阶前。如果叶子上生了白蚁或者黄蚁，可以在叶子上洒一点清油就没有问题了。

十月是小阳春，大地回暖，明年的笋芽又在孕育着胚胎了。这时候应该把兰花的根用土深深地培起来，不要让花根露在外面，如果已经长满了盆还应该立即换盆栽种。

十一月的时候，适宜让兰草向阳放置，但夜里必须严密地收藏好。并且应该让花盆里面的泥土表面一直保持着微微湿润的状态，如果太干燥了，兰叶就容易变黄。

十二月霜雪大，温度低，应该小心地把兰花放置在屋内以保护它的弱枝。直到第二年春天到来，气温升高以后，才是兰花开始生长的时候。"

桃

桃为仙木，能制百鬼，故神仙家恒多种之。武陵桃源[1]虽五柳[2]寓言，然鸡犬、桑麻岂花妖木客事哉？种法：宜择暖处，宽深为坑，先纳湿牛粪，埋烂核其中，尖头向上，覆土尺余，春深芽长，移栽实地。若仍置粪中，则实少而苦矣。或云种时以桃核刷净，令女子艳妆种之，他时花艳而子离核。又于春后以刀竖划其皮，则树不夭[3]。社日春根下或以刀横斫其枝，则实不坠。以煮猪首汁放冷浇之，则子不蛀。以多年竹镫檠[4]悬挂树间，则虫自落。然桃性早实，十年辄枯，世称"短命花"。不若多种碧桃、人面桃，或每处递[5]植，以易老朽，庶几武陵渔人可复踪迹耳。

注释

[1]武陵桃源：指东晋陶渊明在其《桃花源记》中描写的武陵渔人桃源奇遇的故事。

[2]五柳：指陶渊明。陶渊明自号五柳先生。

[3]夭：死掉。《齐民要术》卷第四·种桃柰第三十四："桃树皮急，四年以上，宜以刀竖劙其皮。不者，皮急则死。"

[4]镫檠（dēng qíng）：古代照明的器具。上面是灯盘，盛油并放置灯芯，下面有立柱，叫作灯檠或灯架。

[5]递：顺着次序。

译文

据说桃树是一种具有仙气的树木，能够制服各类鬼怪，所以相信神仙之术的人经常会喜欢多种桃树，以避邪气。"武陵桃源"虽然是五柳先生笔下的寓言故事，但是其中描写的鸡犬、桑麻等，哪里是关于花妖木客的神仙之事呢？桃树的种法是：适宜选择向阳温暖的地方，挖出一个又宽又深的土坑，先放入湿牛粪，然后把桃核埋到牛粪中，桃核的尖头要向上，最后覆盖上一尺来厚的泥土，等到春末时分嫩芽已经长得比较高大了，就把它移栽到真正的园地里。如果仍旧放在粪中生长，那么果实就会长得很少而且味道苦。有人说，种桃树的时候把桃核刷干净，让浓妆打扮后的女子再种，以后桃树开的花就会特别艳丽，而且结出的桃子是离核的。还有，在春末的时候，用刀子在桃树皮上竖着划几道口子，这种方法叫作"纵伤法"，能促进水分和养料的吸收，桃树就容易成活。在社日节的时候，用木棒捣一捣桃树的根部或者用刀子横着砍几下树枝，那么果实就不容易坠落。用煮猪头的浓汁放冷以后来浇树，果实就不容易被虫蛀。把使用过许多年的竹子灯架悬挂在树间，那么虫子就被灯架的气味熏落了。桃树虽然很快就可以结果实，但是树的寿命不长，一般十年左右就老朽枯萎了，所以人们又叫它"短命花"。不如多种些碧桃、人面桃，或者在各个地方轮流交替着种植，不断地用新树替换老树，这样差不多就能让武陵渔人再次找到桃花源的踪迹了。

李

语云:"桃李不言,下自成蹊[1]。"予谓桃花如丽姝,歌舞场中定不可少;李花如女道士,烟霞泉石间独可无一乎?桃李并称,良亦不爽。但李性耐久,时与桃异,虽至老朽,子亦不细,复喜开爽,切勿连阴。谚云:"种桃宜密,种李亦稀。"深得之矣。法:于腊月中取根上小条移种别地,待长行栽。或云取桃树接之则主子红甘。予里以檇李[2]得名,未知果按此法否?又于元日[3]或上元[4]以砖着树岐[5],或于腊月[6]以杖击枝间,至正月晦日[7]复击,可令足子。其不实者,亦于元旦五更[8]以火把四面照之,当年便生,谓之"嫁李"。别有一种名郁李者,子如樱桃,亦名唐棣,风人所思[9],丰采可见。

注释

〔1〕蹊(xī):小路。此谚语出自《史记·李将军列传》,原意是桃树和李树不会用花言巧语来招引人,但因它有美丽的花朵和美味的果实,人们自然愿意来到其树下,走的人多了,便走出了一条小路。比喻为人品德高尚、诚实、正直,用不着自我宣传,就自然能受到人们的尊重和敬仰。

〔2〕檇(zuì)李:果名,李子的一种,也叫醉李。亦古地名,故地在今浙江省嘉兴县一带。

〔3〕元日:农历正月初一。

〔4〕上元:农历正月十五。

〔5〕树岐：即树杈，树干的分枝处。

〔6〕腊月：农历的十二月。

〔7〕晦日：农历每月的最后一天。

〔8〕五更（gēng）：更，旧时夜间的计时单位，一夜分为五更。颜之推《颜氏家训》："汉魏以来，谓为甲夜、乙夜、丙夜、丁夜、戊夜；又云鼓，一鼓、二鼓、三鼓、四鼓、五鼓；亦云一更、二更、三更、四更、五更；……更，历也，经也。"五更约相当于现代时间凌晨3点到5点。

〔9〕风人所思：因《诗经》分"风、雅、颂"三类，故以"风人"指代《诗经》时代的诗人。"风人所思"的意思是《诗经》时代的人们已经歌咏过它。《诗经·国风·召南·何彼秾矣》中有"何彼秾（nóng）矣，唐棣（dì）之华"的诗句。

译文

　　古代有句谚语说："桃树和李树都不会开口说话，但是它们的果实鲜美，树下自然有人走成的小路。"我认为桃花就像热情大方的美女，欢乐的歌舞场中一定不能缺少了她；李花却像安静沉默的女道士，在远离尘世的云霞泉石间难道可以没有她吗？桃树和李树被人一并称赞，确实是不错的。但是李树的本性耐久，存活的时间和桃树不同，即使树已经很老了，果实也不会变得很小。而且李树喜欢开阔清爽的地方，千万不要在一个地方种太多，别让树连成荫。谚语说："种桃应该密集一点儿，种李子应该稀疏一些。"说得很有道理啊。李树的种法是：在腊月里剪取树根上长出的小枝条，移种在别的地方，等到它生芽以后就可以进行栽种了。有人说，在桃树上嫁接李树枝，那么长的李子就会又鲜红好看又甘甜味美。我所居住的地方是因为出产檇李而得名的，不知道是不是真的按照这个方法来做的呢？还有，在正月初一或是正月十五日，把砖压放在李树的枝杈上，或者在腊月里用木杖击打树枝，等到正月的最后一天再打一次，这样做可以让李树多长果实。至于那些不长果实的李树，也要在元旦这天的五更时分拿火把把树的周围都照一照，当年就能结果，这种做法叫"嫁李"。还有一种名叫郁李的，它的果实像樱桃，又叫唐棣，就是《诗经》时代的人们所思念歌咏过的，它的远古风采现在还可以想见。

杏

南海有杏园洲[1]，为仙人种杏处，朱李、蟠桃，自堪鼎足。自唐进士有探春宴[2]，春风十里，始落红尘。花如有知，岂不称屈？栽种之法与桃李同，但宜近人家，不得移动耳。又闻宋时扬州李冠卿家，堂前一株杏，花多而不实。一老妪曰："来春与嫁此杏！"冬深，忽携一樽[3]酒来，云是婚家撞门酒[4]。索处子裙系树上，已奠酒辞祝，再三而去。家人咸[5]哂[6]之，明年结子无数。则嫁树之术，又不当与桃李并驱耶？

注释

[1]杏园洲：地名。《太平广记卷第四百一十》作"杏圃洲"。

[2]探春宴：此处指唐朝进士及第者参加的皇家宴会，又名曲江宴或探花宴。唐李淖《秦中岁时记》："进士杏园初宴，谓之探花宴。"

[3]樽（zūn）：古代的盛酒器具。

[4]撞门酒：旧时婚礼迎娶时男家所送的礼酒。

[5]咸：都。

[6]哂（shěn）：讥笑。

译文

据说南海中有个杏园洲，是仙人种杏树的地方，红杏和朱李、蟠桃自然是鼎足而立的。从唐代开始，新考中的进士们会

被安排参加探春宴，宴会的活动项目包括让进士们在春风中的长安城游行十里的路程，并且要找到一株杏树，折一枝杏花带到宴会上去。从此，杏花才开始由仙境中的树木沦落到了红尘之中。杏花如果有知觉和感情的话，难道不会喊冤叫屈吗？杏树的栽种方法与桃树、李树相同，只是更适宜栽种在家附近，也不能经常移栽。我还听说，宋代的时候，扬州李冠卿家中的厅堂前面有一棵杏树，每年都开很多花但是却不长果实。有一位老奶奶说："看我明年春天给你把这棵杏树嫁走！"那年的深冬季节，这位老奶奶忽然又拿着一坛酒来了，说是婚家给的撞门酒。她向李家要了一条女孩子的裙子系在树上，自己又是浇酒祭奠，又是祝辞祷告，反复再三地忙了很长时间才离去。李家的人都笑话这位老奶奶，没想到，第二年这棵杏树竟然长出了数不清的杏子。这么看来，杏树也有"嫁树"的方法，难道不又是同桃树、李树并驾齐驱的吗？

柰

西北多柰[1]，家以为脯，昆山张应文[2]《老圃一得》云即南地花红[3]。予谓晋成帝时三吴[4]女子相与[5]簪白花，望之如素柰，谣言："天公织女死，为之着服。"则柰花当是白色，而我土花红花作粉红，黄精、钩吻[6]，岂容耳鉴[7]耶！别有一种曰林檎者，以其味甘，来众禽食，又名来禽，似柰而小，味非常品。王右军[8]有《来禽青李帖》，而周兴嗣[9]所编《千字文》亦云"果珍李柰"，则二果以味称胜，均当与李伯仲耳。法不宜种，但须栽之，种之虽生，其味不佳。取栽如压桑法，或如栽桃李法。复于正二月中翻斧斑驳椎之，则饶子矣。若蛀，则以铁丝钻窍，用百部[10]、杉木钉塞之。生毛虫，则以鱼腥水浇根或埋蚕蛾于地下。昔唐大帝[11]时，王方言尝以林檎一树进阶，文林[12]若能多植，岂直其人与千户侯等[13]。

注释

[1] 柰（nài）：果木名，果实像花，红而大，外皮多为深红色并有暗红色条纹或装饰断线，其肉质细密呈黄白色。

[2] 张应文（约1524—1585）：上海嘉定人，明代书画家、藏书家。《四库总目·杂家类》有《张氏藏书》四卷，《老圃一得》为其中一种。

〔3〕花红：蔷薇科苹果属植物，落叶小乔木，叶卵形或椭圆形，花粉红色。果实球形，像苹果且小，是一种常见水果。

〔4〕三吴：一般是指《水经注》中说的吴郡、吴兴郡和会稽郡。泛指长江下游江南一带。

〔5〕相与：一起。东晋陶渊明《移居》诗："奇文共欣赏，疑义相与析。"

〔6〕黄精、钩吻：黄精，药用植物，具有补脾、润肺生津的作用。钩吻，常绿木质藤本植物，全株有大毒，也有药用价值。

〔7〕耳鉴：对事物的鉴赏不重实际，只听名气。沈括《梦溪笔谈·书画》："藏书画者多取空名，偶传为钟、王、顾、陆之笔，见者争售。此所谓耳鉴。"

〔8〕王右军：王羲之，字逸少，东晋著名书法家，有"书圣"之称。曾任右军将军，故称右军。

〔9〕周兴嗣：南朝梁代学者。梁武帝（464—549）命人从王羲之书法作品中选取1000个不重复的汉字，并命周兴嗣编纂成《千字文》一书，是具有广泛影响的儿童启蒙读物。

〔10〕百部：多年生草本植物。茎上部攀援它物上升，卵形叶，2~4片轮生节上，初春开淡绿色花。地下簇生纺锤状肉质块根，可入药，外用可驱除蚊虫。

〔11〕唐大帝：指唐高宗李治。《太平广记》卷四百一十·草木五载："唐永徽中，……村人王方言，尝于河中滩上拾得一小树，栽埋之。及长，乃林檎也。……上大重之，赐王方言文林郎。"

〔12〕文林：文人聚集之处。泛指文坛、文学界。

〔13〕语出《史记·货殖列传》："安邑千树枣；燕、秦千树栗；蜀、汉、江陵千树橘，……此其人皆与千户侯等。"这里是反讽，意思是文人贫寒，可否试种林檎而得富贵？

译文

西北地区柰树很多，家家都把柰做成果脯食用。明代昆山人张应文的《老圃一得》中说，西北地区的柰树就是江南地区的花红。我个人认为，史书上记载说东晋成帝的时候三吴地区的女子不约而同地一起在头上戴起了白花，远远望去就像素色的柰花。当时的谣言说："天公的织女死了，这是为织女穿戴丧服。"那么柰花应当是白色的。而我们这里花是粉红色的，就像黄精和钩吻，虽然看起来相似，但功效、作用却截然不同；花红和柰树也并不相同，哪能道听途说、以讹传讹呢？柰树中还有一个品种叫作林檎，因为它的果实味道甘甜，能吸引众多的禽鸟来吃，所以又叫"来禽"。它的果实像柰，只是个头小了一点儿，味道很特别，不是平常品种所有的。东晋王羲之写过《来禽青李帖》，而南朝梁代周兴嗣所编写的《千字文》中也说"果类中的珍品有李子和柰"。可见，柰和林檎两种果实都因为味道鲜美而为人称道，应当和李子比肩并列啊。柰的栽培不适合用种子来种，只适合用树枝来栽。用种子种虽然也能长果子，但是味道不佳。取树枝来栽就像压桑枝的方法一样，或者也可以用栽桃树和李树的方法。在正月和二月之间用翻斧在树干上杂乱无序地轻砍几下，那么就容易多长果实了。如果树干被虫蛀了，就用铁丝在虫蛀的地方钻个洞，再用百部或杉木做成的木钉子塞到洞里。如果树上生了毛虫，就用洗鱼的腥水泼在树根上，或者埋些蚕蛾在树根处的土里。以前唐高宗的时候，村民王方言曾经凭借着林檎这种树而得到进阶，文学界的人如果也多种林檎，是否也能得到像千户侯一样的富贵呢？

梨

洛阳风土：梨花时，人多携酒，日："为梨花洗妆。"予谓不独为梨花洗妆，更足为俗人洗胃。春风庭院，安可无此瀛洲玉雨[1]也？花有二种，瓣舒者佳。春间下种，三尺移栽。或将旺梨笋[2]取作拐样，斫其两头，火烧铁器，烙定津脉，卧栽于地。来春发芽，别取嫩条，截长八寸，名日梨贴。削开原干，插入梨贴，稻草紧缚，不可摇动，月余自发长，即生梨。梨生，用箬包裹，勿为象鼻虫[3]所伤，洞庭山[4]梨俱用此法。或云接梨桑上，生子甘脆。然《齐民要术》[5]独殿[6]桑梨，未可尽信也。一说接梨以春分前十日，接柿以春分后十日。白乐天[7]《杭州春望》诗："红袖织绫夸柿叶（蒂），青旗沽酒趁梨花。"果于此时得少佳趣，便觉天子烧梨[8]尤为多事矣。

注释

〔1〕瀛洲玉雨：瀛洲，传说中的仙山。陶谷《清异录》："司空图《菩萨蛮》谓梨花为瀛洲玉雨。"

〔2〕梨笋：幼嫩的梨条。

〔3〕象鼻虫：鞘（qiào）翅目昆虫，体躯小，因头上长着一根形似象鼻的触须而得名，是比较常见的经济作物害虫。

〔4〕洞庭山：位于江苏省苏州市西南，太湖东南部。

〔5〕《齐民要术》：北魏农学家贾思勰所著的一部综合性农学著作，是中国现存最早的一部完整的农书。

〔6〕殿：放在最后。

〔7〕白乐天：白居易（772—846），字乐天，号香山居士，唐代诗人。

〔8〕天子烧梨:《唐史纪》记载"唐肃宗召处士李泌于衡山，至，舍之内庭。尝夜坐地炉，烧二梨以赐李泌"。

译文

　　洛阳的风土人情是，梨花盛开的时候，人们大都会携带着酒去观赏梨花，说是："为梨花梳洗妆扮。"要我说，这不仅是要为梨花梳洗妆扮，更重要的是可以给俗人们洗洗胃了。不管怎么说，在春风吹拂的时候，庭院之中怎么可以没有这像瀛洲玉雨一般洁白的梨花呢？梨花有两个品种，其中花瓣舒展的那种比较好。春季里种下梨种子，等到树苗长到三尺来高的时候就可以移栽到地里了。或者把一支生长旺盛的嫩梨条剪取下来，就像做拐杖一样，把这根梨枝的两头砍掉，用火把铁器烧热，烙一下这根梨枝的两头，把它的茎枝固定封好，然后把它横放着卧栽在地里，第二年春天这根梨枝发芽以后，再另剪取一根嫩梨条，截成长度为八寸的一段，这叫梨贴。把新长出的梨苗枝条用刀削开，把梨贴插到上面，然后用稻草紧紧地绑好，绑的时候千万不要摇动，一个多月以后，梨贴能发芽生长，之后就能结出梨子了。梨子长出来以后，要用箬叶把它包裹起来，不要被象鼻虫咬伤，洞庭山出产的梨都用这个方法。有人说把梨贴嫁接到桑树上，结出的梨又甜又脆。但是《齐民要术》一书唯独把桑梨放在最后，这个方法不能完全相信。还有一个说法是：嫁接梨树应该在春分前十天的时候，嫁接柿树应该在春分后十天的时候。白居易写的《杭州春望》说："心灵手巧的织绫姑娘织出像柿蒂一样花纹的绫布（抄本为叶），趁着梨花开放的美景，在悬挂着青色旗帜的酒店里买梨花春酒喝。"如果在这样的良辰美景中得到一点乐趣，就会觉得唐肃宗用地炉烧梨的事情简直是多此一举了。

樱桃

樱桃古名楔桃，二名朱桃，一名英桃。为鸟所含，亦名含桃。其法：二三月间折有根枝栽于土中，粪浇即活。仍记阴阳[1]，各遂其性，否则难生，且复不实[2]矣。又闻之古语云："为才食而便堕，雨薄洒雨皆零。"[3]如遇结实，即张缯[4]网遮之，以惊鸟雀；更贮苇箔覆之，以庇风雨。记予儿时曾读一古诗，亦载此法，暇须寻出补之，以证予不妄语。

注释

[1]阴阳：这里指樱桃树枝的背阴面和向阳面。

[2]实：结果实。

[3]此古语语意不明。大意是说樱桃结果之时易被鸟雀所食、风雨吹落。

[4]缯（zēng）：古代对丝织品的总称。

译文

樱桃在古代叫作楔（xiē）桃，还有个名字叫朱桃，又叫英桃。因为经常被鸟所含食，所以又叫含桃。樱桃的栽种方法是：春天二、三月的时候，在樱桃树上剪下已经生出根须的树枝，然后把它栽在泥土中，浇点粪水就能成活。需要注意的是，栽的时候仍然要记清树枝原来的南北朝向，并按照原来的朝向栽种，这样能够顺从树苗的本性，便于树苗成活，否则树苗难以成活，或者即使成活了也不容易长果实。我曾听古语说："为才食而便堕，雨薄洒雨皆零。"如果到了樱桃长果实的时候，应该张开网放在树上加以遮护，以便把鸟雀们吓跑。还要提前储存一些芦苇席子，以便刮风下雨的时候用来覆盖樱桃树，保护果实不要被风雨吹打而掉落。记得我小时候曾经读过一首古诗，诗中也记载了这个方法，等我有时间的时候一定要把它找出来补充记录在这里，用来证明我这里说的并不是信口开河。

海棠

尝读钱塘[1]陈思《海棠谱》[2]，谓：海棠一种，自杜陵[3]绝吟，为世所薄。不知唐玄宗时杨妃入宫，粉黛无色，而濒海一卉独得比妍，其声价胜梅精[4]十倍矣。子美生当其时，岂不知标榜[5]一语？有谓其讳母所名，理或然耳。花计数种：昌州[6]香海棠，不可得矣。其次，西府为上，贴梗次之，垂丝又次之。予里白苎村颜氏有海棠四株，根枝堪抱，落英缤纷，如美人初起时，而老梅携李复为之媵[7]，殆生平所未见。予为作诗记之，有云："山居九径[8]若为开，几树名花取次栽。色似仙家人未老，娇如妃子梦初回。携来西域同丹若[9]，好付东皇嫁落梅。况遇清贫颜处士，一瓢传得胜鲛胎[10]。"恨不能结巢其上，作十日饮[11]耳。

注释

[1] 钱塘：杭州市的古称。

[2]《海棠谱》：宋代陈思汇集名人诗句、故事、杂录赞美海棠花的著作。

[3] 杜陵：唐代诗人杜甫自号少陵野老，故以"杜陵"代指杜甫。

〔4〕梅精：江采萍（710—756），号梅妃，闽地莆（pú）田（今福建省莆田市）人，唐玄宗宠妃之一。《梅妃传》中唐明皇与梅妃斗茶，顾诸王戏曰："此梅精也。吹白玉笛，作惊鸿舞，一座光辉，斗茶今又胜吾矣。"妃应声曰："草木之戏，误胜陛下。设使调和四海，烹饪鼎鼐，万乘自有宪法，贱妾何能较胜负也。"上大悦。

〔5〕标榜：借用某种好名义加以宣扬。

〔6〕昌州：现在的重庆市下属永川区境内。南宋地理学家王象之《舆地纪胜》里的《静南志》载：昌居万山间，地独宜海棠，邦人以其有香，颇敬重之，号海棠香国。

〔7〕媵（yìng）：本意指送嫁的人或物。后来媵女成为随嫁之妾的意思，或者用来指称婢女。这里是指婢女。

〔8〕九径：这里指多条小路。南宋杨万里《三三径》诗序："东园新开九径，江梅、海棠、桃、李、橘、杏、红梅、碧桃、芙蓉九种花木，各植一径，命曰三三径。"南宋周必大《上巳访杨廷秀》诗："回环自劚（zhú）三三径，顷刻常开七七花。"

〔9〕丹若：学名安石榴，又名石榴、海榴，石榴科石榴属，落叶灌木或小乔木。原产于伊朗及其周边地区。安徽省蚌埠市怀远县的白花玉石籽是石榴中的著名品种，性温、味甘，具有杀虫、收敛、涩肠、止痢等功效。

〔10〕鲛（jiāo）胎：鲛泪，即珍珠。《博物志》曰："鲛人从水出，寓人家，积日卖绢，将去，从主人索一器，泣而成珠满盘，以与主人。"蚌胎指珍珠。古人以为蚌孕珠如人怀孕，并与月的盈亏有关，故称。《文选·扬雄〈羽猎赋〉》："方椎夜光之流离，剖明月之珠胎。"李善注："明月珠，蚌子珠，为蚌所怀，故曰胎。"这里指鲛胎盏。明代陶宗仪《说郛》卷一一九"鸡鸭卵壳"条："张宝尝使子弟巡市，乞鸡鸭卵壳。鸡卵以煮药，鸭卵以金丝缕海棠花，名鲛胎盏，醉后畏酒时多用之。"

〔11〕十日饮：典出《史记·范雎蔡泽列传》："（秦昭王）乃详为好书遗平原君曰'寡人闻君之高义，愿与君为布衣之友，君幸过寡人，寡人愿与君为十日之饮'。"后因以"十日饮"比喻朋友连日欢聚，亦称"十日欢"。

译文

　　我以前曾经读过杭州的陈思写的《海棠谱》这本书，书中说道：海棠这种花，自从杜陵拒绝为它写诗吟咏以来，就逐渐被人们所轻视鄙薄了。但是大家不知道，在唐玄宗的时候杨贵妃被召入宫，她的美貌使六宫粉黛都显得黯然失色，但是这濒临海隅一角的海棠花，却唯独可以和杨贵妃相比美，在那时候，海棠花的声誉和价值可是胜过梅花十倍呢。杜甫就生活在当时那个时代，为什么不作诗描写一下海棠，对它加以标榜、赞美几句呢？有人说杜甫母亲的名字叫海棠，杜甫是因为避母亲的名讳所以才不写海棠的，这个道理或许是对的吧。海棠花的品种有如下几种：出自昌州的香海棠，这个品种特别珍贵而不容易得到。除此之外，其他品种当中可以说西府海棠是最好的，贴梗海棠应该算第二，垂丝海棠是第三。我们乡里白苎村有一个姓颜的人，他家里有四棵海棠，这些海棠的根枝粗大，开花的时候整棵树花朵缤纷，就像美人刚睡觉醒来一般娇艳可爱。而且旁边恰好还有一棵老梅树携带着一棵李树，就好像是为这些海棠做陪伴的侍女一样，这情景是我从来没有见过的。我特意作了一首诗来记载此事，诗中说："山中居所的多条小路好像一下子为我打开了一个新天地，只见几棵有名的花木按照顺序依次栽种着。树上的花朵颜色明丽，就像神仙一样闪烁着青春不老的光彩，花朵娇艳的神态就像妃子刚睡醒来一样楚楚动人。如果能和西域的石榴一起来，我就可以把它们交付给东皇，一同嫁给梅树为妻了。何况这些海棠遇到的主人是家境清贫而品质高洁如颜回的处士，所以即使只用一个普通的葫芦瓢喝喝冷水，感觉也胜过珍珠一样的杯盏。"我只是遗憾不能在这些海棠树上做个巢，住在里面，再快快活活地一连喝上十天的酒啊。

栽花之法：宜于春间将贴梗海棠攀枝着地，以肥土壅之，自能生根。来冬截断，春半移栽。以樱桃接之，则成垂丝；以梨树接之，则成西府；以木瓜[1]头接之，则成白色。若欲其鲜盛，于冬至日早以糟水或酒脚浇根下，复剪去花子，则来年花茂而无叶矣。瓶花以薄荷包根，或用薄荷[2]水养之。或云木瓜花似海棠，故亦有木瓜海棠。但木瓜花在叶先，海棠花在叶后为差别耳。别有一种曰秋海棠。相传昔有女子，怀人不至，涕泪洒地，遂生此花，色如妇面，名"断肠花"。性喜阴湿，宜种阶砌，谓之海棠者，取其似也。大都[3]海棠风韵特胜，昔人欲以梅聘[4]之，虽香不如梅，真堪夫妇矣。

注释

〔1〕木瓜：指蔷薇科木瓜属植物，灌木或小乔木。安徽宣城产者名宣木瓜，质量最好，为舒筋活络、和胃化湿的药物。《本草纲目》载："木瓜处处有之，而宣城者为佳，木状如柰，春末开花，深红色。其实大者如瓜，小者如拳，上黄似着粉。"现在的常见水果木瓜是番木瓜，为热带、亚热带常绿软木质大型多年生草本植物。

〔2〕薄荷：唇形科、薄荷属植物，是一种有经济价值的芳香作物。

〔3〕大都（dōu）：几乎全部或大多数。

〔4〕聘：旧时称订婚、迎娶之礼。《礼记·内则》："聘则为妻。"这里是迎娶的意思。

译文

海棠的栽种方法是：适宜在春季里把贴梗海棠的枝慢慢地拉着埋到地里，然后用肥沃的泥土把它培起来，这个枝条自然就可以生出根来。第二年的冬天可以把这根枝条从原来的树上截下来，第三年的春天二月份的时候就可以移栽了。用樱桃枝嫁接它，就能长成垂丝海棠；用梨树枝嫁接它，就能长成西府海棠；用木瓜头嫁接它，就能开出白色的花朵。如果想让海棠多开花而且花色鲜艳美丽，那么就在冬至那天的早上，用酒糟水或喝剩下的残酒浇在花根下，再用剪刀剪去花的种子，那么第二年的花就会特别茂密而且没有叶子。如果要把花枝剪下来插在瓶中欣赏，就应该用薄荷把花根包起来，或者把花枝放在薄荷水里养着。有人说木瓜花很像海棠花，所以还有一个品种叫作木瓜海棠。但木瓜是先开花然后再长叶子，而海棠是先长叶子然后再开花，这是两种花的差别。另外还有一种叫作秋海棠。相传古代有一位女子，她因为所思念的人没有来，所以伤心流泪，结果眼泪洒到地上以后，就长出了秋海棠这种花，花的颜色就好像那个女子的面容，又叫"断肠花"。秋海棠的习性是喜欢阴凉湿润的地方，适宜种植在台阶石砌的旁边，之所以也叫它海棠，只是因为它和海棠有点相似而已。大概来说，海棠的风度和韵味是花卉中特别出众的，以前曾经有人想用梅树来迎娶它，它的香气虽然不如梅花，但是配为夫妇还是很合适的。

木兰

尝按唐小说，载长安百姓家有木兰一株，王勃[1]以五千买之，经年花紫。又按古《木兰赋》[2]，复有"玄冥授节，猛寒严烈，峨峨坚冰，霏霏白雪。木应霜而枯零，草随风而摧折。顾青翠之茂叶，繁旖旎之弱条。谅抗节而矫时，独滋茂而不凋"等语。或者以前贤无玉兰诗，疑是一种。不知今之玉兰，花开碧白，绝无柔条，隆冬结蕾，尚未放叶，能有如古纪载所称云云者乎？且古有木兰舟，为鲁班所造，故陆鲁望[3]《咏花诗》有"几度木兰船上望，不知元是此花身"之句。今之玉兰，能具舟楫、泛波涛乎？虽相传大江以西其木合抱，然亦乌[4]知其为一为二也？或又谓木兰花紫，类是辛夷[5]。不知王摩诘[6]辋川别业[7]有"辛夷坞""木兰柴"，既属一种，岂应如是复名耶？当俟博物者悉之。大都玉兰最忌水浸，以辛夷并植，秋后接之，浇以粪水，花开特馥。辛夷一名木笔，又名望春，别名房木，或谓之候桃云。

注释

〔1〕王勃：王勃（约650—约676），字子安，绛州龙门（今山西河津）人。唐代诗人，与杨炯、卢照邻、骆宾王并称为"初唐四杰"，王勃为四杰之首。

〔2〕《木兰赋》：西晋成公绥作。《晋书·文苑列传》："成公绥，字子安，东郡白马人也。幼而聪敏，博涉经传。性寡欲，不营资产，家贫岁饥，常晏如也。少有俊才，词赋甚丽，闲默自守，不求闻达。"

〔3〕陆鲁望：陆龟蒙，字鲁望，长洲（今苏州）人，唐代农学家、文学家、道家学者。

〔4〕乌：疑问词，哪，何。

〔5〕辛夷：即紫玉兰，木兰科落叶乔木，是一种名贵的香料和化工原料，亦是一种观赏绿化植物。花先叶开放，有散风寒的功效。

〔6〕王摩诘（mó jié）：王维（701—761），字摩诘，号摩诘居士，河东蒲州（今山西运城）人，唐朝著名诗人、画家。《维摩诘所说经》是佛教大乘经典，维摩诘据说是大乘居士，有辩才，善于应机化导。

〔7〕辋川别业：王维于辋川山谷（今陕西省西安市蓝田县西南10余公里处）在宋之问辋川山庄的基础上营建的园林。别业即别墅。

译文

我曾经阅读唐代的短篇小说，其中记载说长安的一个百姓家有一棵木兰树，诗人王勃花了五千钱把它买了下来，过了一年以后这棵木兰树开出了紫色的花朵。又曾经查阅古代的《木兰赋》，其中又有"北方的冬神玄冥把他所掌管的节气授予了大地，因此大地上到处是猛烈严寒的气候，高大坚硬的寒冰随处可见，纷纷扬扬的白雪从天而降。各种树木已经在严霜的摧残下凋零了，野草也已被肆虐的北风所吹折。此时却看到青翠茂密的叶子，从木兰旖旎美丽的柔条上长出来。木兰确实具有高贵的气节，在冬季里显得格外突出，因为只有它在此时生长得茂盛而不凋零"等说法。有的人因为没有看到前代人写关于玉兰的诗，就怀疑古书中的木兰和现在的玉兰是同一种植物。但实际上，现在的玉兰开的花是白色中透着碧绿的颜色，玉兰树也绝对没有柔弱的枝条，它虽然是在寒冷的隆冬季节里长出花蕾的，但是这时候并没有开始长叶子，哪里和上面的古代记载所说的一样呢？并且古代有用木兰树做的船，是鲁班发明创造的，所以陆鲁望写的《咏花诗》中有"我曾经好几次坐在木兰船上远望过，但是却不知道我坐的船就是这种花的躯干做成的啊"这样的句子。现在的玉兰树能够做成船和桨，飘浮在波涛汹涌的江面上吗？虽然人们都传言说在大江以西的地方玉兰树长得很粗大，可以双手合抱，但是不知道和古代的木兰树是同一种还是两种不同的植物呢？还有人说，既然木兰的花是紫色的，应该是辛夷一类的植物，他不知道王维的辋川别墅中有"辛夷坞""木兰柴（zhài）"这样的名字，木兰和辛夷如果是同一种植物，难道能像这样使用不同的名字吗？这个问题只有等待知识渊博的人去了解了。大概来说，玉兰最忌用水浸泡，如果把辛夷和它种植在一起，秋天过后把玉兰枝嫁接到辛夷树上，再用粪水浇灌，那么开出的花就会特别芳香。辛夷还有一个名字叫木笔，又叫望春，别名叫房木，也有人叫它候桃。

瑞香

瑞香颠末[1]：相传庐山有比丘[2]，昼寝盘石上，梦中闻花香酷烈。及寤，寻求得之，因名睡香。四方奇之，谓为花中祥瑞，遂以"睡"易"瑞"，则似前此未之有矣。乃楚辞所载"露甲[3]"，或复以瑞香当之。是时佛教未东，岂得先有比丘耶？意此花本名露甲，至有庐山一事，始易今名耳。

种法：于芒种时就老枝上剪取嫩条，破开折头，置大麦一粒，用乱发缠之，插入土中。根生壅好，勿令外露，复以焊[4]猪汤从花脚浇之。或云左手折下，随即扦插，勿换右手，无不可活。又云宜用小便，可杀蚯蚓。然香花忌粪，瑞香尤甚，不若壅以头垢或用浣衣灰[5]汁为妙。盖此花根甜，灌以灰水则蚯蚓不食，而衣服垢腻复能肥花也。但此花一名麝囊，香气酷烈，能损群花，世谓花贼，宜独处之。

注释

〔1〕颠末：始末，事情自始至终的经过。

〔2〕比丘：佛教指和尚。《魏书·释老志》："桑门为息心，比丘为行乞。"

〔3〕露甲：屈原《涉江》有"露申辛夷，死林薄兮"的诗句，露申后误写作露甲，明杨慎《升庵诗话·瑞香花诗》："瑞香花，即《楚辞》所谓露甲也，一名锦熏笼。"

〔4〕焊：把已宰杀的猪或鸡等用热水烫后去毛。

〔5〕浣（huàn）衣灰：浣衣即洗衣。《礼记·内则》："冠带垢，和灰请漱。衣裳垢，和灰请浣。"古代最早用草木灰洗衣，后来也用皂角、猪胰腺等制成洗涤剂。

译文

瑞香花的来历是：相传从前庐山上住着一位和尚，有一次白天的时候，他在一块大盘石上睡着了，梦中闻到有浓烈的花香味。等他醒来以后，沿着香气寻找，找到了这种花，因此把它叫"睡香"。庐山周围四面八方的人都觉得这件事很奇异，认为这是花中的祥瑞之事，于是就把"睡"字改为"瑞"字，叫作"瑞香"，这样看来似乎在此事之前没有这个花名。而《楚辞》中记载着一种香花叫作"露甲"，有人以为就是上述故事里的瑞香。但在产生《楚辞》那个时代佛教还没有向东传播，哪里就会先有和尚了呢？我想大概是这个花本来就叫露甲，等到发生了庐山和尚这件事以后才改成现在这个名字的吧。

瑞香的种法是：在芒种的时候，从老枝上剪取一根嫩条，把折头处竖着切开，在开裂处放入一粒大麦，然后用头发把折头缠起来插栽到土里。等到嫩条生了根以后一定要多用泥把它培好，不要让根露在外面，再用烫过猪肉的热水冷却后浇在花根上。有人说要用左手折下嫩条，立即就插种到土里，不要换成右手，这样的话就没有不能成活的。也有人说适合用小便浇灌，这样可以杀灭蚯蚓。但是气味芳香的花都是忌粪水的，瑞香尤其如此，所以不如用些头垢、皮屑培壅，或者用洗衣服的草木灰汁浇灌为好。因为瑞香的花根带点甜味，用洗衣服的草木灰汁浇灌的话，蚯蚓就不会咬食花根，而从衣服上洗下来的污垢和油脂又能使花长得肥美。但瑞香花又叫"麝囊"，它的香气过于强烈，以至于会损害别的花，所以人们叫它"花贼"，应该把它单独种在一个地方。

紫荆

紫荆^[1]枝干枯索，花如缀珥^[2]，形色香韵无一可取，且设食花下，尤能害人，特以京兆一事^[3]，为世所述。其法：开花既罢，傍枝分种。然性喜肥，复畏水，亦当时护。

注释

〔1〕紫荆：豆科植物，落叶乔木或灌木。花、树皮、果荚和根均可入药。

〔2〕珥（ěr）：即耳环。

〔3〕京兆一事：南朝梁吴均《续齐谐记》：京兆田真，兄弟三人共议分财，生资皆平均，唯堂前一株紫荆树，共议欲破三片。明日就截之，其树即枯死，状如火燃。真往见之，大惊，谓诸弟曰："树本同株，闻将分斫，所以憔悴。是人不如木也。"因悲不自胜，不复解树，树应声荣茂。兄弟相感，合财宝，遂为孝门。

译文

紫荆的枝条看起来是干枯萧瑟的样子，花就像是点缀在枯枝上的装饰耳环，花的形状、颜色和芳香气韵没有一项是可取的，并且如果在紫荆花下摆饭桌吃饭，尤其对人有害，只不过是因为京兆田真兄弟分家（南朝梁吴均《续齐谐记》）的故事才被世人所称道的。紫荆的种植方法是：等三、四月开花结束以后，用压条的方法进行分种。但是紫荆喜欢肥沃的泥土，又畏惧水多涝湿，所以也应当定时养护。

杜鹃

　　杜鹃花极烂漫，以杜鹃[1]啼时开得名。乃古来咏花者辄使蜀帝[2]事，何异龙王欲诛有尾族，虾蟆[3]亦哭乎？《尊生八笺》[4]云花有三种，予尝见张志淳《永昌二芳记》[5]，载杜鹃、山茶各数十余种。大都花性喜阴畏热。法：用山泥，拣去粗石，羊矢浸水浇之。更置树下阴处，则花叶青茂，较之石岩以映山红接者大不侔[6]也。世传羊啮[7]草木，其处不生，独误食此花，则踯躅[8]以死，故亦名"羊踯躅"。审[9]如是，可称花之荆、聂[10]矣。修花史者，其收之《游侠传》[11]中！

注释

[1] 杜鹃：杜鹃是杜鹃科鸟类的通称。

[2] 蜀帝：指望帝化鹃的故事。《禽经·杜鹃》："蜀右曰杜宇。"晋张华注引注汉李膺《蜀志》曰：望帝称王于蜀，得荆州人鳖灵，便立以为相。后数岁，望帝以其功高，禅位于鳖灵，号曰开明氏。望帝修道，处西山而隐，化为杜鹃鸟，或云化为杜宇鸟，亦曰子规鸟，至春则啼，闻者凄恻。

[3] 虾蟆（há má）：亦作"蛤蟆"，即蛙科动物泽蛙，全体可入药，具有清热解毒，健脾消积之功效。

[4]《尊生八笺》：明代高濂撰。养生专著，从八个方面（八笺）讲述了养生以预防疾病、达到长寿的方法。

[5]《永昌二芳记》：永昌，今云南省保山市。明代张志淳考证山茶、杜鹃二花，作《永昌二芳记》，载永昌"茶花有三十六种，杜鹃花有二十种"。

〔6〕侔（móu）：相等，相同。

〔7〕啮（niè）：咬。

〔8〕踯躅（zhí zhú）：徘徊。

〔9〕审：副词，的确，果然。

〔10〕荆、聂：指荆轲和聂政，均为战国时著名的刺客，后代亦指行侠仗义者。《史记》有《刺客列传》，描写了曹沫、专诸、豫让、聂政、荆轲五个刺客的事迹。

〔11〕《游侠传》：《史记》有《游侠列传》，记述了汉代著名侠士朱家、剧孟和郭解的史实。

译文

　　杜鹃花非常鲜艳明丽，因为开花的时候正是杜鹃鸟啼叫的季节，所以给它起名叫杜鹃。但是自古以来作诗咏杜鹃花的人总是喜欢使用"蜀帝死后，魂化杜鹃"这个典故，这跟龙王要诛杀有尾巴的水族，而蛤蟆也跟着痛哭流涕有什么不同呢？明代高濂的《尊生八笺》一书中说，杜鹃花有三个品种，但我曾经见过明代张志淳写的《永昌二芳记》，书中记载的杜鹃、山茶等花各有几十个品种。大概来说，杜鹃花喜欢荫凉、畏惧炎热。它的种法是：使用山上的泥土，把其中粗大的石块拣出去，用浸过羊粪的水来浇灌。还要注意栽好以后，把它放置在树下有阴凉的地方，那么花和叶子都会生长得青翠茂盛，和那些长在山石岩缝之间用映山红嫁接的比较起来，形态是很不一样的。人们都说羊喜欢啃食草木，被羊啃食过的地方，草就不容易再长了。唯独不小心吃了杜鹃花，羊却会徘徊着痛苦地死去，所以杜鹃花还有一个名字叫"羊踯躅"。如果真是这样的话，杜鹃可以说是花中的荆轲、聂政了，如果有人要编写有关花卉的史书，一定要把杜鹃花收录进来，把它列在《游侠传》中！

蔷薇

　　古来蔷薇竹林[1]称最，有"康家""白马"等名，具见前帙。予题康氏花室，有"学分藜阁焰[2]，名继竹林花"之句，盖谓此也。法：俟立春折当年枝，连其榾柮[3]扦[4]阴肥地，筑实其旁，勿使伤皮，外留寸许，长则易瘁[5]矣。或云芒种[6]日及三八月皆可插。如脑生莠虫，以倾银炉灰撒之。别有野外丛生者，名野蔷薇，香更浓郁，差[7]比玫瑰，拌茶煎服，可驱疟鬼[8]。他如"宝相""金沙罗""金钵盂""佛见笑""七姊妹""十姊妹"等花，姿态相似，种法亦同。

注释

〔1〕竹林：指南朝梁元帝的竹林堂。北宋乐史撰《太平寰宇记》，是北宋初期著名的全国性地理总志，其中载梁元帝竹林堂中多种蔷薇，有康家四出蔷薇，白马寺黑蔷薇，长沙千叶蔷薇等品种。

〔2〕藜阁焰：指刘向燃藜读经的典故。《三辅黄图·阁》载："刘向于成帝之末校书天禄阁，专精覃思。夜有老人著黄衣，植青藜杖，叩阁而进。见向暗中独坐诵书，老父乃吹杖端，杖端烟然，因以见向，授《五行洪范》之文。恐词说繁广忘之，乃裂裳及绅以记其言。至曙而去，请问姓名，云：'我是太乙之精，天帝闻卯金之子有博学者，下而观焉。'"后以"青藜"指夜读照明的灯烛。

〔3〕榾柮（gǔ duò）：即花骨朵。

〔4〕扦（qiān）：扦插也称插条，是一种培育植物的常用繁殖方法。可以剪取

植物的茎、叶、根、芽等（在园艺上称插穗），或插入土中、沙中，或浸泡在水中，等到生根后就可栽种，使之成为独立的新植株。

[5] 瘁（cuì）：憔悴，枯槁。

[6] 芒种：农历的二十四节气之一，在公历六月的五六或七日。芒是谷类种子壳上或草木上的细刺，芒种的字面意思是"有芒的麦子快收，有芒的稻子可种"。此时夏熟作物要收获，夏播秋收作物要播种下地，春种的庄稼要管理，收、种、管交叉，是一年中最忙的季节。

[7] 差（chā）：大致可以。

[8] 疟（nüè）鬼：指疟疾，是经按蚊叮咬或输入带疟原虫者的血液而感染疟原虫所引起的虫媒传染病。主要表现为周期性发作，全身发冷、发热、多汗，长期多次发作后，可引起贫血和脾肿大。

译文

自古以来，蔷薇花一直是以南朝梁元帝萧绎的竹林堂中的为最著名，当时的蔷薇品种有"康家四出蔷薇""白马寺黑蔷薇"等，具体的情况以前的书籍中已经有过介绍了。我曾经给康氏花室题过词，其中有"学分藜阁焰，名继竹林花"的句子，意思是说康家蔷薇的渊源深厚，名气很大。它的种法是：等到立春的时候，折取一枝当年生长的枝条，连同它的花骨朵一起，用扦插的方法栽到背阴的肥沃土地中，把它周围的泥土筑得结实一些，但是不要弄伤枝条的外皮，泥土外面的枝条留大约一寸多长就可以了，如果留太长的话就容易枯槁且不好成活。有人说在芒种那天以及三月或者八月的时候都可以扦插。如果花心里生了害虫，就用倾银香炉中的香灰撒在上面，可以把虫子赶走。还有在野外生长的，叫野蔷薇。它的香味更加浓郁，几乎和玫瑰一样香，野蔷薇花和茶叶拌在一起用水煎服，可以预防疟疾。另外还有许多蔷薇花品种，比如"宝相""金沙罗""金钵盂""佛见笑""七姊妹""十姊妹"等，它们的花形姿态都很相似，种植方法也相同。

玫瑰

华玑[1]《域谱》云，宋时宫院多采玫瑰结为香囊，芬氲不绝，故又名"徘徊花"。然则司空曙[2]诗"暗炉翻阶药，遥连直署香"，诚诗史也。大凡花木不宜常分，独此花，嫩条新发，勿令久存，即移别地，则种多茂。若本根太肥，翻致憔悴矣。或云其性好洁，人溺之即死。然则懒瓒[3]洁癖，被辱粪溲，较之此花，不尚欠一死乎？

注释

[1] 华玑：华玑，字敬珩，三国时期名士华歆的曾孙。《域谱》一书不详。明田汝成《西湖游览志余》卷二十四"玫瑰花"条与此文意同："蔷薇，紫艳馥郁，宋时宫院多采之，杂脑麝以为香囊。芬氲裛裛不绝，故又名徘徊花。"

[2] 司空曙：唐代诗人，大历年间进士，"大历十才子"之一。下文诗句出自其诗作《和李员外与舍人咏玫瑰花寄徐侍郎》。

[3] 懒瓒（zàn）：元代画家倪瓒，自称"懒瓒"，有洁癖。

译文

华玑的《域谱》中说，宋代的皇宫内院里大多喜欢采摘玫瑰花做成香囊，随处悬挂，芬芳的气味连绵不断，所以玫瑰花又叫作"徘徊花"。这样看来，司空曙写的诗

句"暗妒翻阶药，遥连直署香"，确实是如实描写的诗史了。一般来说，花草植物大都不适宜经常地分根栽种，唯独玫瑰花不一样，新长出来的嫩条不要让它长时间地留在原来的枝头上，要立即移栽到别的地方，这样还会更茂盛。如果一丛玫瑰的本根太肥大，反而容易导致其凋零。还有人说玫瑰特别喜欢洁净，如果有人向它的枝叶上小便，它就会枯死。既然如此，那么元代有洁癖的倪瓒先生却又被粪溲所侮辱，和玫瑰花相比，不是还欠缺乏以死来进行抗争的勇气吗？

倦圃蒔植記　卷中

花卉二

酴醾

予往见酴醾[1]，色作浅红，香气不足。后阅唐宋诗词，多用"粉面""额黄[2]""香琼""香雪"等字，心窃疑之。及考：此花本作荼蘼，以酒号酴醾，花色似之，遂复从酉。则花作白色，似无可疑矣。王敬美《学圃杂疏》乃疑宋酴醾为白木香[3]，不知宋陶学士毂[4]云，洛社故事[5]，卖酴醾、木香插枝者，均谓百宜枝杖。二花并列，岂能无别耶？但酴醾、木香开花同时，若枝条入土，壅泥月余，俟其根长，剪断移栽，并植槛外，堪为执友耳。

注释

[1] 酴醾（tú mí）：落叶或半常绿蔓生小灌木，绿色攀缘茎上带有钩状刺。初夏开白花，复瓣，有芳香。果近球形，入秋后果色变红，可生食或加工酿酒。

[2] 额黄：古代妇女的面部妆饰，盛行于南北朝时。最初是以画笔蘸黄色染料涂抹于额上，后亦有以黄色花瓣形饰物贴于额上者，称"花黄"。唐·李商隐《蝶诗》："寿阳公主嫁时妆，八字宫眉捧额黄。"南北朝·佚名《木兰诗》："当窗理云鬓，对镜帖花黄。"

[3] 木香：半常绿攀援灌木。小枝绿色，近无皮刺。花期与酴醾同时而略早，园林中广泛用于花架、格墙、篱垣和崖壁的垂直绿化，根可入药。

[4] 陶学士毂：陶毂，历仕后晋、后汉、后周，曾任翰林学士，逝于北宋。有《清异录》，分类采摘隋唐五代及宋初之典故，考证源流演变过程。

〔5〕故事：旧时的制度；例行的事。

译文

　　我以前见过酴醾花，它的颜色是浅红色的，香气不是很浓郁。后来读唐宋诗词，发现其中大多使用"粉面""额黄""香琼""香雪"等词来形容酴醾花，心中不禁暗自怀疑。等经过考证才知道：这种花的名字本来叫作"荼蘼"，因为有一种酒叫"酴醾"，而这种花的颜色和酴醾酒的颜色很相似，于是就把花的名字加上了"酉"字旁。这样看来，说酴醾花是白色的，似乎是没有什么可怀疑的了。王敬美写的《学圃杂疏》中却怀疑宋代的酴醾花就是白木香，他不知道宋代的陶毂学士在《清异录》中说过下面的话："以前洛阳春社时的惯例是把卖插枝的酴醾、木香，都叫作'百宜枝杖'。这里把酴醾、木香两种花相提并论，怎么能说它们没有区别呢？"不过酴醾和木香的开花时间相同，如果把它们的枝条压低，埋种到土里，再用泥培好，等一个多月的时间，枝条就在土里生了根。再把它们和原来的旧枝剪断，移栽到门外，真可以称作是"志同道合"的"好朋友"了。

琼花

传记所载，扬州琼花[1]天下祗一本[2]。宋人作亭花侧，榜曰"无双"[3]。及观《西吴里语》[4]，复云宋时德清岳祠[5]庑下，有琼花一本，春时盛放，每告朔[6]设会，特开数朵，时号"月旦花"，则彼时此花已有二本矣。《里语》一书，近世所辑，或无足据。至于傅子客[7]诗复云："因看异代前贤帖，知是唐昌玉蕊花[8]。"又以玉蕊为琼花，"无双"之说，可尽信耶？但闻此花元时已绝，或以聚八仙[9]补之，典型尚在，姑备录之。

注释

[1] 琼花：古代一种珍贵的名花。北宋王禹偁《后土庙琼花诗序》："扬州后土庙有花一株，洁白可爱，且其树大而花繁，不知实何木也，俗谓之琼花。因赋诗以状其异。"南宋周密《齐东野语·琼花》："扬州后土祠琼花，天下无二本，绝类聚八仙，色微黄而有香。仁宗庆历中尝分植禁苑，明年辄枯，遂复载还祠中，敷荣如故。淳熙中寿皇亦尝移植南内，逾年憔悴无华，仍送还之。其后宦者陈源命园丁取孙枝移接聚八仙根上，遂活，然其香色则大减矣。杭之褚家塘琼花园是也。今后土之花已薪，而人间所有者，特当时接本，仿佛似之耳。"

[2] 本：量词，用于植物，义同"株""棵"。

[3] 元蒋子正《山房随笔》载："扬州琼花，天下只一本，士大夫爱之（重），作亭花侧，榜曰无双。"

〔4〕《西吴里语》：明代宋雷所撰，嘉靖时期完成的。《四库全书总目提要》："此
　　　书皆记吴兴轶事……其书随笔摘录，皆不著所出，亦多涉荒诞，不尽可信。"

〔5〕德清岳祠：德清，浙江省湖州市辖县。岳祠，泰岳祠庙。

〔6〕告朔：朔，每月初一日。周制，天子于每年农历十二月，把第二年的历书
　　　颁发给诸侯，叫"告朔"。《周礼》："颁告朔于邦国。"郑玄注："天子颁
　　　朔于诸侯，诸侯藏之祖庙，至朔朝于庙，告而受行之。"这里指每月初一
　　　日的集会。

〔7〕傅子客：北宋时人。

〔8〕唐昌玉蕊花：唐昌，唐代道观（guàn）名，以唐玄宗女唐昌公主而得名。
　　　观中有玉蕊花，传为公主手植。唐代诗人王建有《唐昌观玉蕊花》诗
　　　一首。

〔9〕聚八仙：忍冬科半常绿灌木。花期 4~5 月，洁白如玉，花大如盘，周边
　　　有八朵较大的五瓣型花，中间为众多的两性小花，小花在 10~11 月结橘
　　　红色椭圆形果实。

译文

　　　以前的传记记载说，扬州的琼花是天下独一无二的一棵。
宋代的时候欧阳修做扬州太守时，曾在这棵琼花的旁边修建

了一座亭子，还在亭子上题写了"无双"两个字，表示这棵琼花天下无双。后来我读了《西吴里语》这本书，看到其中又说，宋代时德清的泰岳祠堂下的房屋旁边有一棵琼花，春天的时候总是开得很茂盛，而且每个月的初一集会的时候，好像特意地一样，总会开放几朵新花，因此人们把它叫作"月旦花"，这么说来，宋代的时候琼花就已经有两棵了。不过《西吴里语》这本书是近代才编辑成书的，也许是不足以作为凭据的。至于傅子客写的诗中说："我因为看了前代贤人写的帖子，才知道琼花就是唐昌观里的玉蕊花。"又把玉蕊花当作琼花。那么，扬州琼花天下无双的说法，怎么可以完全相信呢？只不过我听说琼花在元代的时候就已经灭绝了，有人用"聚八仙"来代替它。因为"聚八仙"的典型特征现在还能看到，就姑且把它记录在这里吧。

石榴

石榴，张骞使西域，从安石[1]得之，故名安石榴。亦名海榴者，李赞皇《花木记》所谓："凡花以海名者，从海外来也。"栽花之法：于三月初取指大枝，长尺有半，八九余枚共为一窠，烧下头二寸，勿使渖[2]失。先掘圆坑，深尺七寸，广径尺，竖枝坑畔，环布令匀，置僵石、枯骨于枝间，一层土，一层骨、石，筑实之，令没枝头寸许，以水浇之，常令润泽。既生之后，复以骨、石布其根下。十月天寒，以槁[3]裹之。又有种子之法：先于树头号[4]定向背，霜后摘下，以稀布囊[5]贮之，仍依旧号，悬挂通风处。复敲坚细土，筛去瓦石，泼粪数次，收贮缸内。至次年二月初，取家用火盆，铺土三寸，不得太厚，每隔数寸按一小潭，纳榴子数粒，盖土半寸许，洒水令湿，置向阳处。候长寸许，每潭拣留一大株，肥水再浇。既长，分种盆内。盆须极小，种不宜深，仍令向阳，日浇数次。有雨即盖，勿使淋去土味。或以麻饼[6]浸水，当日午浇之，则花茂盛。或云盆榴无法，只须浸、晒，冬间霜下，收回南檐。如土干时，略将水润，至春深气暖，可放石上，剪去嫩苗，勿令高大。

盛夏置日中或晒屋上，免近地气，致令根长及为蚓蚁所穴。每朝用米泔水沉没花斛^[7]，浸约半时，取出日晒。如觉土干，又复浸之，殆良法也。

注释

〔1〕安石：古代西域国名。

〔2〕泔（pán）：汁。

〔3〕槁（gǎo）：指谷类植物的秆子。

〔4〕号：做记号。

〔5〕稀布囊：用细纱布做的口袋。

〔6〕麻饼：花生、芝麻等油料作物榨油后的渣子，压榨后形状为圆饼。营养丰富，可沤制成高效有机肥。

〔7〕花斛（hú）：斛是旧时量器，花斛即斛形的花盆。

译文

石榴是西汉张骞出使西域的时候从安石国得到的，所以又叫"安石榴"。之所以又叫"海榴"，正如李赞皇在《平泉花木记》中所说的："大凡花木用'海'字来命名的，都是因为是从海外传播来的原因。"石榴的栽种方法是：三月初的时候从石榴树上剪取像手指一样粗细、长一尺半左右的大枝，八九根这样的枝条一起栽在一个洞穴里。栽之前要把枝条下面用火烧一下，大约烧两寸的长度就可以了，这样可以使枝条保持水分。先在地上挖一个深一尺七寸、直径一尺的圆形土坑，然后把准备好的枝条竖着放在土坑里面，要把它们靠着边儿均匀地环布在坑的四周，在枝条之间放一些硬石块和干枯的骨头。放的时候要先放一层土，再放一层骨头和石块，这样依次填满土坑，要让土没过枝条一寸多高，再把土拍打结实。经常用清水浇灌，让土保持湿润。等到枝条发芽以后，再把一些骨头、石块放在它的根下。十月天气寒冷以后，要用干枯的草把石榴树包裹起来。石榴还可以用种子种植，方法如下：石榴结果以后，先在树上做好标记，确定石榴果子位于阳光的向背方向，等下霜以后摘下石榴，用粗布口袋贮存起来，仍然按照果子原来在树上时的南北方向悬挂在通风的地方。再找来一些结实的泥土把它敲碎，筛去其中的瓦块和石块，向土上泼几次粪水，然后收到缸里贮存起来。到第二年的二月初，用家里的火盆，在盆里铺上三寸厚的泥土，千万不要铺得太厚，每隔几寸的距离用手按一个小坑，坑里放入几粒石榴籽，再盖上半寸多厚的泥土，洒上水让泥土湿润，然后把盆放置在向阳的地方。等到幼苗长到一寸多高的时候，每个坑里挑拣出最大的一棵留着，其他的可以拔掉，再用肥水浇灌。等到幼苗长大以后，就可以把它们分别种在不同的花盆里面。花盆必须是很小的，种的时候也不要种得太深，种好后仍然要把花盆放在向阳的地方，每天浇几次。要遮雨，不要让雨水把土冲走。或者用浸过麻饼的水在正午的时候浇石榴苗，那么以后花就会开得很茂盛。

有人说，在花盆里种石榴没有什么特别的方法，只需要浸水和晒太阳就可以了。冬天下霜以后，要把花盆收到朝南的屋檐下面，如果盆里的泥土干燥了，就浇得略微湿润一些。等到第二年春天回暖了，就可以把花盆放在石头上，剪去石榴树的嫩芽，不要让它长得太高大。盛夏的时候要把石榴放置在太阳光下或者放在屋顶上晒着，以免接近地气导致石榴根长得太长以及盆内的土被蚯蚓或者蚂蚁挖成洞穴。每天早上把花盆沉没在洗米的泔水里浸泡大约一个小时，再拿出来放在太阳下晒着，如果觉得花盆里面的土干了，就再次这样浸泡，这大概是个好方法。

葵

　　宋戎州[1]蔡次律家，轩外有余甘子[2]，名之曰"味谏轩"。友人某某庭植葵花，予戏名为"表忠馆"。"味谏轩""表忠馆"，差堪对耦矣。予按，葵花种类莫定：一曰茙葵[3]，奇态百出，《蜀汉花经》所载者是。次曰锦葵，花小如钱，文采可玩。一名荍[4]，亦名芘芣，诗云："视尔如荍，贻我握椒"者是。又次曰秋葵，叶如龙爪，花作鹅黄，今人名为侧金盏者是。大抵蜀葵性喜肥地。收子晒干，锄地令熟，秋末种之，春初删去繁细，常以肥壅灌之，五月繁华，莫过于此。秋葵种子宜在春时，以手高撒，梗亦长大。瓶花之法：沸汤插之，以纸塞口则不憔悴，可观数日。或以石灰蘸过令干插之，花开至顶，叶亦不软。凤仙、芙蓉均同此法。古传"葵笺[5]"，以叶染纸，诗筒[6]、笔床[7]，何可无一？

注释

〔1〕戎州：地名，南朝梁武帝始置戎州，今四川省宜宾市。

〔2〕余甘子：树木名，又叫余甘树、滇橄榄等。可作庭园风景树，也可栽培为果树。果实可供食用，有生津止渴，治咳嗽、喉痛，消食健胃等功效。

〔3〕茙（róng）葵：也叫戎葵，即后文中的蜀葵。

〔4〕荍（qiáo）：和下文"芘芣（pí fú）"都是锦葵的古名。

〔5〕葵笺: 用蜀葵叶捣汁染纸而成。明·高启《遵生八笺》中记有"造葵笺法"。

〔6〕诗筒: 类似现在的笔筒, 古代用于插诗文稿件或书籍, 唐诗中多有提及。

〔7〕笔床: 传统文具, 搁放毛笔的专用器物。

译文

宋代的时候, 戎州蔡次律家的屋外种着一棵余甘子, 因此就把自己的房子叫作"味谏轩"。我的一位朋友, 他家的庭院里种植着葵花, 我就把他家戏谑地命名为"表忠馆"。"味谏轩"和"表忠馆"这两个名字差不多可以对偶了。我又考证得知, 葵花的种类比较多: 第一种叫莐葵, 它的花形态多样, 《蜀汉花经》一书中所记载的就是莐葵。第二种叫锦葵, 它的花很小, 就像一文钱那么大, 但是花纹和颜色都很漂亮, 值得观赏。锦葵还有一个名字叫荍, 又叫荵荸, 《诗经》中说: "我夸你貌美似荍, 你赠我椒一把。"这里说的就是锦葵。第三种叫秋葵, 它的叶子形状像龙爪, 花是鹅黄色的, 现在人们叫作"侧金盏"的就是秋葵。大概来说, 蜀葵喜欢肥沃的土地, 把收获的种子晒干, 把地锄好让它松软, 秋末种下种子, 春初种子长出来以后, 拔去数量过多、长得又细弱的幼苗, 留下其中一棵粗壮的, 经常用肥土和肥水培壅、浇灌它, 等到五月的时候就会长得繁花似锦, 蜀葵最漂亮的样子就是这个时候了。秋葵种子适宜在春天的时候种, 种的时候要用手高高地把种子抛撒下去, 这样的话, 秋葵梗也会长得很高大。葵花插瓶欣赏的方法是: 在花瓶里盛上沸水, 把花枝插在里面, 用纸把瓶口塞住, 那么花就不容易凋零, 可以观赏好几天。或者把花枝放到石灰水里蘸一下, 晾干以后再

插到瓶中，这样的话，直到最上面枝头的花也开了，叶子也不会枯萎变软。凤仙和芙蓉也都可以用这个方法。古代流行的"葵笺"就是用蜀葵叶捣汁染在纸上做成的，作为书写文具来说，葵笺、诗筒和笔床，一个都不能缺少。

莲

宋曾端伯[1]以十花为十友，张景修[2]以十二花为十二客。予谓莲花德比君子，更当以师事之。种色甚伙，散见诸帙。可异者，琳池[3]有分枝莲，南海有睡莲，沧州有金莲，流香渠[4]有夜舒莲，芸挥堂[5]有碧莲，玉井[6]有十丈莲，九嶷涧[7]有黄莲，柳池[8]有斗大紫莲，儋州[9]有四季莲，而钓仙池分香莲为冠，郡人称"分香莲，不用钱"者是也。至如近日所传并头、重台、品字、四面观音，品目愈奇，风致愈减矣。大约此花白者藕胜，红者莲胜。种藕之法：惊蛰之后，先取田泥筑实缸底，复将河泥平铺其上，日晒开裂，雨则盖之。迨至春分，将秧分种，枝头向南，壅好勿露。夏日酷烈，勿令水干；冬天冻结，宜遮稻草，既免花刑，且善后计矣。一说半实田泥，壅牛粪少许，隔以芦席，令藕根上行，以河泥覆之。至如藕根之下糁[10]放硫磺，或以腊糟[11]涂藕少许，古法虽然，未可轻试也。种盆莲之法：将干黑莲实装入卵壳中，令鸡母同抱，候子鸡既出，取天门冬[12]捣米和泥，安置盆中，收莲实种之，花开如钱[13]。如欲青莲，磨穿硬壳，略浸染缸，依法种之。昔湖州染工世治靛^{〔14〕}瓮，尝以莲子浸于瓮底，经岁种之，便生青莲，事载《太平广记》^{〔15〕}，当信此法不谬。养花之法：瓶贮温汤，以纸蒙之，削尖花枝，随手急插。或者根少许，以蜡封之。或将乱发密缚折处，仍以污泥封固其窍，先插瓶中，然后注水。或将竹钉十字扦蕊，使出白汁，方始插瓶，盖此花易萎，非是不可耳。至于池荷，别无他法，以缸种藕秧，并泥填入炭篓，沉之水中，自无不盛。譬如纵壑之鱼^{〔16〕}，有不自得者哉？

注释

〔1〕似应用曾慥语。南宋陈景沂《全芳备祖》前集卷七："曾端伯《十友调笑令》取友于十花：芳友，兰也；清友，梅也；奇友，腊梅也；殊友，瑞香也；净友，莲也；禅友，檐卜也；佳友，菊也；仙友，岩桂也；名友，海棠也；韵友，荼蘼也。"

〔2〕张景修：字敏叔，常州人，北宋时人。明徐应秋《玉芝堂谈荟》卷三十二："以十二花为十二客，各诗一章。牡丹贵客，梅清客，菊寿客，瑞香佳客，丁香素客，兰幽客，莲静客，荼蘼雅客，桂仙客，蔷薇野客，茉莉远客，芍药近客。"

〔3〕琳池：在长安城外建章宫西。《三辅黄图》卷四："琳池广千步。"

〔4〕流香渠：明陶宗仪《说郛》卷一百一十九"流香渠"条："灵帝起裹游馆千间，渠水绕砌，莲大如盖，长一丈，其叶夜舒昼卷，名液舒荷。宫人靓妆解上衣，着内服，或共裸浴。西域贡茵，墀香煮汤，余汁入渠，号'流香渠'。"

〔5〕芸辉堂：当为"芸辉堂"。《说郛》卷四十四"芸辉堂"条："元载造芸辉堂。芸辉，香草也。出于阗国，其白如玉，入土不朽，为屑以涂壁。又设悬黎屏风，紫绡帐屏风。杨国忠宝之，上刻美人妓乐，以玳瑁、犀为押络帐，冬风不入，盛夏自清凉。"

〔6〕玉井：在华山西峰下镇岳宫院内。《陕西通志》卷八："玉井在莲花旁、太华头。玉井莲花开十丈，藕如船。记云井中生千叶白莲，服之令人羽化。深可十丈，圆径半之。"

〔7〕九嶷涧：即九嶷山涧。九嶷山，又名苍梧山，位于湖南省南部永州市宁远县境内。《太平御览》卷五百九十九："王韶之《神境记》曰：'九嶷山半其路皆青松，夹路有青涧，涧中有黄色莲华，夏秋时香气盈谷。'"

〔8〕柳池：唐欧阳询《艺文类聚》卷八十二："《拾遗记》曰：'汉昭帝游柳池，有芙蓉，紫色，大如斗，花素，叶甘，可食，芬气闻十里之内，莲实如珠。'"

〔9〕儋（dān）州：是海南省下辖的地级行政区（市）。古称"儋耳"，汉时置郡。唐高祖武德五年（622 年）改郡为州，将"儋耳郡"改为"儋州"。

〔10〕糁（shēn）：谷类制成的小渣。

〔11〕腊糟：腊月或冬天酿酒的酒糟。

〔12〕天门冬：多年生草本植物，根块是常用的中药。

〔13〕如钱：像钱的大小形状，言其形微。如榆叶称榆钱，小荷叶称荷钱。宋杨万里《秋凉晚步》诗："绿池落尽红蕖却，荷叶犹开最小钱。"

〔14〕靛（diàn）：本义是用蓼（liǎo）蓝叶泡水，调和石灰沉淀所得的蓝色染料。这里指蓝颜色。

〔15〕《太平广记》：宋代类书，由李昉（fǎng）等奉宋太宗之命编纂而成。因成书于宋太平兴国年间，所以叫《太平广记》。

〔16〕纵壑之鱼：纵，任意地。壑，深沟，这里指深水。畅游大壑间的鱼，比喻自得其乐。西汉王褒《圣主得贤臣颂》："千载一会，论说无疑，翼乎如鸿毛遇顺风，沛乎若巨鱼纵大壑。"

译文

　　宋代的曾端伯把十种花当作好朋友，张景修则把十二种花当作客人。我却觉得莲花的品德高尚，就像是一位君子，我们更应该用对待老师的态度来对待它。莲花的品种、颜色都很多，对它的介绍也散见于很多书籍中。在众多的品种中，尤其令人惊奇的有琳池的分枝莲花，南海的睡莲，沧州的金莲，流香渠的夜舒莲，芸挥堂的碧莲，玉井的十丈莲，九嶷涧的黄莲，柳池的斗大紫莲，儋州的四季莲。而钓仙池的分香莲又是这些品种中最为出众的，当地人说"分香莲，不用钱"，意思是说分香莲很珍贵，不是用钱能买到的。至如最近才开始流传开的莲花品种如并头、重台、品字、四面观音等，名目虽然越来越奇特，花的风格和韵味却越来越少了。大概来说，开白色花的莲藕比较好吃，开红色花的莲子长得多。

种莲藕的方法是：惊蛰节气之后，先取来田里的泥放在缸底，拍打结实，再拿来河泥平铺在田泥的上面，把缸放在太阳下曝晒，让土开裂，下雨的时候则要把它盖起来。等到春分的时候，拿来藕秧分种在缸里，藕秧的枝头要朝向南方，要用土培好，不要让藕秧露在外面。夏天太阳酷烈，不要让缸里的水干了；冬天寒冷，水容易冻结成冰，应该用稻草遮盖在缸的上面，这样既能让花免于寒冬的摧残，并且对它以后的生长很有好处。还有一种说法是，缸里放入一半田泥，在上面培壅少许牛粪，田泥和粪之间用芦席隔起来，好让藕根向上生长，再用河泥覆盖起来。至于说在藕根的下面放少许硫黄渣，或者用一点儿腊糟涂在藕秧上，古代的方法虽然是这样说的，但是我们却不要轻易去尝试。

栽种盆莲的方法是：先找一个空鸡蛋壳，把干燥的黑色莲子装在空蛋壳里，让抱窝的母鸡把它和其他鸡蛋一起孵着。等到小鸡出生以后，再把一些天门冬捣碎混合在泥土中，一起放置在盆中，把莲子从蛋壳里取出来，种到盆中，以后开出来的莲花如钱。如果想要得到青色的莲花，可以先把莲子的硬壳磨穿，然后放在染缸里略微浸泡一下，再按照上面的种法来种就可以了。以前湖州有一位染工，他们家里世世代代都是做靛蓝色缸瓮的，他曾经把莲子浸泡在瓮底，一年之后才把它种下，结果就长出了青莲。这件事记载在《太平广记》这本书里，可以相信这个方法是不会错的。

在花瓶里面养花的方法是：花瓶里贮存好温开水，用纸把花瓶口蒙住，把花枝削尖，随手立即插到瓶中；或者花枝的下面带着少许花根，用蜡烛把花根封起来；或者拿乱头发把花枝的断折处紧紧地绑好，然后用原来花池里面的污泥把头发之间的缝隙封牢固，先把花插到瓶中，然后再往瓶中加水；或者用竹钉在花蕊上扦插成十字形状，让花蕊里流出白色的汁液，然后再开始插瓶，因为莲花容易枯萎，所以不这样做是不行的。至于在池子里面种荷花，没有什么特别的方法，只要用缸种好藕秧，然后把泥和缸一起放到炭篓子里面沉到水中，荷花自然就会长得非常茂盛了。就好像放在天然的沟壑中生活的鱼一样，哪会有什么不自在的呢？

紫薇

　　薇花四种：紫色之外，有白色者、有红色者，又有紫带蓝焰者曰翠薇。少爪[1]其肤，枝辄摇颤，一名"怕痒树"。《酉阳杂俎》[2]云，北人呼为"猴郎达[3]树"，谓其无皮，猴不能捷也。此花易植，勿事功力。郑都官[4]诗："大树大皮缠，小树小皮裹。庭前紫薇花，无皮也得过。"语虽鄙俚，盖实录也。况此花四月开，九月歇，俗谓之"半年红"，山园植之，亦可作耐久朋矣。

注释

〔1〕少爪：用指甲稍微挠一挠。

〔2〕《酉阳杂俎（zǔ）》：作者段成式（803—863），唐代小说家，临淄（今山东省淄博市）人。《酉阳杂俎》为笔记小说集。酉阳，即小酉山（在今湖南省怀化地区沅陵县）之南。相传山下有石穴，中藏书千卷。梁元帝为湘东王时，镇荆州，好聚书，赋有"访酉阳之逸典"语。段成式以家藏秘籍与酉阳逸典相比，其书内容广泛驳杂，故名。

〔3〕郎达：北方方言，形容悬挂着的物体摇摆的样子。

〔4〕郑都官：即郑谷，唐朝末期著名诗人，唐僖宗时进士，官都官郎中，人称"郑都官"。又以《鹧鸪诗》得名，人称"郑鹧鸪"。

译文

　　紫薇花共有四个品种：除了开紫色花的以外，还有开白色花的、开红色花的，还有一种花是紫色又带着蓝色的，名

叫翠薇。如果用手指甲轻轻抓挠它的树皮，树枝就会摇晃颤动，所以又叫"怕痒树"。《酉阳杂俎》这本书中说，北方人把紫薇叫作"猴郎达树"，意思是说紫薇没有粗糙的树皮，树干非常光滑，就连猴子也不能敏捷地爬上去。紫薇很容易种植，也不需要花费太多时间和精力。郑谷的诗中说："大树有大的树皮缠绕着，小树有小的树皮包裹着。只有这庭院前面的紫薇花是没有树皮的，但是也能过下去。"这首诗的语言虽然俚俗不文雅，但是却是真实情况的写照。更何况紫薇从四月份就开花，直到九月才停歇下来，人们俗称它是"半年红"，在山园里面种植它，也可以作为我们长久的好朋友了。

百合、萱

　　嵇康有云："合欢蠲[1]忿，萱草忘忧。"或谓合欢朝舒暮卷，即今夜合。根如蒜瓣，百片合成，亦名百合。法：于秋初择取大根，肥土排之，如种蒜法。莳[2]苗既出，锄去草秽，壅以鸡粪，春乃滋荣。仍须每年一起，否则根枯必死。萱草，一名宜男，春间芽生，稀栽阴砌。《诗》云"焉得谖草，言树之背"[3]，可谓善体物矣。别有蝴蝶、射干、鹿斑、鹿葱等花，功用虽悬，色态近似，殆此花之附庸也，宜并植之。但古法女子午日[4]采夜合花入酒，能悦其夫。《风土记》[5]复云"妇人佩萱，必生男子"，世称两花为"儿女花"，不谓叔夜达人，未能免俗也。

注释

〔1〕蠲（juān）：免除。嵇（jī）康，三国时期曹魏的名士。《养生论》："合叹蠲忿，萱草忘忧，愚智所共知也。"

〔2〕莳（shì）：栽种。

〔3〕焉得谖草，言树之背：出自《诗经·卫风·伯兮》。毛传："谖草令人忘忧。背，北堂也。"谖（xuān）草，又名萱草，多年生宿根草本植物。黄花菜是萱草的一种，可食。

〔4〕午日：干支逢午的日子，也指端午这天。这里为后一意。明王路《花史左编》："杜羔妻赵氏每岁端午时取夜合花置枕中，羔稍不乐，辄取少许入

酒，令婢送饮，便觉欢然。"

[5]《风土记》：西晋周处著，记述地方习俗和风土民情的著作。

译文

　　嵇康曾经说："合欢能使人免除愤懑，萱草能让人忘记忧愁。"有人说合欢的花瓣早上舒展开，傍晚卷起来，应该就是现在的夜合花。合欢的根就像大蒜瓣，大约是由一百个鳞片抱合在一起形成的，所以又叫作百合。合欢的种植方法是：在初秋时节选择一些大的花根，把它们整齐地排列着种在肥沃的泥土里，就像种大蒜的方法一样。等到长出新苗以后，再锄去地里的杂草，用鸡粪把幼苗培壅起来，第二年春天就会生长开花了。但是仍然必须每年把花根挖出来重新栽一次，否则根就会枯萎而死。萱草，又叫"宜男"，春天开始长芽，应该稀疏地栽植在台阶的背阴面。《诗经》里说："哪里能得到萱草呢？我将把它种到背阴的后院里。"这句诗真是善于体察植物的特点啊。另外还有"蝴蝶""射干""鹿斑""鹿葱"等花，它们的功效虽然相差悬殊，但是花的形态和颜色都是相近的，大概可以作为萱草的附属了，应该把它们种植在一起。但是古代还有一个说法是，妇女在午日那天采摘夜合花泡入酒中来喝，就能够取悦她的丈夫。《风土记》一书中又说："妇人如果佩戴着萱草的话，就一定能生个男孩。"世人因此又把百合和萱草两种花叫作"儿女花"。更想不到嵇康这样通达的人，也需要用百合和萱草来忘忧，还是不能摆脱世俗观念的束缚啊。

栀子

　　檐卜[1]清芬，佛家所重，古称"禅友"，殆非虚言。法：于梅雨手剪嫩枝，随插肥地，以粪浇之。或压傍枝，迩年[2]分种。或于十月选子淘净，来春作畦种之，覆以灰土，如种茄法。折枝插瓶，须搥[3]碎其根，实以白盐，则花色不改。昔宰相杜悰[4]建檐卜馆，形亦六出[5]，器用之属皆象之。檐卜一名越桃，一名林兰，今谓之栀子。

注释

〔1〕蘑卜（zhān bo）：植物名，这里指栀子。唐段成式《酉阳杂俎·木篇》："陶真白言，栀子剪花六出，刻房七道，其花香甚，相传即西域薝卜花也。"

〔2〕迩年：近几年。

〔3〕搥（chuí）：又作"捶"，反复打击、敲打。

〔4〕杜悰（cóng）：唐朝京兆万年（今陕西长安）人，曾任宰相。

〔5〕六出：花瓣。因花生六瓣，故称为"六出"。

译文

　　檐卜具有清新的芬芳，一向被佛教徒们所看重，古代把它称为"禅友"，大概并不是凭空说的。檐卜的种法是：在梅雨季节里剪下檐卜树上的嫩枝，立即插种到肥沃的土里，再用粪水浇灌。或者也可以把树上的旁枝压下来培到土里，经过一年之后就可以把这根旁枝剪断分种了。或者在十月份挑选成熟饱满的种子淘洗干净，等到第二年春天整理好畦田以后把种子种下，再覆盖一层草木灰和泥土，就像种茄子的方法一样。如果要摘折檐卜花枝插在瓶中欣赏，就必须先捣碎花枝的根部，用白盐把缝隙里面填实，那么花的颜色就不会改变。以前宰相杜悰曾经修建了一座檐卜馆，馆的外形就像檐卜花一样由六部分组成，馆内的器皿用具之类的东西也都像檐卜花的样子。檐卜又叫越桃，还有一个名字叫林兰，现在人们把它叫作栀子。

茉莉

　　南宋禁苑夏月纳凉，多置茉莉、素馨等花，鼓以风轮[1]，清芬满殿。予按：素馨，刘氏妾名，冢生此花，因袭其号。至于茉莉，《洛阳名园记》[2]作"抹厉"，王梅溪[3]作"没利"，朱元晦[4]作"末利"，不若《本草纲目》[5]名为"雪瓣"者最雅。大都此花性极畏寒，预于屋下扫聚尘土，堆积静室，俟其热过，筛取细者。将所得花换去故土，实此种之，浇以米泔水或焊猪汤。复于六月六日以鱼腥水浇之，霜降以后，移至窗下。如极干燥，微湿其根，或于向阳屋内掘一浅坑，将盆埋下，以篾笼罩口，泥实其傍，勿使通风。或以木棉花核覆根半尺，仍罩篾笼，用丝封密，数日一开，略浇冷茶。立夏去罩，出土一层，填新泥，用水浇之，俟芽长，始用粪。次年起根，换土全栽，如此收藏，十不失一。或云取沟渎肥泥，烂草盦[6]过，煅以猛火，和皮屑[7]铺盆种之。如欲扦插，于梅雨[8]时翦新发嫩枝，折处劈开，置大麦一粒，用乱发缠之，如扦瑞香法，闽广人家悉用此术。又闻吴中有隐者，每至秋后，辄从人家收买残枝，开畦列种，结茅为棚，以蔽风雪，遇有日色，开帘晒之。

畜鸭千头，夜宿其下，花根袭^{〔9〕}暖，粪复壅之，来年花发，其息十倍。并记之，以告花匹^{〔10〕}。

注释

〔1〕风轮：古代夏天纳凉用的机械装置。

〔2〕《洛阳名园记》：北宋文学家李格非作，记录北宋时期洛阳名重当时的园林 19 处。《宋史·李格非传》："尝著《洛阳名园记》，谓洛阳之盛衰，天下治乱之候也。"

〔3〕王梅溪：王十朋，号梅溪，生于温州乐清（今浙江省乐清市）梅溪村，南宋著名政治家、诗人，爱国名臣。

〔4〕朱元晦：朱熹字元晦，世称朱文公，尊称为朱子，生于南剑州尤溪（今属福建省尤溪县），南宋著名的理学家、教育家、儒学的集大成者。

〔5〕《本草纲目》：中医典籍，明代李时珍撰。此书以《证类本草》为蓝本，各药"标名为纲，列事为目"，采用"目随纲举"的编写体例，故名。

〔6〕盦（ān）：覆盖。

〔7〕皮屑：稻、麦、谷子等的籽实所脱落的壳或皮。

〔8〕梅雨：我国长江中下游地区每年六、七月份都会出现持续天阴有雨的天气，由于正是江南梅子的成熟期，故称"梅雨"或"黄梅雨"，这段时间称作梅雨季节。我国台湾、日本中南部以及韩国南部等地区也有这种气候现象。

〔9〕袭：触及。

〔10〕花匹：当为"花匠"。

译文

　　南宋时期的皇宫禁苑在夏季纳凉的时候，总会多放置一些茉莉或者素馨等花，再用风轮鼓动吹拂着，清新的花香就会飘满整个宫殿。我考证之后知道：素馨本来是一位姓刘的家里妾的名字，她死后坟墓上长出来这种花，因此这种花就沿袭了她的名字。至于茉莉，在《洛阳名园记》一书中记作"抹厉"，王梅溪把它叫作"没利"，朱元晦又叫它"末利"，

这些叫法都不如《本草纲目》一书中把它叫作"雪瓣"那么文雅好听。大概来说，茉莉花的本性是极其害怕寒冷，种的时候要预先在房屋下面打扫聚集一些尘土，堆积在一个安静的房间里面，等到这些尘土放置的和室内的温度一样了，再用筛子筛选出其中的细土。把茉莉花秧拿来，去掉它原来的泥土，用筛选出的细土来种它，再用洗米的泔水或者焯猪肉的汤水浇灌。再在六月六日那天，用洗鱼的腥水浇它一次，等到天冷了，下霜以后，要把花移到窗户下面。如果花盆里的土非常干燥了，就用少量的水略微滋润一下花根，或者在一间向阳的屋子里，挖掘出一个浅浅的土坑，把花盆埋在坑里，用篾条编的笼子把坑口罩起来，再用泥把旁边填实，不要让它通风。或者还可以用木棉花的内核，覆盖在花根上约半尺厚，仍然用篾笼子把花罩起来，再用丝巾盖住密封起来，几天打开一次，略微浇点冷茶水。等到立夏的时候才把罩子去掉，盆里的土也去掉一层，填上新泥，再用水浇一下，要等到新芽长出来以后，才开始用粪水浇灌。第二年要把花根整体挖出，换新土重栽。按这样的方法种植，十次也不会有一次失误。还有人说，种茉莉也可以用沟渠里的肥泥，在泥里混合一些烂草盖好，再用猛火烧它，以杀灭细菌，然后和着灰尘、皮屑一起铺在盆里来种。如果想要扦插枝条，就应该在梅雨时分剪下新长出的嫩枝，把枝条下面的断折处劈开，在里面放置一粒大麦，然后用乱头发把它缠好，就像瑞香的扦插方法一样，福建、广东一带的人家都是用这个方法。我还听说过吴中地区曾经有一位隐士，每当秋天之后，他总会到人家里收买茉莉残枝，然后开辟畦田，把这些残枝整齐地排列好，种在地里，上面还搭着用茅草编织的棚子，以给花遮蔽风雪。遇到有太阳的天气，就把帘子打开晾晒。这位隐者还养了上千头鸭子，夜里鸭子就睡在花下，花根因此得到温暖，鸭粪又可以作为肥料培壅花根，来年花就会生长得非常茂盛，他通过卖花能获得十倍于本钱的收益。我在这里把这件事一起记载下来，用来告诉同样爱花的人们。

凤仙

　　凤仙，一名金凤，又号凤儿。宋有李后，小名凤娘[1]，六宫避讳，呼为"好儿女花"。其种易生，春时下子，花开才落，即去其蒂，则堪耐久，谓之"阉花"。若以五色种子同纳竹筒埋之，花开五色，亦奇种也。插瓶当用沸水，不尔[2]，连根种之或用石灰入汤，可开半月不萎者。仙人长裾[3]犹爱其名，目为菊婢[4]，冤何可语！

注释

[1]凤娘：即南宋光宗皇后李凤娘，中国历史上著名的悍后之一。

[2]不尔：不然，不这样。

[3]长裾（jū）：即谢长裾，传说中的仙人。明王路《花史左编》："谢长裾见凤仙花，谓侍儿曰：'吾爱其名也。'因命进叶公金膏，以麈尾梢染膏洒之，折一枝，插倒影三山环侧，明年此花金色不去，至今有斑点大小不同若洒者，名倒影花。"

〔4〕菊婢：此句意为，凤仙花被人们看作是菊花的婢女。南宋杨伯嵒（yán）
《六帖补》："金凤花也。张文潜诗云：金凤汝婢妾，红紫徒相辉。"

译文

凤仙花还有一个名字叫金凤，又叫凤儿。宋代曾经有一位李皇后，她的小名叫凤娘，所以皇宫里都避讳，把凤仙花叫作"好儿女花"。凤仙花的种子很容易成活，春天里种下种子，等到花开完刚凋落的时候，就立即把花蒂摘去，那么这棵花就能开的时间长久一些，这种方法叫作"阇花"。如果把五种不同颜色的凤仙花的种子一起放入竹筒里埋到土里，那么以后这些种子就会开出五色花来，真算是奇异的品种啊。如果摘下花枝插在花瓶中欣赏，就应该用沸水插花；否则就应该连带着花根一起种在花瓶里；或者还可以把花插在混有石灰的热水中，这些方法都可以让花盛开半个月的时间而不会枯萎。连长袖飘飘的仙人都喜爱凤仙花的名字，我们却把凤仙花看作是菊花的婢女，这个冤屈可怎么去诉说呢。

菊

　　尝读《西清诗话》[1]，载欧阳永叔与王介甫争辩"落英"。询之楚人，实无此种。或谓"落"字之义，当训作"始"，如《毛诗·访落》[2]之"落"。诚然哉！诚然哉！大要菊花色虽数种，黄者为正。《月令》[3]他卉皆曰"始华"，于菊独有"菊有黄华[4]"，正其验矣。

注释

〔1〕《西清诗话》：北宋蔡绦所著的一部诗论，采用辑录或笔记体来评论诗歌作品，记述诗人言行，阐述诗歌理论。

〔2〕《毛诗·访落》：《毛诗》即《诗故训传》，是西汉时鲁国的毛亨和赵国的毛苌所辑注的古文《诗经》，也就是现在流行于世的《诗经》。《访落》，即《周颂·访落》。访：谋，商讨。

〔3〕《月令》：儒家经典《礼记》中的一篇。按照一年四季十二个月的顺序，分别说明每月太阳的所在位置、值日帝神及物候等时令特点，着重记述天子在此月的日常起居和政府的行政活动。

〔4〕菊有黄华：出自《礼记·月令》："鸿雁来宾爵入，大水为蛤，鞠（菊）有黄华。"鞠，通菊。

译文

　　我以前曾经读过《西清诗话》这本书，书中记载欧阳修曾和王安石争辩"落英"一词的意思；我又向南方楚地的人询问打听过，得知实际上并没有这个种类的菊花。有人说

"落"字的意思应当解释为"始"，就像《毛诗·访落》中"访落"一词的"落"字一样，确实如此！确实如此啊！大概来说，菊花的颜色虽然有很多种，但其中还是黄色的是正宗的。比如在《月令》这本书中，说到其他花卉的时候都只是说"始华"，唯独对于菊花却要郑重地说"菊花有黄色的花朵"，正好可以说明这个观点。

种法有九要：一曰养胎。冬初菊残，折去枝叶，掘地作潭，埋根其内，糁以新泥，浇粪数次，菊本既壮，春苗乃发。二曰传种。凡遇奇种，用杉木钻孔，插秧其上，浮之水缸，俟其生根，移栽阴地。或插泥丸，埋之土中，依法浇灌，数日即活。若得接本，须于花后将枝按下，横埋肥土，每近节处，自然生苗。收其中干，花本不变。三曰扶植。倒松肥土，加以浓粪，堆土令高，移花种之，仍覆碎瓦，以防泥溅。莳苗既活，扶以竹枝。四曰修葺。先于春半择取老根，净去宿土，雨过分之。土不宜肥，肥则瘢头[1]。仍以箔覆，勿经日色，凌晨水浇，谓之分秧。分秧之后，俟[2]高数寸，摘去其头，令生岐枝[3]。繁杂勿删，以备伤害。长及一尺，用篮盖覆。月遇九日[4]，有出篮者，则掇其脑[5]，秋分方止。夜去其篮，出以承露，花开平齐，谓之"摘头"。菊头既摘，叶间生眼，亦须搯[6]去，勿使夺力，否则痴瘢，谓之"搯眼"。菊花贵少枝，留一葩，挑去细蕊，气力既并，花开倍大，谓之"剔蕊"。

注释

〔1〕癃（lóng）头：癃闭不舒展。

〔2〕俟（sì）：等待。

〔3〕岐枝：分枝。

〔4〕九日：数字中有"九"的日期。

〔5〕脑：物体的中心部分。宋释道潜《次韵子瞻饭别》："铃阁追随半月强，葵心菊脑厌甘凉。身行异土老多病，路忆故山秋易荒。"

〔6〕搯（tāo）：同"掏"。

译文

　　菊花的种法中有九个需要注意的要点：一是保养花胎。初冬时节菊花盛开的时间已经过去了，花叶也都凋零了，这时候需要把菊花的枝叶折断去掉，在地上挖个坑做成小深水坑的样子，把菊花根埋在水坑内，盖上一层新泥，再浇几次粪水，这样做可以使花苗壮成长，春天的时候容易发出新苗。二是品种传播。凡是得到的奇异品种，可以拿一块杉木，在杉木上钻个洞，把菊花秧插在洞里，然后使它浮在水缸里，等到菊秧生出根以后，就可以把它移栽到背阴的地方。或者可以把菊花秧插在泥球里，然后把它埋在土中，按照正确的方法浇灌，几天以后就成活了。如果要用压条的方法，必须在开花过后，把枝条按压下来，横着埋种在肥沃的土里，每个靠近枝节的地方，自然会长出新苗来，这时候可以剪断枝条把主干收起来，而原本的植株也不会受到任何影响。三是扶植新苗。倾倒一些松软的肥土，再浇上浓粪水，堆积泥土让地面变高，然后可以把花苗移种在这里，种好以后要在花根周围的地面上覆盖一些碎瓦片，以防止泥土被雨水溅飞。新苗成活以后，要用竹枝在一边扶持，以防止被风吹折。四是修剪整理。首先，在春天已经过去一半的时候选取合适的老根，把它原来的土去除干净，下雨过后就可以分种了。种的时候泥土不用太肥沃，否则菊花的顶部叶片会不舒展。种好以后仍要用帘子覆盖着，不要让它经受日晒，浇水也要在凌晨的时候，这叫作"分秧"。分秧之后，等菊花长得已经有几寸高的时候，要把花头摘掉，好让它往外生长枝杈，这时候就算枝条长得繁杂也不要剪，以防止它受到伤害。等到菊花长到一尺高了，要用篮子把它覆盖起来。每个月的九日，看到枝叶有长到篮子外面的，就把它的头掐掉，这样一直到秋分的时候才停止。在夜里把篮子拿掉，让菊花枝叶吸收露水，这样做可以让花开得整齐，这叫作"摘头"。菊秧摘头以后，如果在枝条上叶子的附近又长出枝芽，也必须掐掉，不要让这些枝芽夺去整棵花的养料，否则花的枝头就会蜷屈，这种做法叫作"掏眼"。菊花适宜留少量枝条，每个枝上保留一个花苞，其他的小花蕊都要摘掉，这样做可以集中养分，花开得比平常大一倍，这个做法叫作"剔蕊"。

五日培护。菊虽傲霜，实则畏之。俟蕊未开，移至宇下，根缚纸条，就盏引水，根润花满，可玩月余。若有黄叶，摘则气泄，以韭汁浇根，青茂如故矣。六日幻弄[1]。先于春初择取老艾[2]，剪其枝叶，故土培之。接以诸菊，各将本土封固接头，俟其枝茂，然后去之，秋深开花，各依本色。或于九月收霜贮瓶，埋之土中。菊有含蕊，调色点之，透变各色。或取黄、白二菊各披半边，用麻扎合，所开花朵半白半黄。如欲催花，于大蕊时罩龙眼壳，先于隔夜浇硫磺水，次早去壳，花即大开，依法留之，可至春初。七日土宜。须择肥地，粪酵三次，去其浮者，收之室中。春初出晒，搜去虫蚁，蒸罗既净，取俟登盆。遇雨根露，覆以余土，可收雨泽，不使根烂。八日浇灌。春用蚕砂[3]，夏用毛水[4]，立秋之后，酌用粪水。初次粪一水三，二次水倍之，三次粪水相半。花蕾既结，始用纯粪。九日除害。夏至[5]前后有黑色虫名曰"菊虎"，亦名"菊牛"，宜于早间及巳、午、未三时[6]寻杀之，或每朝捣活蟹洒叶上，自不至。如已被啮伤，则此叶偏垂，急寻伤处，摘去些子，庶免毒攻，致生秋虫。又有伤根者曰蚯蚓，以石灰水灌河水解之。癞头者曰菊蚁，以鳖甲置傍，引出弃之。瘠枝者曰黑蚰，以麻裹箸头[7]轻捋[8]去之。贼叶者曰象干蛊[9]，以铁丝磨锋，寻穴搜之。能如此法，便堪为松菊主人[10]，不减渊明矣。

注释

〔1〕幻弄：这里是指菊花的各种人为培育方法。

〔2〕艾（ài）：老。"老艾"指生长时间较久的菊花植株。

〔3〕蚕砂：是蚕蛾科昆虫家蚕幼虫的干燥粪便，有药用价值。

〔4〕毛水：退鸡毛、鹅毛所用过的水。《广群芳谱》卷五十一"菊花四"："洗鲜肉、退鸡鹅毛水、缫丝汤俱佳酿。鸡鹅毛水法，用缸盛贮，投韭菜一把，或枇杷核，则毛尽烂。"

〔5〕夏至：二十四节气之一，在每年公历的六月二十、二十一或二十二日，夏至日是北半球白昼时间最长的一天。

〔6〕巳、午、未三时：是十二时辰中的三个时间段。我国古代把一天划分为十二个时辰，每个时辰相当于现在的两小时。汉代之后用十二地支来表示，以夜半十一点至一点为子时，一至三点为丑时，三至五点为寅时，五点至七点为卯时等，如此依次递推。巳、午、未三时是从上午九点到下午三点这段时间。

〔7〕麻裹箸头：箸头，筷子头。用麻布包裹着筷子头。

〔8〕捋（luō）：轻轻摘取。

〔9〕象干蛊：和上文中的"菊虎"、菊蚁、黑蚰（yóu）都是菊花的害虫。

〔10〕松菊主人：东晋陶渊明《归去来兮辞》有"三径就荒，松菊犹存"之语，后因以"松菊主人"喻隐者。《新唐书·韦表微传》："吾年五十……将为松菊主人，不愧陶渊明。"

译文

　　五是培育养护。菊花虽然说能傲霜开放，但实际上还是畏惧寒冷的。所以在花蕊没开之前，就要把花移到屋檐下面，花根也要用纸条包裹起来，给花浇水的时候要用杯盏盛着水慢慢地浇下去，这样会使花根滋润、花朵饱满，一直可以观赏一个多月。如果出现了黄叶，直接摘掉它的话会造成花的精气泄露，应该用韭菜汁浇在花根上，不久菊叶就会像以前一样青翠茂盛了。六是人为改造。在初春之前，选择一个生长时间较久的、健壮旺盛的花株，把它的枝叶剪掉，用它原来的泥土培育着，再在它的枝干上嫁接其他菊花的枝条，每个嫁接的枝条都用各自原来的泥土封好接头处，等到嫁接的枝条成长得很茂盛了以后再把泥土去掉。深秋季节开花的时候，每个嫁接的枝条都按照原来的颜色开放，整棵花五颜六色，十分漂亮。或者在九月里接取一些霜贮存在瓶里，把霜瓶埋在土里，等菊花含苞待放的时候，用颜料和着霜调出需要的颜色点染在花蕊上，点透之后，花就会变成所染的颜色了。或者用黄、白两种菊花，把它们的枝干劈开，各取一半，用麻绳缠到一起，以后所开的花朵就会一半是白色一半是黄色。如果想让花苞提早开放，可以在花苞较大的时候用龙眼壳把它罩起来，先在夜里往壳上浇点硫黄水，第二天早上把壳拿掉，花就会立即大开。按照正确的方法保养它，花期一直可以持续到初春时节。七是适宜的土壤。种植菊花必须选择肥沃的土地，把粪肥发酵三次以后，去掉粪肥上面的浮沫，然后放到室内收藏好。初春时再拿出来晾干，搜拣去掉其中的蚂蚁之类的昆虫，蒸透杀菌以后再把它晒干，用筛子筛干净，就可以准备装盆了。遇到雨天花根被冲得露出地面，就用余下的土来覆盖花根，这样可以吸收过多的雨水，使根不至于腐烂。八是浇灌。春天用蚕砂泡水浇灌，夏天用退鸡毛、鹅毛煮过的水，立秋之后，酌情使用粪水。第一次浇的时候按一份粪三份水的比例；第二次浇的时候，水是粪的一倍；第三次则按粪水各一半的比例。菊花长出花蕾以后，再开始使用纯粪水。九是除害虫。夏至前后，菊花上容易长一种黑色的小虫，它的名字叫"菊虎"，又叫"菊牛"。应该在早上九点到下午三点这段时间寻找并杀灭它们。或者每天早上用捣碎活螃蟹的汁洒在叶子上，害虫自然就不敢来了。如果叶子已经被虫子咬伤，那么叶子就会偏斜着低垂下来，看到这种情况以后要赶快找到被咬伤的地方，把受伤的叶子摘去一些，就可以免于被虫毒攻入枝干内部，以至于秋天再长出害虫。还有蚯蚓能钻伤花根，可以用石灰水混合着河水来浇花就能消除这个隐患了。会导致菊花头蜷屈不展的是菊蚁，可以在旁边放一块鳖甲，把菊蚁引出来扔掉。会让花枝干枯的是黑蚰，可以把麻布包裹在筷子头上，轻轻地把它摘掉。专门残害叶子的叫作"象干蛊"，可以把铁丝磨成锋利的探针，寻找到洞穴把它搜出来。如果会使用上面的这些方法，就有资格做松菊的主人，可以与陶渊明相媲美了。

木槿

木槿[1]一卉，古名舜华。唐玄宗尝亲折一枝，为花奴插帽[2]，使非从古所珍，安得托根禁苑耶？《花谱》[3]诋[4]为贱恶，可谓不知书矣。插种甚易：二三月时，新芽初发，剪作尺余，随插地上，河泥壅之。如欲编离，顺手紧插，若少停辍，其处必缺。复按，此花别名"朝菌[5]"，时一寓目[6]，尘念顿空矣。

注释

[1] 木槿：落叶灌木，花形钟状，有淡粉红、淡紫、紫红等。舜华是木槿的古称。《诗经·郑风·有女同车》："有女同车，颜如舜华。"

[2] 为花奴插帽：汝阳王李琎（jìn），小字花奴，唐玄宗之侄。《说郛》卷一百二：玄宗爱之，每随游幸。琎善羯（jié）鼓，尝戴砑（yà）绢帽打曲，上自摘红槿花一朵，置于帽上。两物皆滑，久之方安。遂奏《舞山香》一曲，而花不坠。上大喜笑，因夸曰："花奴资质明莹，肌发光细，非人间人，必神仙谪坠也。"玄宗性俊迈，酷不好琴。曾听弹正弄，未及毕，叱琴者曰："待诏出去。"谓内宫曰："速召花奴将羯鼓来，为我解秽。"

〔3〕《花谱》: 指《清异录》。《清异录》卷上："九品一命: 芙蓉、牵牛、木槿、葵、胡葵、鼓子、石竹、金莲。"

〔4〕诋（dǐ）: 毁谤。

〔5〕朝菌: 朝生暮死的菌类。《庄子·逍遥游》:"朝菌不知晦朔, 蟪蛄不知春秋。"指生命极为短暂。

〔6〕寓目: 过目。时一寓目, 即不时地看一看。

译文

　　木槿这种花卉, 古时候叫舜华。据说唐玄宗曾经亲手折下一枝木槿花, 给汝阳王李琎插在帽子上。如果木槿花不是自古以来人们所珍爱的花, 又怎么能够有幸被种植在皇宫禁苑中呢?《花谱》这本书却诋毁它, 称它是"贱恶"的花, 真可以说是没学问啊。木槿的扦插种植非常容易: 在二、三月的时候, 新芽刚刚长出来, 剪下一尺多长的枝条, 随即插种到地上, 然后用河泥把它培壅好。如果想要等枝条长大后把它们编成篱笆来用, 那么就应该手里拿着一把剪下的枝条, 迅速而紧密地栽插, 如果稍微停顿一下, 这个地方以后一定长不好, 成为篱笆上空缺的地方。还有一点, 木槿花的别名叫"朝菌", 这个名字的意思是说木槿在早上开花, 花开的时间又很短, 所以开花的时候要抓紧时间观赏, 它能使人的世俗杂念顿时烟消云散。

桂

　　昔人谓："有钱当作五窟室[1]：吴香窟尽种梅株；秦香窟周悬麝脐[2]；越香窟植岩桂；蜀香窟栽椒；楚香窟畦兰。四木草各占一时，余日入麝，便足了一年，死且为香鬼，况于生乎！"栽桂之法：须俟夏初，攀枝着地，以土压之，逾年截断，含蕊移栽，灌以猪粪，蚕沙壅之。如患蛀损，取芝麻梗悬之树间，能杀诸虫。种树书[3]云："木樨[4]接石榴，其花必红。"然则宋高宗时山阴史氏本又不足奇矣。别有草本，名水木樨。二月分种，香味不减。又有月桂[5]一种，实非同族。法：于花谢摘去其蒂，亦如凤仙，花发无已[6]。如遇虫食，鱼腥浇之。次第[7]栽培，真堪鼻选[8]矣。

注释

〔1〕窟室：地下室。《史记·刺客列传》："光（吴公子光）伏甲士于窟室中，而具酒请王僚。"

〔2〕麝脐（shè qí）：即麝香，是麝科动物林麝、马麝等雄体香囊中的干燥分泌物，呈颗粒状或块状，味苦，有特殊的香气，也是一种名贵药材。

〔3〕种树书：古代农书。

〔4〕木樨（xī）：木犀属是玄参目木犀科下的一属植物，40余种，代表植物是桂花。这里木樨指桂花。

〔5〕月桂：是樟科植物月桂属的一种，为亚热带树种。常绿小乔木或灌木，树冠卵圆形，分枝较低，小枝绿色，全体有香气。月桂的拉丁字源意为"赞美"，罗马人视之为智能、护卫与和平的象征。在奥林匹克竞赛中获胜的人，都会受赠一顶月桂编成的头环，而"桂冠诗人"的称谓也是由此而来的。

〔6〕无已：没有休止；不停止。

〔7〕次第：依次；按照一定顺序一个接一个地。

〔8〕鼻选：用鼻子闻气味而加以选择。北宋陶谷《清异录·果》："瓜最盛者，无逾齐赵，车担列市，道路浓香。故彼人云未至舌交，先以鼻选。"此处指闻嗅花香。

译文

　　以前有人曾经说过："如果有了钱一定要修建五座地下室：一座是吴香窟，里面全要种上梅树；一座是秦香窟，里面四周全要悬挂着麝香；越香窟里全要种植岩桂；蜀香窟里全要栽种花椒；还有楚香窟，里面要开辟畦田种植兰花。其中的梅、椒、桂、兰四种草木各占一个时节，余下的日子就到秦香窟中去闻麝香，这样待上一年，死去尚且会成为香鬼，何况活着的时候呢！"栽桂花的方法是：必须等到初夏的时候，把桂花树的枝条攀折下来放到地上，然后用土把这根枝条压好。一年以后就可以把它截断，带着花蕊一起移栽，用猪粪浇灌，用蚕砂培壅。如果出现害虫蛀损花叶的情况，可以拿些芝麻梗悬挂在树间，就能杀灭这些害虫。《种树书》上说："在木樨上嫁接石榴枝，开的花一定是红色的。"既然这样，那么宋高宗的时候山阴史氏家里的那棵，就不足为奇了。还有一种草本的，名叫水木樨，在二月里分种，香味不比木樨的淡。另外还有一种叫月桂，但实际上它和桂并非同族。

月桂的栽植要点是：在花谢以后，要摘去它的花蒂，这就和栽培凤仙花的方法一样，这个方法可以让花持续不停地开放。如果遇到害虫咬食，可以用洗鱼的腥水浇它。这些不同品种的桂花依次栽培，真可以让鼻子闻个痛快了。

芙蓉

　　或问："莲称君子，菊号隐逸〔1〕。芙蓉寂寞，可比美人乎？"予谓："古来花史，迄无足评。有谓'移根若在秦宫内，多少佳人泣晓妆'〔2〕者，此花荐剡〔3〕也。有谓'芙蓉不及美人妆，水殿风来珠翠香'〔4〕者，此花弹劾〔5〕也。有谓'正是美人初睡着，强抬青镜照妆慵'〔6〕者，此花调停〔7〕也。"栽花之法：须于冬初剪花嫩条，截作一尺，掘坑埋之，仍以土掩。来春三月先取木针，钉地作穴，填粪令满，然后插入，上露寸许，遮以烂草。花开分栽，近水尤盛。如欲染花，须于隔夜以靛调纸蘸花蕊上，仍裹其尖，花开碧色，五色皆然，亦异趣也。盖此花古称"木莲"，又曰"拒霜"，方〔8〕之莲、菊，且无多让〔9〕。

注释

〔1〕莲称君子，菊号隐逸：出自《爱莲说》，作者是北宋理学家周敦颐。周敦颐，世称濂溪先生，是宋朝儒家理学思想的开山鼻祖。

〔2〕出自唐代诗人黄滔《木芙蓉》诗："须到露寒方有态，为经霜裛（yì，同"浥"，沾湿）稍无香。移根若在秦宫里，多少佳人泣晓妆。"

〔3〕荐剡（yǎn）：推荐人的文书，引申为推荐的意思。

〔4〕芙蓉不及美人妆，水殿风来珠翠香：出自唐代诗人王昌龄《西宫秋怨》：
"芙蓉不及美人妆，水殿风来珠翠香。谁分含啼掩秋扇，空悬明月待
君王。"

〔5〕弹劾：司法政治体系中的弹劾是一种政治审判。这里指批评。

〔6〕正是美人初睡着，强抬青镜照妆慵：北宋王安石《木芙蓉》诗："水边无
数木芙蓉，露染胭脂色未浓。正似美人初醉著，强抬青镜欲妆慵。"

〔7〕调停：居间调解，平息争端。

〔8〕方：比拟。《广韵·阳韵》："方，比也。"

〔9〕让：不及，亚于。"且无多让"的意思是差不多，没有太多比不上的。

译文

　　有人曾经问我："莲花被称作是花中君子，菊花也号称是花中隐士，只有芙蓉花寂寂无闻。可不可以把它比喻为花中的美人呢？"我回答说："对于芙蓉花，自古以来的花史著作中至今还没有一致的评价。有的人说'如果芙蓉花被移植在秦宫里的话，将会有多少宫中美人在早上化妆的时候烦恼哭泣啊'，这是对芙蓉花形态和颜色的推荐和赞扬。有人说'芙蓉比不上美人的装扮，因为从宫殿传来的微风里带来了阵阵美人的珠翠首饰的芬芳'，这是对芙蓉花缺乏香味的批评。有人说'正是美人刚刚睡着，强行抬起镜子照她慵懒的模样'者，这是对芙蓉花调停折中的评价。"芙蓉花的栽种方法是：必须在初冬季节植株落叶以后剪下嫩条，截成一段段一尺多长的插条，在向阳的地里挖个土坑，把插条埋起来，仍旧用泥土把它们掩盖好。第二年春天三月的时候，先用一根小木棍在地上打成一个个小洞穴，在洞穴里填满粪，然后把插条插种在洞穴里，插条要露出地面一寸多长，再用烂草把它遮

盖好。等花开过以后再进行分栽，在靠近水的地方生长得尤其茂盛。如果想给花染色，可以在前一天的夜里用深蓝色的调色纸蘸到花蕊上，染完以后仍然把花蕊的尖包裹好，等花开的时候就是青绿色的，其他各种颜色都可以用这个方法得到，真是一种奇异的趣事啊。芙蓉花在古代叫作"木莲"，又叫"拒霜"，比起莲花和菊花来，应该是没有太多比不上的地方吧。

玉簪

玉簪洁白如玉，清香袭人，黄鲁直[1]诗："宴罢瑶池阿母家，嫩琼飞上紫云车。玉簪堕地无人拾，化作东南第一花。"虽似揄评[2]，良亦不爽[3]。法：于春初移种肥土，性复好水，盆石亦可。俟含蕊时，纳粉少许，凌晨傅面[4]，尤能助妆[5]，不特[6]汉宫搔头[7]，堪副[8]月旦[9]也。

注释

[1] 黄鲁直：黄庭坚，字鲁直，北宋著名文学家、书法家，江西诗派的开山之祖。下文是他的诗——《玉簪》。

[2] 揄（yú）评：揄，拉；引。揄评即赞扬式的评论。

[3] 爽：不合，违背。不爽，合适，不错。

[4] 傅面：敷在脸上。

[5] 助妆：增强化妆美容的效果。

[6] 不特：不仅；不但。

[7] 汉宫搔头：出自《西京杂记》："武帝过李夫人，就取玉簪搔头。自此后宫人搔头皆用玉。"

[8] 堪副：堪，足以；可以；能。副，相称（chèn），符合。

[9] 月旦：品评。刘孝标《文选》"雌黄出其唇吻，朱紫由其月旦。"

译文

　　玉簪花的颜色像玉一样洁白，还有阵阵清新的香气向人袭来。黄庭坚写的诗说："从瑶池的王母家里赴宴结束以后，嫩琼飞身登上她装饰着紫云英花朵的车子。她头上的玉簪一不小心掉到了地上，变化成为东南大地上位列第一的名花。"这首诗对玉簪花似乎有点儿赞扬过度，但实际上也确实不错。玉簪的栽种方法是：在初春的时候移种到肥沃的土地里，玉簪的本性是特别喜欢水的，移种到盆里也可以。等它含苞待放的时候，取一点儿花粉，在凌晨的时候敷在脸上，尤其能起到美容的效果；还可以作为簪花头饰，也是不错的。

金钱

　　金钱[1]午开子落，一名子午花。种自外国，梁时始进，故有豫州[2]掾属[3]双陆赌花[4]之事。以子种之，俟长过寸，扶以小竹，亦一奇卉。然花老穷谷，得不入铜臭[5]小儿手，为不堪役使[6]也。若复可供一掷[7]，岂终为灌园野人[8]有哉！

注释

〔1〕金钱：金钱花，学名旋复花，为菊科多年生草本植物，全株可供药用。

〔2〕豫州：中国古代行政区划名，当今河南省大部分属豫州。

〔3〕掾属（yuàn shǔ）：古代位处下级的佐治官吏。

〔4〕双陆赌花：双陆，古代的一种棋盘游戏，棋子的移动以掷骰（tóu）子的点数决定，首位把所有棋子移离棋盘的玩者可获得胜利。民间也用来赌博。

〔5〕铜臭（xiù）：铜钱的味道。铜臭小人，指贪财之人。《后汉书·崔烈传》："论者嫌其铜臭。"

〔6〕役使：强迫使用。

〔7〕一掷：赌博时将钱押上赌桌。这里指通过培育金钱花而赚钱。

〔8〕野人：指乡野之人。

译文

　　金钱花在中午开花，子时（半夜）就凋谢了，所以又叫作"子午花"。这个品种是来自外国的，南朝梁代的时候才传到我国，所以出现了豫州掾属用金钱花进行双陆赌博这样的事情。金钱花可以用种子来种，等新芽长到一寸多高了，用小竹枝插在旁边扶持着，也是一种奇异的花卉。然而金钱花一般是终年生长在野外的深山幽谷中的，它之所以能够不落入嗜钱如命的赌徒之手，是因为它花茎纤弱，承受不了修剪、嫁接等外来的摧残。如果它也可以加以培育而卖到钱并供人一掷千金地挥霍，怎么可能最终成为像我这样的普通种花老人所独有的呢！

鸡冠

苏黄门[1]《咏鸡冠花诗》：“后庭花草盛，怜汝系兴亡。”世遂以鸡冠为“玉树后庭花”，不知《世说》[2]诸书有“蒹葭倚玉树”语，杜少陵[3]《饮中八仙歌》复有“皎如玉树临风前”之句，玉树一种，断非草本。或又谓花经所载，别有“后庭”，岂花名“后庭”而以“玉树”嘉之耶？且宋元以来，或以为“玉蕊”，或以为“山矾”，或以为“玚花”。杨用修、王敬美复以为丁香、栀子。鸡冠之说，何可尽信也？种花之法：清明撒子，撒高则高，撒低则低。盛扇撒之，则如团扇；散髮撒之，则成璎珞[4]。如欲双色，各披半边，细麻缚之，法与菊同。别有“十样锦”四种，秋后收子，撒肥土中，毛灰盖之，春初即生。并植阶傍，均堪点缀秋色。

注释

[1] 苏黄门：苏轼的弟弟苏辙。苏辙曾任门下侍郎，古称黄门侍郎。

[2]《世说》：即《世说新语》，南朝宋临川王刘义庆组织门客编写。是魏晋南北朝时期志人小说的代表作，内容主要是记载东汉后期到晋宋间一些名士的言行与轶事。

[3] 杜少陵：杜甫（712—770），字子美，自号少陵野老，唐代伟大的现实主义诗人，与李白合称"李杜"。《饮中八仙歌》大约是天宝五年（746 年）杜甫初到长安时所作，记载了"酒中八仙人"李白、贺知章、李适之、李琎（jìn）、崔宗之、苏晋、张旭、焦遂八人醉酒的趣事，生动地再现了唐代诗人乐观、通达的精神风貌。

[4] 璎珞（yīng luò）：原为古代印度佛像颈间的一种装饰，由世间众宝所成，寓意为"无量光明"。这里指鸡冠花晶莹艳丽，像珠玉一般。

译文

  北宋的苏辙写过一首《咏鸡冠花诗》："房屋后面的庭院里花草都很茂盛，但是其中我最喜欢你，因为你和国家的兴亡息息相关。"后代的人于是就把鸡冠花看作"玉树后庭花"，不知道在《世说新语》等书中就有"蒹葭倚靠着玉树生长"的话，杜甫写的《饮中八仙歌》又有"皎洁就如同玉树在风里的样子"的诗句，所以玉树这种植物，绝对不可能是草本植物。有人又说历代的花卉经典中所记载的，又另外有"后庭"这个名字，难道是这个花名叫"后庭"而人们又用"玉树"这个好听的名字来称赞它吗？况且自从宋元时期以来，有人认为"玉树"就是"玉蕊"，有人认为是"山矾"，有人认为是"玚花"。杨用修、王敬美又认为它是丁香或者栀子。这么看来，把鸡冠花看作"玉树后庭花"的说法又怎么能完全相信呢？鸡冠花的栽种方法是：在清明节的时候把种子撒到土里，如果种子撒得高，那么鸡冠花就长得高，如果种子撒得低，那么鸡冠花就长得低。如果把种子盛在扇子上撒出去，那么鸡冠花就会长得像扇子一样；如果散开头发撒，那么鸡冠花就会长得像璎珞。如果想要得到双色鸡冠花，可以把两种颜色的花茎用刀劈开，各取一半，把它们用细麻绳紧紧地绑在一起，方法和菊花的栽种方法相同。另外还有四个品种的"十样锦"，秋后收了种子，撒在肥沃的泥土中，用动物毛屑把种子盖起来，等到初春就能发芽成活。把它们一起种植在台阶两旁，都可以用来点缀秋天的好景色。

山茶

尝见宋姚伯声[1]《三十客图》载曼陀罗一种，不知何卉。后阅《文苑豹斑》[2]，知为经言山茶。当如《清异录》所载："闽昶春余宴后庭，飞红满空，昶曰：'《弥陀经》[3]云：雨天曼陀罗华[4]。此景近似。'"然此花种色亦多，不独红也。春间腊月皆可移植。以单叶接千叶，则花茂树久；或以冬青接者，十不活二三也。又有一种来自滇南，花大如莲，尤为玮异。假[5]令闽昶见之，又当作何排办[6]矣！

注释

[1] 姚伯声：南宋时人。宋姚宽《西溪丛语》卷上："昔张敏叔有十客图，忘其名。予长兄伯声，尝得三十客……曼陀罗为恶客。"

[2]《文苑豹斑》：明代沈思永所作的一部类书。

[3]《弥陀经》：佛教经典，即《阿弥陀经》，据传是释迦牟尼佛为众弟子介绍西方极乐世界的经典。

[4] 雨天曼陀罗华：雨（yù），落下。华（huā），古同"花"，花朵。"雨天曼陀罗华"出自《弥陀经》："彼佛土国常作天乐，黄金为地，昼夜六时，雨天曼陀罗华。"即无论白昼还是黑夜都从天上降落的曼陀罗花。

[5] 假（jiǎ）令：假设、如果。

[6] 排办：准备；安排。

译文

　　我曾经见过宋代姚伯声画的《三十客图》，其中有曼陀罗这种花，不知道究竟是什么花。后来阅读《文苑豹斑》这本书，才知道曼陀罗是佛经上的说法，实际上就是山茶花。应该是像《清异录》书中所记载的："春末的时候，闽昶在后花园中举行宴会，这时花瓣飘落，飞红满空，闽昶看到这种景象就说：'《弥陀经》上说，曼陀罗花落下的样子。眼前这景色就近似了。'"但是曼陀罗这种花的品种、颜色很多，并非只有红色的。不论是在春天还是在腊月里，都可以移植栽种。如果在单瓣的植株上嫁接千瓣的枝条，那么花就会开得很茂盛，树也活得时间长久；有人用冬青来嫁接，十棵不过能成活两三棵罢了。还有一种曼陀罗，是从滇南传来的，花就像莲花一样大，非常奇特。如果让闽昶看到这种曼陀罗花，不知道他又会怎么来评论呢！

梅、蜡梅

昔孤山处士[1]以梅为妻，以鹤为子，幽人花伴，梅实专房[2]矣。张翊《花经》乃置四品[3]，不几[4]为梅花捻酸[5]耶？种法：春间取核，埋之粪地，俟长数尺，以桃接之。若欲移种，须去其枝，稍大其根盘，沃以沟泥，无不活者。或云于苦楝树[6]上接之，则成墨梅[7]。予尝闻之园丁，独宜江梅[8]，余俱不然也。瓶花之法：将腌肉汁撇去浮油，入瓶插之，可至结实。或用煮鲫汤，亦可。陈眉公[9]云，以干盐贮瓶，插梅其中，盐梅相和，尤觉清韵耳。别有一种名蜡梅者，本非梅类，以其与梅同时，香又相近，酷似蜜脾[10]，故曰蜡梅，具载石湖[11]《梅谱》[12]。或谓其腊中吐蕊，遂误腊梅，便是伏猎侍郎[13]小化身矣。凡计三种，子种者佳。夏间子熟，采而种之，秋后发芽，浇灌得宜，数年之后亦可分栽。《梅谱》又云："凡古梅多苔者，封固花叶之眼[14]，惟罅隙[15]间始能发花。花虽稀而气之所钟，丰腴妙绝。"夫一枝春信[16]，己甲江南，何必珠玉满前，作富家翁[17]生活耶！

注释

〔1〕孤山处士：北宋林逋（bū），人称孤山处士。《宋史·隐逸传上·林逋》："林逋，杭州钱塘人……初放游江淮间，久之归杭州，结庐西湖之孤山，二十年足不及城市。"

〔2〕专房：专宠，这里指唯一的一位。

〔3〕四品：据《清异录》记载，宋朝的张翊曾经戏作《花经》，品评群芳，分为九品九命，当时人普遍认为他的品评很恰切。《花经》中，梅被列为四品六命。

〔4〕几（jī）：表示非常接近，相当于"几乎""差不多"。

〔5〕捻（niǎn）酸：嫉妒。

〔6〕苦楝（liàn）树：楝科落叶乔木，树皮灰褐色，纵裂，全株均可入药。

〔7〕墨梅：本义是用墨画的梅。此处指一种颜色似淡墨的梅花。王冕《墨梅》："吾家洗砚池头树，个个花开淡墨痕。"唐郭橐驼《种树书》："苦楝树上接梅花，则花如墨梅。"

〔8〕江梅：梅的野生品种。宋范成大《梅谱》："江梅，遗核野生、不经栽接者，又名直脚梅，或谓之野梅。凡山间水滨荒寒清绝之趣，皆此本也。花稍小而疏瘦有韵，香最清，实小而硬。"

〔9〕陈眉公：陈继儒（1558—1639），明代文学家、书画家，字仲醇，号眉公，华亭（今上海松江区）人。

〔10〕蜜脾：蜜蜂营造的酿蜜房，其形如脾，故称。范成大所作的《梅谱》："色酷似蜜脾，故曰蜡梅。"

〔11〕石湖：指南宋名臣、文学家范成大，平江府吴县（今江苏苏州）人。石湖，湖名，在江苏省苏州市，风景优胜。相传为范蠡入五湖之口。南宋范成大晚年居此，宋孝宗书"石湖"二字以赐，因自号石湖居士。

〔12〕《梅谱》：即《范村梅谱》，范成大撰。其自序云："比年又于舍南买王氏僦舍（jiù shè，出租屋）七十楹（yíng，间），尽拆除之，治为范村，以其地三分之一与梅。吴下栽梅特盛，其品不一，今始尽得之。随所得为之谱，以遗好事者。"

〔13〕伏猎侍郎：唐代户部侍郎萧炅（jiǒng），因其曾将"伏腊（là）"读为"伏猎"，故被讥讽为"伏猎侍郎"。后泛指不学无术的人。

〔14〕花叶之眼：指花蕊。唐施肩吾《赠友人下第闲句》诗："花眼绽红斟酒看，药心抽绿带烟锄。"

〔15〕罅隙（xià xì）：缝隙。

〔16〕一枝春信：指梅花开放。北宋周邦彦《蓦山溪》词："人去小庭空，有梅梢、一枝春信。"花信，即以花作为标志的花期，亦称"花信风"。根据农历节气，每年从小寒到谷雨，共八个节气，每个节气十五天，又平均分为三候，每候对应一种花信，便有了二十四种花信。梅花是二十四花信中最早的，故下文曰"甲江南"。

〔17〕富家翁：富有的人；富翁。

译文

　　以前宋代的孤山处士林逋把梅花当作是自己的妻子，把仙鹤当作是自己的儿子。在喜欢清幽安静的隐士们用来作伴的花卉中，梅花实在是独一无二的啊。而张翊写的《花经》一书，却只把梅花放在第四品的位置上，是不是因为嫉妒梅花倍受隐士们宠爱而有意这样做呢？梅花的栽种方法是：在春季里把梅核埋到粪地里，等到新芽长到几尺高的时候，用桃树进行嫁接。如果想要整株移种，必须把枝条都剪去而保留比较多的树根，种好以后再用肥沃的淤泥培壅，这样移种没有不成活的。有人说在苦楝树上嫁接梅花，就能长成墨梅。我曾经听园丁师傅说过，这个方法其实只适用于江梅，其他品种的梅花都不能用。折梅花枝插瓶的方法是：用一些腌咸肉的汤汁，除去上面的一层浮油之后注入花瓶中，然后把花枝插到汤里面，可以一直放到梅花结梅子。有的人使用煮鲫鱼的汤汁，也是可以的。陈眉公曾经说，把干盐粒贮存在瓶中，在其中插上梅枝，盐和梅互相配合，尤其让人觉得清新而有韵味。另外还有一种名字叫作蜡梅的，本来不属于梅树的种类，因为它和梅花差不多同时开花，香味也很相近，而颜色又和蜜脾非常相似，都像蜡做的一样，所以叫作蜡梅，这个说法的具体记载见范成大所作的《梅谱》一书。有人竟然说蜡梅之所以叫这个名字是因为它是在腊月里开放的缘故，这种不学无术的说法简直可以说是"伏猎侍郎"的小型化身了。蜡梅一共有三个品种，用种子种的比较好。夏季里种子成熟了，采摘下来就可以种，秋天之后就能发芽。浇灌得很适宜的话，几年之后就可以分栽。《梅谱》这本书中还说，但凡年长的古梅树，因为树干上长满了苔藓，把花叶的芽眼都封住了，所以只有在苔藓之间的小缝隙中才能开出几朵花来。这样的话，花朵数量虽然稀少，但是却吸收树的全部养分，开得格外饱满漂亮。梅花是报春的第一花信，在江南地区属于最早开放的花，又何必要开出满树的花朵，像珠玉满堂的富翁生活一样呢！

水仙

《水云集》[1]以玉梅[2]、蜡梅、水仙、山茶为"雪中四友"。予按：水仙二种，单瓣者佳。五月初旬竹刀起根，小便浸之，逾月取出，悬近烟灶处。至八九月间纯用猪粪拌土植之，不可缺水，凌波[3]之名，殆不虚也。或云和土晒暖，半月方种，覆以肥土，糟水浇之。霜降后搭棚，遮护霜雪，仍留南向小户，天暖即开晒之。北方土寒，凡牡丹、海棠俱用此法。高深甫[4]云，土近卤盐，花发必茂。虽花忌水盐，然梅花、水仙，插瓶用盐，当无所损耳。昔冯夷[5]服花八石[6]，得为水仙[7]，栽向东篱，何啻[8]刀圭[9]耶？

注释

〔1〕《水云集》：此书不详。

〔2〕玉梅：白梅花。

〔3〕凌波：水仙花被称为"凌波仙子"。南宋黄庭坚《王充道送水仙花五十枝，欣然会心，为之作咏》："凌波仙子生尘袜，水上盈盈步微月。是谁招此断肠魂，种作寒花寄愁绝。含香体素欲倾城，山矾（fán）是弟梅是兄。坐对真成被花恼，出门一笑大江横。"

〔4〕高深甫：高濂，字深甫，明代著名戏曲作家、养生学家、藏书家。

〔5〕冯夷：中国古代神话中的黄河水神。明文震亨《长物志》引宋宝庆年间的《太平清话》："冯夷服花八石，得为水仙，其名最雅。"

〔6〕石（dàn）：容量单位，十斗为一石，清代一石为六十千克。

〔7〕水仙：水神。

〔8〕何啻（chì）：不止，不异于。

〔9〕刀圭：中药量器名，一刀圭约半克。

译文

　　《水云集》中把玉梅、蜡梅、水仙和山茶四种花称作是"雪中四友"。我的考证是：水仙花有两个品种，单瓣的比较好。在五月上旬的时候，用竹刀挖起水仙花根，放在小便中浸泡着，一个月以后取出来，悬挂在靠近灶台的地方。等到八、九月的时候，用猪粪拌着泥土来种植，千万不能缺少了水，水仙花又叫"凌波"，这个名字可不是虚传的。也有人说，把泥土混和拌好晒暖，半个月以后再种上水仙花根，用肥沃的泥土覆盖在花根上，用米糟水来浇。霜降后天气寒冷，要给花搭个窝棚以遮护霜雪，仍要留出朝南开的小门，天气暖和的时候要打开门晾晒。北方土地寒冷，像牡丹、海棠这样的花，都要用这个方法。高濂还说，如果泥土中含有盐的成分，花开得就会格外茂盛。虽说花草一般都是忌惮水盐的，但是梅花和水仙都可以插在放有盐的花瓶里，那么泥土中含有盐的成分应当是没有什么损害的吧。古代的有个叫冯夷的人，因为服用了六十千克的花，最后得以成为水神。如果把水仙花栽在东边的篱笆旁边，与服用灵丹妙药又有什么不同呢？

芭蕉

芭蕉花实闽、广极多，我地无之，遂为奇货[1]，夜郎[2]王安知汉大也？或又因《袁安卧雪图》[3]有雪中芭蕉，更谓蕉能逾寒[4]。不知王维画不拘四时，往往以桃、李、莲、菊同画，安得以胶柱[5]求耶？种法：冬间去梗，以稻草覆之。俟其发芽，分取小根，用油簪脚横刺二眼，终不长大，可作盆玩。又有棕榈一种，二月撒种，尺许移栽，长至四尺，便可剥用。尘尾[6]、蒲团[7]，此实任之矣。

注释

[1] 奇货：稀有的货物。《史记·吕不韦列传》："吕不韦贾（gǔ）邯郸，见（子楚）而怜之，曰'此奇货可居'。"

[2] 夜郎：即夜郎国，是我国古代西南地区由少数民族先民建立的一个国家。此句即夜郎自大的意思。《史记·西南夷列传》载："滇王与汉使者言曰'汉孰与我大'。及夜郎侯亦然。以道不通，故各以为一州主，不知汉广大。"

[3]《袁安卧雪图》：是唐代王维的著名画作。袁安，东汉大臣，汝南汝阳（今河南商水）人，是袁绍的高祖父。《后汉书·袁安传》李贤注引晋周斐《汝南先贤传》："时大雪积地丈余，洛阳令身出案行，见人家皆除雪出，有乞食者。至袁安门，无有行路。谓（袁）安已死，令人除雪入户，见（袁）安僵卧。问何以不出。（袁）安曰：'大雪人皆饿，不宜干（gān，求）人。'令以为贤，举为孝廉。"

[4] 逾寒：越冬。

〔5〕胶柱：即胶柱鼓瑟。瑟，一种古乐器。柱，瑟上用以调音的短木。胶柱鼓瑟是说用胶把柱粘住以后而奏琴，因柱不能移动，故无法调弦演奏，比喻不能灵活变通。《史记·廉颇蔺相如列传》："王以名使（赵）括，若胶柱而鼓瑟耳。（赵）括徒能读其父书传，不知合变也。"

〔6〕尘尾：是古代一种在手柄前端附上兽毛（如马尾、麈（zhǔ）尾）或丝状麻布的工具或器物，一般用作扫除尘迹或驱赶蚊蝇。

〔7〕蒲团：用蒲草或玉米皮等编织而成的圆形、扁平的坐垫。

译文

　　芭蕉这种花在福建、广州一带特别多，我们当地没有，于是就成为人们所珍爱的稀有物种，这种情况就像古代的夜郎王不知道汉朝的辽阔广大一样啊。有人又因为王维所画的《袁安卧雪图》中画有雪中芭蕉，就说芭蕉能抗寒越冬。其实他不知道，王维作画是不受四时季节的拘束的，他的画往往会把桃、李、莲、菊都画在一起，哪能像胶柱鼓瑟一样去探求他的画意呢。芭蕉的栽种方法是：冬天的时候把芭蕉梗去掉，用稻草把芭蕉根覆盖起来。等到来年芭蕉发出新芽以后，分别选取其中的小根，用簪子的尖角横刺两个小孔，它就不会再长得很高大，所以可以种在花盆里赏玩。还有一种和芭蕉差不多的植物是棕榈，二月份撒下种子，等到新苗长到一尺多高的时候就可以移栽，长到四尺高的时候就可以剥取棕榈叶子来用，做成掸子或者坐垫，都是非常适用的。

菖蒲

菖蒲九节[1]，神仙所珍[2]，故静虚子《瓶史》[3]用弁[4]群卉。蒲种有六，曰金钱、牛顶、台蒲、剑脊、虎须、香苗。大约蒲性见石则细，见土则粗。法：于夏初，竹剪[5]修净，细沙密种，深水畜之，不令见日。秋初再剪，勿染尘垢及犯油腻。霜降收藏，用缸盖之。春末始开，务避风霜。年久不分，渐成细密矣。若石上蒲，尤宜洗根，浇以雨水，勿见风烟，夜移就露，日出即收。如患叶黄，壅以鼠粪或蝙蝠粪，用水洒之。若欲其直，以绵裹箸头，每朝捋之。或云四月十四菖蒲生日[6]，修剪根叶，无逾此时。宜积梅水，渐滋养之。覆以疏帘，微袭日暖，则青翠易生，尤堪清月。古有四季诀云："春迟出（勿犯春风），夏不惜（须剪二、三次），秋水深（得以滋养），冬藏密（更避寒霜）。"又有忌诀云："添水不换水（添水取其鲜，换水伤元气），见天不见日（见天沾雨露，见日恐焦黄）。宜剪不宜分（剪头则细短，分本则舒长），浸根不浸叶（浸根则滋润，浸叶则付毙矣）。"[7]可谓良法矣。他如虎刺、翠筠，并喜阴湿，春初分栽，伴以怪石，同列几[8]间，真密友也。

注释

〔1〕菖蒲九节：菖蒲是多年生草本植物，根状茎粗壮，叶剑形，叶丛挺拔葱茏。九节，是说其根茎上的环节紧密。有水菖蒲和石菖蒲之分。水菖蒲生长在沼泽等低湿地，端午节时经常和艾蒿一起悬挂在门上用于驱恶避邪。石菖蒲生长在砂石土中，以根茎环节密集者为好，在药用价值上要优于水菖蒲。《雷公炮炙论》云：菖蒲"长一寸有九节者是真也"。《本草原始》："石菖蒲（根茎）色紫，折之有肉，中实多节者良，不必泥于九节。"但近代大部分市售的九节菖蒲并不是上述天南星科石菖蒲，而是毛茛（gèn）科植物阿尔泰银莲花的根状茎，并不属于菖蒲类药物。之所以被误称，是因为它的根状茎细瘦且多节，与"一寸九节"有相符之处。

〔2〕神仙所珍：九节石菖蒲是道家、炼丹家所用的一味药材，传说秦安期服食九节菖蒲而羽化升天。苏轼《常州太平寺法华院蔷卜亭醉题》："六花蔷卜林间佛，九节菖蒲石上仙。何似东坡铁挂杖，一时惊散野狐禅。"《神仙传》："汉武上嵩山，夜忽见有仙人长二丈，耳出头巅，垂下至肩，礼而问之，仙人曰：吾九疑之神也，闻中岳石上有菖蒲，一寸九节，食之可以长生。"

〔3〕静虚子《瓶史》：《瓶史》作者为明代的袁宏道，并非静虚子，且《瓶史》未提及菖蒲。此处可能是作者记错了。

〔4〕弁（biàn）：书籍或长篇文章的序文、引言。这里指放在最前面论述。

〔5〕竹剪：是专用来剪花的小剪子，用一片竹片制成，两头削成薄刃，中间修细，经火撨（wēi）弯而成。

〔6〕菖蒲生日：《康熙御定月令辑要》卷九"菖蒲生日"条："《增陶朱公书》：四月十四，菖蒲生日。修剪根叶，无逾此时。宜积梅水，渐滋养之，则青翠易生，尤堪清目。"

〔7〕春迟出……浸根不浸叶：出自明代·王象晋的《二如亭群芳谱》。修剪菖蒲是可以因时因地制宜的，因它有两个生长期，一个是在春末夏初，一个是在秋天，在这两个时期都可进行修剪。

〔8〕几（jī）：小而矮的桌子。

译文

　　石菖蒲根茎虬曲，环节紧密，在古代一直是道家、炼丹家们所珍视的植物，所以静虚子在他写的《瓶史》一书中把菖蒲放在所有花卉的最前面。菖蒲的品种有六个，它们的名字分别是"金钱""牛顶""台蒲""剑脊""虎须""香苗"。大概来说，菖蒲的本性是在石头多的地方就长得细弱，遇到泥土多的地方就长得粗壮。菖蒲的栽种方法是：在初夏时分用竹剪刀把菖蒲苗修剪干净，在细沙土里密集地种好，然后放入很深的水来养它，不要让它受到太阳直接照晒。等到初秋的时候要再次进行修剪，不要让菖蒲的叶子沾染尘土污垢或者油腻的东西。霜降以后天气寒冷，要把它收藏好，可以用一口缸盖在上面。第二年春天快结束的时候再把缸打开，务必要给它遮蔽住风霜。好几年不分种的话，菖蒲叶子就会渐渐长得很细密。如果是在石头上种植的菖蒲，尤其应该把花根清洗干净。平时要用雨水进行浇灌，白天不要让它受到外面的风吹烟熏，夜里则可以移到外面接受露水，但是太阳一出来就要立即把它收进屋内。如果叶子变黄了，可以在泥土中培壅一些老鼠粪或者蝙蝠粪，再用水洒到叶子上。如果想让它的叶子长得笔直挺拔，可以用棉絮裹住筷子头，每天早上夹住叶子往上将几下。还有人说，四月十四日是菖蒲的生日，修剪菖蒲的根或者叶子，不能在这个时间之后。平时最好蓄积一些梅雨季节的雨水，可以长时间地使用，慢慢来滋养菖蒲。在白天可以用稀疏的帘子覆盖在菖蒲的上方，让它略微接受到一点太阳的温度，那么颜色就会青翠可爱而且容易成活，尤其适合在清风朗月的夜间来欣赏。古代流传下来的关于培养菖蒲的四季口诀说："春天要迟点拿出去（意思是不要让菖蒲过早地吹春风），夏天不要吝惜（意思是夏季里必须修剪两到三次），秋天水要深（意思是秋天的时候要多加水，使菖蒲可以得到更多的滋养），冬天要密藏（意思是冬天一定要收藏好，避免受到寒气霜雪的伤害）。"另外还有关于禁忌的口诀："可以往盆内添水，但是不要换水（添水可以让水保持新鲜，富有养分，换水动作太大，容易伤到根，动了元气），晚上可以露天放置，但是不能见到太阳（露天放可以吸收雨露，太阳晒却会使叶子焦黄）。适宜修剪，但不适宜分根种植（修剪叶尖会使它长得细短，分根种植却会让叶子长得过长），可以把根浸在水中但是不能浸到叶子（根浸在水中可以得到滋润，叶子浸在水中就会腐烂死掉）。"上面的话真可以说是好方法啊。其他的像"虎刺""翠筠"这些植物也是这样，它们都喜欢背阴湿润的环境，初春的时候分栽在盆内，旁边可以点缀几块形状奇异的石头，把它们一同陈列在书桌、茶几的中间，真像是我们的亲密好友一样啊。

倦圃蒔植记　卷下

竹树

竹

东坡居士[1]云："可使食无肉，不可居无竹。无肉令人瘦，无竹令人俗。人瘦尚能肥，士俗不可医。傍人叹此言，似高还似痴。若对此君还大嚼，世间那有扬州鹤。"[2]竹能清人[3]如此。种法：须俟五月十三日，《岳州风土记》[4]谓之"龙生日"，《齐民要术》[5]谓之"竹醉日"，又谓之"竹迷日"。宋子京[6]《种竹诗》："除地墙阴植翠筠，竦枝茂叶与时新。赖逢醉日元无损，政自得全于酒人。"又，一云宜用辰日。黄山谷[7]诗："根须辰日劚[8]，笋看上番[9]成。"一云宜用腊月。杜少陵诗："东陵竹影薄，腊月更宜栽。"一云宜每月本命日，如正月一日、二月二日之类。然谚云："种竹无时，雨过便移。多留宿土，记取南投[10]。"山中无历，莫此为便。

注释

〔1〕东坡居士：宋神宗元丰三年（1080年），苏轼谪居黄州（今湖北省黄冈市），生活拮据，开垦城东山坡荒田为生。苏轼因此自号东坡居士。

〔2〕若对此君还大嚼，世间那有扬州鹤：苏轼《於潜僧绿筠轩》诗。於（yū）潜，县名，今属杭州市。僧，名慧觉。北宋熙宁六年（1073年）春，苏轼出任杭州通判（官职名，在州府长官下掌管粮运、家田、水利和诉讼等事项，对州府长官也有监察的责任），在於潜县寂照寺内游览绿筠（yún）轩而

作。"此君"，指竹子。《晋书·王羲之列传·王徽之》："（王徽之）尝寄居空宅中，便令种竹。或问其故，徽之但啸咏，指竹曰：'何可一日无此君邪！'""大嚼"，即大吃。曹丕《与吴质书》："过屠门而大嚼，虽不得肉，贵且快意。""扬州鹤"，即乘驾着仙鹤到扬州为官。指理想中的事物，或不可实现的空想。南朝梁殷芸《小说》："有客相从，各言所志：或愿为扬州刺史，或愿多资财，或愿骑鹤上升。其一人曰'腰缠十万贯，骑鹤上扬州'。欲兼三者。"

〔3〕清人：使人高尚纯洁。

〔4〕《岳州风土记》：北宋范致明撰，记岳州（今湖南省岳阳市）郡县沿革、山川改易、古迹、民俗等。

〔5〕《齐民要术》：北魏农学家贾思勰撰，是综合性农书。"齐民"即平民。

〔6〕宋子京：北宋宋祁，字子京。曾与欧阳修等合撰《新唐书》。

〔7〕黄山谷：即北宋黄庭坚，字鲁直，号山谷道人，著名文学家，江西诗派创立者。

〔8〕劚（zhǔ）：挖。

〔9〕上番：初番；头回。多指植物初生。唐杜甫《三绝句》之三："无数春笋满林生，柴门密掩断人行。会须上番看成竹，客至从嗔不出迎。"

〔10〕南投：即朝南生长的竹枝。

译文

　　苏轼曾经说过："吃饭的时候可以没有肉，居住的地方却不可以不种竹子。因为吃饭没有肉只会让人瘦弱，住的地方没有竹子却能让人变俗气。而人瘦弱了以后还有可能再长胖，读书人思想庸俗了可就不好医治了。别人听了我的话只是摇头叹息，觉得这样的话看似高明实际上是傻话，他们的想法大概是既要有肉吃，又能欣赏竹子才好。面对着清新脱俗的竹子还能够大口咀嚼荤肉，这种贪婪的世俗思想正像那个想要"腰缠十万贯，骑鹤上扬州"的人一样啊，世间哪里能有这样名利双收的好事呢。"苏轼的这首诗说明竹子能使人神清气爽、超凡脱俗。竹子的栽种方法是：首先是种植时间必须等到五月十三日才可以。这一天在《岳州风土记》中称为是"龙生日";《齐民要术》中称为是"竹醉日",或者又叫"竹迷日"。比如宋祁写的《种竹诗》中就说道:"我在墙根背阴的地方开辟出一块土地来种植翠竹,希望竹子的疏枝茂叶能随着四时季节的变化而不断出现新的景色。幸好恰逢今天是'竹醉日',竹子本来就容易成活,何况我这好酒之人懂得成全和保护竹子的本性。"也有人说,种竹子的时间应该选择在辰日。比如黄庭坚的诗就说:"竹子的根必须在辰日里才可以挖,竹子才会向上生长。"还有人说,种竹子应该选择在腊月,比如杜甫的诗说道:"东陵的竹影稀疏,腊月里更适宜栽种。"此外还有人说,应该在每个月中的"本命日"的时间里种竹子,比如正月一日、二月二日。然而民间谚语却说:"种竹子不用讲究时间,只要下过雨之后就可以移栽。移栽的时候记得要让竹根上多保留一些原来的泥土,还要记得挖取向南生长的竹根。"偏僻的山村里面往往并没有日历可以参照,这个谚语所说的方法倒是非常方便好用。

　　须掘阔沟,锄治令熟,以马粪和泥填高一尺许。如无马粪,以砻[1]糠代之。候至雨后,剧取向南枝,斩去竹梢,畀[2]以草绳,移种东北角。每数竿一丛,以河泥壅之,勿以足踏及用锄筑实。如虑风摇,须作架扶之。盖竹性向西南,故须种东北。谚云"东家种竹,西家治地"，是也。若生竹米[3]，满林辄枯。法：于初时择一大竿，截留二三尺，钻通其节，以大粪实之。或云：如欲引竹，于隔篱埋狸或死猫于墙下，明年笋自进出。惟聚皂荚刺[4]或芝麻萁[5]埋之土中可以障之。别有草本数种：一曰淡竹，开色青翠，设色不殷[6]，或云即《诗》"菉竹"[7]。一曰碧竹，一曰石竹，俱有小花，文采可玩，并入杜陵诗囊[8]，尤堪此君作伴耳。古诗有云："三亩水边竹，一床琴畔书"，能副此愿，便堪谢绝世纷，称竹中高士[9]矣。

注释

〔1〕砻（lóng）：去掉稻壳的工具，形状略像磨（mò），多以木料制成。

〔2〕畀（bì）：给予。这里指用草绳捆扎竹根上的宿土以提高成活率。

〔3〕竹米：竹子开花后结的种子。竹子一般要 50~100 年才会有开花现象，这意味着它生命的枯竭，只有留下种子再度繁殖。开花过后，竹林就会成片死亡。

〔4〕皂荚刺：豆科植物皂荚树的棘刺。

〔5〕芝麻萁（qí）：芝麻秆。《世说新语·文学》："（曹植）应声便为诗曰：'煮豆持作羹，漉（lù）菽（shū）以为汁。萁在釜下燃，豆在釜中泣。本是同根生，相煎何太急！'"

〔6〕设色不殷（yān）：设色，着色；殷，黑红色。

〔7〕菉（lù）竹：《诗·卫风·淇奥（yù）》："瞻彼淇奥，绿竹猗猗（ē）。有匪（通"斐"，有文采貌。）君子，如切如磋，如琢如磨。"唐陆德明《释文》："《草木疏》云：'有草似竹，高五六尺，淇水侧人谓之菉竹也。'"

〔8〕杜陵诗囊：杜陵，唐代诗人杜甫；诗囊，存放诗稿的袋子。

〔9〕高士：志趣、品行高尚的人，多指隐士。

译文

种竹子之前必须先挖掘一道开阔的沟渠，用锄头把沟渠里面的泥土锄得松软成熟，再用马粪混合着泥土填在沟内，大约要填一尺多高。如果没有马粪，可以用稻壳谷糠来代替。等到下过雨之后，挖取向南生长的竹枝，砍去竹梢，用草绳把竹根上的土捆绑起来，移种在东北方向的角落里。

几竿竹子一丛种在一起，用河泥培壅好，不要用脚去踩踏或者用锄头去捣实泥土。如果担心风大会吹倒新栽的竹子，可以在旁边搭个架子扶持一下。因为竹子喜欢向西南方向生长，所以必须把它种植在东北方向。谚语说"东面的邻居家种了竹子，西面的邻居家里也要准备出地方给竹子生长"，也是这个意思。如果长了竹米，那么整个竹林就会枯萎。防治的方法是：在刚刚长竹米的时候，选择一根粗大的竹子，把它截断，留二三尺高的竹桩，钻通竹节，用大粪把竹节填实。有人说：如果想引竹子向墙外生长，可以在墙外的篱笆下埋入一只死猫，第二年竹笋自然就会破土而出了。只有聚集很多皂荚刺或者芝麻秸埋在土中，才可以阻挡竹笋的生长。另外还有几个草本的竹子品种：一种叫淡竹，开色青翠，着色不殷，有人说就是《诗经》上说的"菉竹"。一种叫碧竹，还有一种叫石竹，这两种都能开小花，花纹和颜色都很值得玩赏，杜甫的诗也都曾歌咏过它们，尤其适合作为竹子的伙伴。有句古诗说"水边有三亩竹林，琴旁有一床书籍"，如果能达到这个愿望，就可以谢绝纷扰的世事，做一位潇洒的竹林隐士了。

松、柏、桧

　　古人论"山中胜友"[1]，首指"苍颜叟"，峻厉风姿，实与"此君"而两矣。种法：于春分前浸子十日，治畦下粪，漫散畦内，如种菜法；或单排点种[2]，覆土二指许。搭棚蔽日，旱则以水频浇。秋后去棚，结篱障北面，以御风寒。仍以麦糠覆树，令厚数寸，谷雨[3]前后去糠浇之，三年之后带土移栽。须先掘一区，以粪土填合，水调成稀泥，栽植于内。壅土令满，下水塌实，勿以脚踏及用杵筑。次日开裂，以脚弥合，常浇令湿。十月祛倒[4]，以土覆藏，勿使露树，至春去之。若栽大树，亦于社前广留根土，劗[5]去低枝，用绳缠束，勿使摇动。记其南北，运至区处，栽如前法。或云：截去松中大根，唯留四旁根须，则无不偃盖[6]。三径[7]之中，何可无此？一受秦封[8]，岂足少[9]哉？柏、桧法同，不复赘述[10]。

注释

[1] 山中胜友：《高僧录》："东晋法潜，王敦之弟也。王茂弘、庾元规皆友敬焉，隐剡山。或问曰：'山中胜友者谁？'则指松曰：'苍髯叟也。'"

[2] 点种（diǎn zhǒng）：指每隔一定距离挖一个小坑并放入种子的一种播种方法。

[3] 谷雨：是二十四节气之一，也是春季最后一个节气，在每年的4月19—
21日。"清明断雪，谷雨断霜"，谷雨后气温回升加快，利于农作物生长。

[4] 祛（qū）倒：北方方言，即弯倒。

[5] 剸（tuán）：割断，截断。

[6] 偃（yǎn）盖：车篷或伞盖。此处用来形容松树枝叶横垂，张大如伞盖之状。

[7] 三径：意思是院子里的小路或是归隐者的家园。东汉赵岐《三辅决
录》："蒋诩归乡里，荆棘塞门，舍中有三径，不出，唯求仲、羊仲从
之游。"东晋陶渊明《归去来兮辞》："三径就荒，松菊犹存。"

[8] 一受秦封：指山东泰山上的五大夫松。《史记·秦始皇本纪》："（始皇）
乃遂上泰山，立石，封，祠祀。下，风雨暴至，休于树下，因封其树为五
大夫。"

[9] 少（shǎo）：轻视。

[10] 赘（zhuì）述：多余地叙述。

译文

古人讨论有关"山中好友"的问题时，首先确认的就是
被称为"苍颜老翁"的松树，它那挺拔高洁的风度和姿态，
确实可以与被尊称为"君子"的竹子相提并论了。松树的栽
种方法是：在春分之前，先把松子放在水中浸泡十天，同时
整治畦田撒下肥粪，然后把松子散漫随意地撒播在畦田里面，
就像种菜一样；或者也可以一排排地点种，种子上要覆盖有
两个指头宽的泥土。种好以后要搭一个棚子以遮蔽太阳，天
气干旱的话要用水多浇几次。秋天以后可以把棚子去掉，在
畦田北面编结一道篱笆作为屏障，以抵御寒风。仍然可以用
麦糠覆盖在树苗上，可以覆盖几寸厚，第二年春天谷雨前后
可以把麦糠拿走，开始给树苗浇水。三年之后，树苗长得比
较大了，可以连根带土地挖出来移栽了。栽的时候必须先挖
好一个土坑，往坑内的泥土中倒入水，调和成稀泥，然后把

树苗栽进去，再用土把坑填满，随后往土上浇水，使土塌下去，变结实，但是不要用脚去踩踏或者用锄头捣实泥土。第二天水渗干了，泥土开裂了，就用脚把土压实，以后要经常浇水让泥土保持湿润。十月份里要把树苗弯折到地面上，用土覆盖藏起来，不要让树露在外面，直到第二年春天再把土去掉。如果是移栽大树的话，也要在春社前的时间，多留一些树根和泥土，砍去树干低处的树枝，然后用绳子把树干缠起来，不要摇动树干。记好原来树干的南北朝向，小心地把大树运到目的地，像上面所说的方法一样去栽种。有人说，把大松树中间的大根截掉，只留下四旁的小根须，这样的话，松树枝就会横向生长，张大如伞盖之状。隐士们的家园之中，怎么可以没有松树的身影呢？虽然松树曾受到秦始皇的封赏，难道因此就可以轻视它吗？柏树、桧树的种法和松树的相同，就不需要多说了。

桐

唐王义方[1]买宅既定,见青桐二株,曰:"此忘酬直。"或谓无别酬例,王曰:"此佳树,非他物比。"急召宅主,付之钱四千。古人花癖乃复如是。虽然百钱买瓜,千金购树,苟得据梧而吟[2],阿堵[3]诚可废矣。种法:秋后收子,春间种之,治畦下水,无不即生。击子剥之,直秋爽也。闻南中[4]桐树花时,有鸟饮啄其间,名桐花凤。太华山[5]复有护花鸟,每岁春时,奇花盛发,人有攀折者,辄盘旋其上,鸣曰:"莫损花!莫损花!"得为此鸟,吾愿足矣。

注释

[1] 王义方:615—669 年,唐代泗州涟水县(今江苏省淮安市涟水县)人,曾任侍御史,清正廉洁,是著名高士。

[2] 据梧而吟:吟,吟咏,诵读。《庄子·德充符》:"倚树而吟,据槁梧而瞑。"

[3] 阿(ē)堵:六朝和唐时的常用语,相当于现代汉语的"这个"。南朝宋刘义庆《世说新语·规箴》:"王夷甫(衍)雅尚玄远,常嫉其妇贪浊,口未尝言钱字。妇欲试之,令婢以钱绕床不得行。夷甫晨起,见钱阂行,呼婢曰:'举却阿堵物。'"

[4] 南中:地区名,相当于现在四川大渡河以南以及云、贵两省;或泛指南方,南部地区。

[5] 太华(huà)山:即西岳华山,位于陕西省渭南市华阴市。

译文

唐代的高士王义方曾购买了别人的一套住宅，已经买好了以后，才看到院内还有两棵青翠的梧桐树，他说："忘记给这两棵树付钱了。"别人都说既然买了住宅，没有把其他东西再单独算钱的先例，王义方说："这可是好树，不能和别的普通物品相比。"然后急忙找来宅子原来的主人，付给了他四千钱。古人爱花成癖，竟然能达到这样的地步。虽然用了一百钱买瓜，用了千金购买了树，但是如果能够得以倚靠在梧桐树旁边诵读，金钱确实是可以忽略不计的啊。梧桐树的栽种方法是：秋天结束以后收集好梧桐种子，等到第二年的春季里播种。整理好畦田，浇下足够的水，很快就会发出嫩芽。从树上打下种子剥开，正是秋高气爽的时候。我听说南中梧桐树开花的时候，会有一种鸟在树上饮水啄食，这种鸟名叫"桐花凤"。而华山上还有一种能保护花的鸟，每年春天的时候，华山上奇花盛开，有些人会上山攀枝折花，这种鸟总会飞过来，一边在人周围盘旋着，一边鸣叫着："不要折损花！不要折损花！"如果能成为这种鸟，我的护花愿望就能得以满足了。

槐

齐景公[1]种槐，令云："犯[2]槐者刑，伤槐者死。"当时虽或非[3]之，然好尚[4]如此，亦可谓花榭[5]中金汤[6]矣。种法：收熟槐子，晒干。夏至前以水浸生芽，和麻[7]子撒，当年即与麻齐，刈[8]麻留槐，别竖木，以绳栏定[9]，来年复种麻其上。三年正月种之，则亭亭条直可爱。予里[10]真如寺八景，有"石梅""槐龙"等。明末，寺僧苦于应酬，竟付爨[11]材。安得景公复生，尽杀此秃也！

注释

[1] 齐景公：春秋时期齐国的君主，有名臣晏婴、司马（田）穰苴（ráng jū）等。《晏子春秋·内篇·谏下》："景公有所爱槐，令吏谨守之，植木悬之下，令曰：'犯槐者刑，伤之者死。'"

[2] 犯：侵害。

[3] 非：责怪，反对。

[4] 好（hào）尚：指喜好；崇尚。曹植《与杨德祖书》："人各有好尚。兰荪蕙之芳，众人所好，而海畔有逐臭之夫；咸池六茎之发，众人所同乐，而墨翟有非之之论，岂可同哉！"

[5] 花榭（xiè）：榭，建在高土台或水面上（或水边）的木屋，多用于游观。花榭，位于花木丛中的台榭。

[6] 金汤：即"金城汤池"的略语。此处指齐景公喜爱槐树，不让它受到侵犯。

[7] 麻：桑科一年生草本植物。茎部韧皮纤维长而坚韧，可供纺织或搓制绳索。

〔8〕刈（yì）：割草。

〔9〕栏定：圈起来。

〔10〕里：古代户籍管理的一级组织。《清史稿·食货志二》："凡里百有十户，推丁多者十人为长。"

〔11〕爨（cuàn）：烧火做饭。

译文

　　春秋战国时期的齐景公非常喜爱他种的一棵槐树，甚至下达命令说："侵犯了槐树的人要受刑罚，折伤了槐树的人要被处死。"在当时虽然有人认为这个命令不对，但是可以知道那个时候齐景公喜爱槐树已经到了任何人不得侵犯的地步。槐树的栽种方法是：收取成熟的槐树籽晒干，在夏至的前几天，用水浸泡使它生芽，然后混合着麻籽撒种在地里。当年就会长得和大麻一样高。把大麻割走，留下槐树苗，在苗圃四周分别竖上木棍，用绳子捆绑在木棍上把苗圃圈起来，明年再在苗圃的四边种上麻。三年之后的正月就可以栽槐树苗了，这时的树苗枝条挺直可爱。我们里巷中有个真如寺，寺里面有八个著名的景点，其中包括"石梅""槐龙"等。明代末年，寺里的僧人因为觉得总要应酬来参观的人们很麻烦，竟然把这些树都砍掉并用作烧火做饭的柴火。多么希望齐景公能重新活过来，把这些和尚全杀掉就好了！

榆、皂荚、杉

谚云："种橘柚者，冬得其实；种榆柳者，夏得其阴。"予谓榆能耐久，尤宜多植。其法：宜于园北秋耕令熟，至春收荚[1]，漫散劳[2]之。明年正月初，附地芟杀[3]，以烂草覆其上，放火烧之。数条俱生，留一强者，三年乃移。不用剥沐[4]，其息十倍。他如皂荚[5]，亦于春间布种[6]。如不结子，凿一大孔，入生铁数斤，以泥封之。既实难采，以篾[7]缠树数匝，用木楔[8]之，一夕自落，亦犹橄榄[9]之以盐实其根也。杉木[10]须惊蛰前后斩取新枝，锄坑入枝，下泥杵紧。天阴即插，遇雨尤妙。冬青须以猪粪壅之或以猪溺灌之，虽至凋瘁，转为青茂。兹数君者，枝叶婆娑，均堪息影[11]，白眼[12]看人，不减长松矣。

注释

〔1〕荚（jiá）：榆树的种子，叫榆荚或榆钱。

〔2〕劳（lào）：用耙子把地耙平整。《农政全书·种植》："先耕地作陇，然后散榆荚，散讫劳之。"

〔3〕芟（shān）杀：铲除。

〔4〕剥沐：剥去树干一圈外皮。《齐民要术》："生三年，不用采叶，尤忌采心，不用剥沐。"自注："剥者长而细又多瘢痕，不剥则短麁而无病。谚曰：'不剥沐，十年成椽。'言易麁也。必欲剥者，宜留二寸。"

〔5〕皂荚：即皂荚树或叫皂角。

〔6〕布种（zhǒng）：撒籽栽种。《淮南子·原道训》"神农之播谷也，因苗以为教。"汉高诱注："布种百谷，因苗之生而长育之，以为后世之常教也。"

〔7〕篾（miè）：劈成条的竹片，亦泛指劈成条的芦苇、高粱秆皮等。

〔8〕楔（xiē）：填充器物空隙使其牢固的木片等叫楔子，这里是动词，指把楔子插入或捶打到物体里面。

〔9〕橄榄：橄榄树是著名的亚热带特产果树，果可生食，兼有药用。种仁可食，亦可榨油。属乔木植物，树型高大。传统采收橄榄的方法有两种：一是用竹竿敲打；二是手工摘果。近年试行化学催果采收法，即利用40%的乙烯利300倍液加0.2%中性洗衣粉作黏着剂，喷果4天后，振动树干，果实催落率可达99%。

〔10〕杉木：又名沙木、沙树等，属松柏目杉科乔木植物，有药用价值，也是建筑、家具等方面的良好木料。

〔11〕息影：停止活动，休息。也指人退隐闲居。也作息景（景同影）。

〔12〕白眼：意思是眼珠向上翻出或向旁边转出眼白部分，表示看不起人或不满意。与"青眼"相对。

译文

谚语说："种橘子树和柚子树，冬天可以得到果实；种榆树和柳树，夏天可以得到荫凉。"在我看来，榆树特别耐久，尤其适宜多种。榆树的栽种方法是：适宜种在园子中靠北面的地方，秋天的时候把地翻耕一遍使之松软。到春天收获了榆荚以后，随意地撒到地里。第二年正月初，把长出的小树苗贴着地割掉，用烂草覆盖在地上，再放一把火烧掉。树苗根会重新发出几条枝干，留下其中最粗壮的，三年之后才可移栽。不用修剪，它就会长得十分茂盛。其他的像皂荚树，也是在春天播种。如果皂荚树不结籽，可以在树干上凿一个大洞，往洞里注入几斤生铁，再用泥把洞口封好。如果皂荚树长了皂荚却不好采摘，可以用竹篾在树干上缠几圈，用木楔子楔紧，只要一晚上的时间，皂荚就自动落下来了，这也就像采橄榄的时候在橄榄树根下埋一些盐的方法是一样的。种杉树必须要在惊蛰前后砍下树上的新枝，锄个坑，把树枝种下去，培好泥后用锄头捣实。在阴天的时候插种比较好，遇到下雨就更好了。种植冬青的时候必须用猪粪培壅，或者用猪尿水浇灌，这样的话，即使冬青苗凋零干枯了，也能慢慢变得青翠茂盛。上面所说的这几种树，都是枝叶婆娑茂密，都可以让人在树荫下休息，作用不比青松差多少。

柳

古来名士风流，往往寄之花柳，予以花落眼前，柳生肘左[1]，殊可观化[2]。种法：正二月间取臂大枝，长尺有半，烧头三寸，埋土令没，以水濒浇。数条俱生，留一茂者，竖木为依，以绳拦之。一年之中，即高丈余，掏去旁枝，务令直耸。复去正心，则四散下垂，婀娜可爱。或云倒插为杨，顺插为柳[3]。先用杉木削钉，钉地作穴，然后插之，永不生虫。或于根下埋蒜一枚，取候腊月廿四插之亦可。然闻北方杨柳绝无此害，多因骡马溲气[4]所杀，近亦有用以填土者。鼷鼠食牛[5]、巴蛇吞象[6]，气之所使，何独不然？

注释

[1] 肘左：《庄子·至乐》："支离叔与滑介叔观于冥伯之丘，昆仑之虚，黄帝之所休。俄而柳生其左肘，其意蹶蹶然恶之。支离叔曰：'子恶之乎？'滑介叔曰：'亡，予何恶！生者，假借也。假之而生生者，尘垢也。死生为昼夜，且吾与子观化而化及我，我又何恶焉！'"

[2] 观化：观察变化；观察造化。

[3] 倒插为杨，顺插为柳：明俞宗本《种树书》记载"顺插为柳，倒插为杨"，李时珍却说："其说牵强，且失扬起之意。"

[4] 溲（sōu）气：大小便的气味，"溲"也特指小便。

〔5〕鼷（xī）鼠食牛：鼷鼠：鼠类中最小的一种，咬人及牛马时不易被发现，被咬者毫无感觉，所咬伤口即成疮。《左传·成公七年》："七年春王正月，鼷鼠食郊牛角，改卜牛。鼷鼠又食其角，乃免牛。"现比喻暗中害人。

〔6〕巴蛇吞象：《山海经·海内南经》："巴蛇食象，三岁而出其骨。"后用来比喻人心贪得无厌。

译文

自古以来，名士们往往寄情于栽培鲜花或嫩柳之中。我觉得这是因为花从眼前飘落，柳树在身旁生长，这些生命的消长现象特别值得观察和思考。柳树的栽种方法是：在正月到二月这段时间内，截取像手臂一样粗大的枝条，大约长一尺半，把这根柳条的两头用火各烧三寸的长度，然后把它全部埋在土里，经常用水浇灌着。等到柳条发出嫩条以后，留下其中最茂盛的一根，可以在它旁边竖一根木头作为依靠，用绳子把它们捆在一起。一年之内，这棵柳树庙就能长一丈多高，再把主干旁边的枝杈掐掉，一定要让它笔直地向上生长。过段时间再把中间的枝头去掉，枝条就会四散下垂地生长，婀娜可爱。有人说：倒着插种就长成杨树，顺着插种就长成柳树。先用杉木削成木钉子，用杉木钉子在地上挖出洞穴，然后把柳条插种在里面，柳树就永远不会长虫。或者在树根下埋一个蒜头，等到腊月二十四日这天再插种也可以。但是我听说北方的杨柳从来不会有虫害，可能是因为虫子被马的粪便气味熏死了吧，所以现在也有人用马匹的尿粪填埋在土中再种柳条的。小小的鼷鼠可以咬食肥牛、细长的蛇能够吞下大象，自然界的事物都有自己的特质，我们为什么要怀疑马尿能防治柳树虫害这种事情呢？

瓜果

西瓜

　　五代〔1〕合阳令〔2〕胡峤于回纥〔3〕得瓜，种以牛粪，结实大如斗，味甘，名曰西瓜，亦外国种也。种法：于清明时肥地掘坑，纳瓜子四粒，芽出移栽，栽宜稀，浇用频。蔓短时作棉兜，每朝取虫，勿为所食。迨至蔓长，宜用干柴就地引之，能令多子。若欲其大，棵留一瓜，掐去余蔓，大如三斗瓮矣。或云花木忌麝，瓜果尤甚。唐相郑注〔4〕还河中〔5〕，多携女妓，是年所过，瓜皆不获，亦其证矣。然宋陶穀时，有客能以药制麝，埋瓜根下，既结，破之，麝气扑鼻，名之曰"土麝香"，岂人工之巧可夺造化耶？

注释

〔1〕五代：是中国历史上的一段大分裂时期。这一称谓出自《新五代史》，是对五代（907—960）与十国（902—979）的合称。唐朝灭亡（907年）后，中原地区出现了依次更替的五个政权，即后梁、后唐、后晋、后汉与后周。中原地区之外也存在过许多割据政权，统称十国。后周显德七年（960年），赵匡胤发动陈桥兵变，黄袍加身，建立北宋，五代结束。

〔2〕合阳令：合阳县的县令。合阳县地处陕西关中盆地东北部、黄河西岸，现隶属于陕西省渭南市。

〔3〕回纥（hú）：是中国的少数民族部落维吾尔族的祖先。主要分布于新疆，另外在内蒙古、甘肃等地区也有散居。

〔4〕郑注：唐末大臣，本姓鱼，冒为郑，时号"鱼郑"，人称"水族"。因"甘露之变"被杀。

〔5〕河中：河中府，中国唐代设立的行政区。今山西省永济市蒲州镇。

译文

五代时期的合阳县令胡峤从回纥那里得到了一种瓜，用牛粪种下去，结出的果实像斗一样大，味道很甘甜，给它起名叫西瓜，可见西瓜也是外国传来的品种。西瓜的栽种方法是：在清明节的时候，在肥沃的地里挖个坑，坑里放入四粒西瓜子，发芽以后再移栽出去，栽的时候要稀疏一点儿，栽好以后要频繁地浇水。瓜蔓短的时候，要做个棉兜罩着瓜秧，每天早上要捉虫子，防止它被虫子咬食。等到瓜蔓长长了，可以用干柴放在地上牵引着，能让它结更多西瓜。如果想要让瓜长得更大，就在每棵瓜秧上只留一个瓜，其他的都掐去，这个西瓜就会长得像三斗瓮一样大。有人说花木都忌惮麝香，瓜果尤其是这样。唐代宰相郑注返回河中府的时候，携带了许多歌伎。因为这些女子身上都擦着浓粉，结果这一年他们所经过的地方，西瓜的收成都很不好，这个事情可以作为瓜果忌惮麝香的证据了。但是宋代陶谷的时候，却有人能用麝香制成药，埋到瓜根下，等瓜成熟以后，切开瓜就能闻到麝香扑鼻而来，所以这种瓜名叫"土麝香"，难道是人工的巧妙可以胜过自然界的造化吗？

枇杷

　　司马相如[1]《上林赋》云"卢橘夏熟"，复云"枇杷橪[2]（然）柿"。而建安[3]有橘至夏始熟，色变青黑，谓之"卢橘"，则卢橘之与枇杷亦必有分[4]矣。或者因广人以卢橘名枇杷，遂以枇杷为卢橘。然则扬州人呼白杨梅[5]为圣僧，亦将以杨梅为人乎？法：以子种，待长移栽，以淡屎壅根，切勿浇粪。荐之果荟[6]，其堪充蜡[7]也。

注释

〔1〕司马相如：西汉蜀郡成都人。汉代辞赋的代表作家，代表作品为《子虚赋》和《上林赋》。

〔2〕橪（rǎn）：即酸枣。

〔3〕建安：三国时期吴国设立建安郡。今为福建省建瓯市。

〔4〕有分（fèn）：有区别。

〔5〕白杨梅：是杨梅中的稀有品种，颜色从粉红到乳白不等，其中尤以通体乳白的水晶杨梅最为稀有。产于浙江的上虞、余姚，福建的龙海、漳浦等地。

〔6〕奁（lián）：盛装食物的容器。

〔7〕充蜡：充当蜡丸。成熟的枇杷色泽如蜡，故有此言。

译文

司马相如写的《上林赋》中说道"卢橘在夏季成熟"，又说"枇杷、枣子和柿子"。而建安有一种橘子，到夏天才开始成熟，颜色会变成青黑色，所以人们叫它"卢橘"。从这些说法看来，卢橘和枇杷一定是两种不同的品种。而有些人却因为广东人把枇杷叫作"卢橘"，于是就以为枇杷就是卢橘。既然这样，那么扬州人把白杨梅叫作"圣僧"，我们也要把杨梅当作是一个人吗？枇杷的栽种方法是：用种子种，等到种子发芽长大以后可以移栽到别处，栽的时候可以少用一点粪肥培壅在树根处，但千万不要用粪水浇灌。把枇杷放在果盘中，真像是供奉蜡丸一样呢。

杨梅

《清异录》载杭人盛称杨梅，或以荔枝折之。予按：杨梅甘液进流，宛如降雪，钉坐真人[1]恐难尽夺也。其法：于六月间粪池浸核，取出收盦。春时锄种，尺许移栽。三四年后接以别枝，复栽于地，多带宿土。腊月间沟，离根五尺许以灰粪壅之，不使着根。遇雨渗下，则结子肥大。或云桑上接之，生子不酸。树或生癞[2]，以甘草[3]钉之。

注释

[1] 钉坐真人：指荔枝。《清异录》："闽士赴科，临川人赴调，会京师旗亭，各举乡产。闽士曰：'我土荔枝，真压枝天子，钉坐真人，天下安有并驾者。'"

[2] 癞：表皮凸凹不平或有斑点的。

[3] 甘草：多年生草本植物，根与根状茎粗壮，是一种补益中草药。

译文

《清异录》这本书中记载：杭州人十分赞赏杨梅，有人用荔枝来加以反驳。我个人觉得杨梅甘甜的果汁迸流而出的时候，就好像天上降落的白雪一般，荔枝恐怕不能完全胜过它啊。杨梅的栽种方法是：在六月里把杨梅核放入粪池中浸泡几天，然后拿出来收到盒子里放好。第二年春天把地锄好就可以种下了，等到树苗长到一尺多高就可以移栽。三四年后，再用别的杨梅树枝来嫁接，嫁接好以后再重新栽到地里，栽的时候树根上多带着些原来的泥土。腊月的时候，在离树根五尺多远的地方挖道沟，里面培上灰粪，不要让灰粪直接附着在树根上。等到下雨的时候，灰粪渗到树根处，那么结的果子就会特别肥大甜美。有人说，如果在桑树上嫁接杨梅，结的果子味道就不酸。如果杨梅树长了斑点，可以把甘草钉在患处加以防治。

葡萄

葡萄胡种，张骞[1]携归，结实累垂，奇娇可爱。温庭筠[2]以黄葵[3]为镀金木槿，葡萄为赐紫[4]樱桃，信不诬也。栽种之法：二三月间截取藤枝，扦插肥地。既至蔓延，作架承之，浇以粪水或煮肉汁。至生子时，剪去繁叶，使得承露，无不肥大。冬月收藤，以草包之。北地种法：栽于枣旁，于春间钻枣树上作窍子，引葡萄枝入窍中透出。至二三年其枝既长大，塞满树窍，斫去其根，令托枣以生，肉实如枣。复用麝香入其根皮，以米泔水浇之，更作香味，凉州[5]刺史何足易之！别有胡桃一种，亦生西羌[6]，仁虽柔甘，终带苦味。

注释

[1] 张骞（qiān）:（前164—前114），西汉汉中郡城固（今陕西省汉中市城固县）人，是丝绸之路的开拓者，促进了东西方文明的交流。

[2] 温庭筠（yún）：晚唐著名诗人、词人，被尊为"花间词派"之鼻祖。

[3] 黄葵：一年或两年生草本植物，花黄色，种子肾形，有香味，是名贵的高级调香料，也可入药。分布于我国台湾、广东、广西、江苏、湖南和云南等地。

[4] 赐紫：唐制，三品以上官员公服紫色，五品以上绯色（大红），有时官品不及而皇帝推恩特赐，准许服紫服或服绯，以示尊宠，称赐紫或赐绯。赐紫同时往往也赐金鱼袋，故亦称赐金紫。

［5］凉州：位置大致相当于现在陕西省关中地区、甘肃东部、青海东北部以及宁夏的部分地方。

［6］西羌（qiāng）：是羌族的一支。羌族形成于青藏高原地区，也就是藏族的古称，以羊为图腾。

译文

　　葡萄本来是西域的物种，西汉的时候，张骞出使西域，把它带回到中原来。葡萄结的果实很多，拥挤在一起重叠着往下垂挂，样子十分娇美可爱。温庭筠把黄葵称作是镀了金的木槿，又把葡萄称作是赐以紫色公服的樱桃，这个说法确实不假。葡萄的栽种方法是：二、三月的时候，从葡萄藤上截取枝条，扦插到肥沃的土地里。等到枝条长大开始往外蔓延的时候，要搭一个架子承接它，可以用粪水或者煮肉的汤汁浇灌。等到葡萄结了果实，就要剪掉一些叶子，使果实可以得到露水滋润从而长得很肥硕。冬季里要收藏葡萄藤，用干草把藤包裹起来。葡萄在北方的栽种方法是：把它栽在枣树的旁边，春天的时候在枣树的树干上凿个小孔，牵引葡萄枝从这个小孔中长出去。过了两三年以后，葡萄枝已经长得很粗大了，把枣树的树干上的小孔塞满了，这时候可以砍掉葡萄根，让它依托着枣树生长，这种葡萄的果肉就会像枣子一样。如果再用麝香埋到树根处，用米泔水来浇的话，葡萄就更会具有一种特殊的香味，真是用凉州刺史这个官职也不愿意来交换啊。另外还有一种胡桃，也是西羌出产的，果子虽然柔软甘甜，终究带着苦味。

荔枝

荔枝一种，出自闽粤，尉佗[1]以之充贡，于是始通中原。天宝间，妃子[2]尤爱嗜，遂与梅花并命驲[3]致。但性极畏寒，吾地无种，吴侬[4]所憾，不与渊材[5]而六耶？聊存种法，以志我好。大都其根易浮，须培粪土。秋后风霜，仍覆盖之。既至结实，尤忌麝香及午时雨，如或遇之，子尽落矣！荔枝既过，即有龙眼，谓之"荔枝奴"。种类颇少，故价特贵，然香味不及，真堪作奴耳。昔王氏有荔枝一树，黄巢[6]兵过，欲斧薪之，王氏媪抱树号泣，求与树偕死，贼怜之不伐，可谓生死交矣，裙笄[7]中何意有此人！

注释

〔1〕尉佗：真定（今石家庄市东古城）人。秦始皇时奉命征岭南，后奉汉称臣，卒于汉武帝建元四年（前 137 年）。治越近 80 年，为开发岭南、维护多民族国家统一做出了贡献。

〔2〕妃子：指杨贵妃。

〔3〕驲（rì）：古代驿站用的马车。驲致，即用驿站的马车运到。

〔4〕吴侬（nóng）：吴地自称曰我侬，称人曰渠侬、个侬、他侬。因称人多用侬字，故以"吴侬"指吴人。

〔5〕渊材：即彭渊材，北宋名士。此处用"渊材五恨"典故。宋释惠洪《冷斋夜话》："（彭）渊材迂阔好怪……又尝曰：'吾平生无所恨，所恨者五

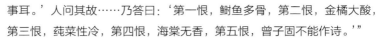

事耳。'人问其故……乃答曰:'第一恨,鲥鱼多骨,第二恨,金橘大酸,
第三恨,莼菜性冷,第四恨,海棠无香,第五恨,曾子固不能作诗。'"

〔6〕黄巢:曹州冤句(今山东菏泽西南)人,唐末农民起义领袖。

〔7〕裙笄(jī):笄,古代的一种簪子,用来插住挽起的头发,或插住帽子。
裙笄指女子。

译文

　　荔枝这种水果,本来是福建、广东一带出产的,汉代的
时候,尉佗把它作为贡品献到朝廷,于是才开始流传到了中
原。唐代天宝年间,杨贵妃尤其嗜好吃荔枝,于是唐玄宗特意
下旨,命令把荔枝用马车一路接力着送到宫中,就和送梅花一
样。但荔枝树不耐寒,所以我们当地没有种植,我们吴人的
遗憾事,加上彭渊材的五个,不是一共就有六个了吗?只好聊
聊保存它的种法,以记录我的爱好。大概来说,荔枝的根容
易浮生在地表附近,所以必须要在树根下培埋粪土,以吸引树
根向下生长;秋天过后,经常出现刮风、下霜等天气,所以要
把树覆盖起来加以保护。等到荔枝结了果实的时候,尤其忌讳
麝香和中午时分所下的雨,如果遇到上述情况,果实就会都落
光了。荔枝下市以后,接着就有龙眼上市,人们把它叫作"荔
枝奴"。龙眼的种类很少,所以价格特别贵,但是香味不如荔
枝,真是可以做荔枝的"奴仆"了。我听说,以前有个姓王的
家里有一棵荔枝树,唐代末年,黄巢的军队经过他们家,想要
砍这棵荔枝树作柴火,王家的老奶奶抱着树号啕大哭,要求士
兵把自己和荔枝树一起杀死,士兵们可怜她,就没有砍伐这棵
树。这位王家的老奶奶可以说是荔枝树的生死之交了,没想到
穿裙戴笄的女性中也有如此刚烈而勇敢的人啊!

枣

　　枣虽极多，乐氏为上，相传乐毅[1]来齐所种之。法：选味好者，春间种之，见叶移栽，三步一树。于端午日用斧斑驳敲打树上，复于花时以杖击树间，振去狂花[2]。如子熟时遇雾，即用苘麻[3]拴树障之，以防伤损。

注释

〔1〕乐(yuè)毅：战国后期杰出的军事家，拜燕上将军，辅佐燕昭王振兴燕国。公元前284年，统帅燕国等五国联军攻打齐国，连下70余城，报了强齐伐燕之仇。

〔2〕狂花：俗言谎花儿，即不会结果实的花。

〔3〕苘(qǐng)麻：一年生亚灌木草本植物，茎枝被柔毛。叶圆心形，边缘具细圆锯齿。花黄色，花瓣倒卵形，蒴果半球形，种子肾形，褐色。茎皮纤维色白，具光泽，可编织麻袋、搓绳索、编麻鞋等纺织材料。

译文

　　枣子的种类虽然很多，但其中以乐毅家的品种是最好的，相传是战国时乐毅来到齐国以后所种植的。枣树的种法是：首先要选择味道好的枣子，春天时把它的核种到土里，等到枣核长出叶子就可以移栽，每隔三步的距离栽一棵。在端午节这天，用斧头在树干上随意砍打几下，然后在开花的时候用木杖敲打树枝，把不会结果的花震落。如果枣子成熟的时候遇到雾天，要用苘麻拴在树上遮挡，防止雾气损伤了枣子。

栗

　昔杜甫寓蜀，采栗自给[1]。山家御穷，莫此为愈。种法：栗初出壳，勿令见风，即于屋内深埋湿土，至春芽生出而种之。数年之内，不用掌近[2]，凡树皆然，独栗尤甚。十月天寒，以草裹之，二月乃鲜。复于采实时披残其枝，则来年益茂。或云以橄榄同食，作梅花香。宋人名为"梅花脯[3]"，试之良是。惜我地难栽，不堪大嚼也。

注释

〔1〕杜甫寓蜀，采栗自给：杜甫《乾元中寓居同谷县作歌七首》："有客有客字子美，白头乱发垂过耳。岁拾橡栗随狙公，天寒日暮山谷里。"《新唐书·杜甫传》："（杜甫）还京师，出为华州司功参军。关辅饥辄，弃官去客秦州，负薪采橡栗自给。流落剑南，结庐成都西郭。"

〔2〕掌近：管理。

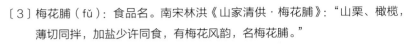

〔3〕梅花脯（fǔ）：食品名。南宋林洪《山家清供·梅花脯》："山栗、橄榄，薄切同拌，加盐少许同食，有梅花风韵，名梅花脯。"

译文

　　以前唐代的杜甫在蜀地定居，曾经采集栗子为生，山间农家要想度过没有食物的穷困生活，没有比栗子更合适的了。栗树的栽种方法是：把栗子从带刺的外壳里剥出来以后，不要被风吹到，立即拿到屋里深埋在湿土里面，等到春天发芽以后再拿出来种。种好以后，几年之内不用打理，大部分树木都是这样的，然而唯独栗子树尤其要遵守这个原则。十月以后天气寒冷，要用草把栗子树包裹起来，到第二年春天发出的嫩芽才会格外新鲜。采摘栗子的时候可以把树枝折断，这样的话，来年栗子树会长得更茂盛。有人说，栗子和橄榄一同食用，会闻到像梅花一样的清香味，宋代人把它叫作"梅花脯"。我试吃过，确实是这样。只可惜我们当地不适宜栽种栗子树，因此栗子比较少，不能经常这样大饱口福。

银杏

　　银杏叶似鸭脚，故古名"鸭脚树"。初种肥地，候成小树，春分前后先掘深坑，水搅稀泥，和土移栽，用草要[1]之，勿致碎破。一云银杏有雌雄，雄者三棱，雌者二棱[2]，须合二本，临池种之，照影即生。或将雌树凿一小孔，以雄木填之，无不结实。

注释

[1] 要（yāo）："腰"的古字，这里指缠绕。

[2] 雄者三棱，雌者二棱：银杏果核头尖、有三棱的育苗出雄株；果核圆、有二棱的种子育苗出雌株。

译文

　　银杏树的叶子形状很像鸭子的脚，所以古代又把银杏树叫作"鸭脚树"。先把银杏树苗种在肥沃的地里，一直等到长成小树。在春分前后，先在地上挖一个深坑，往坑里倒水搅拌成稀泥，然后把银杏树苗带着土移栽到挖好的坑里，移树苗的时候要用草把树干缠起来，这样不至于弄破树苗的外皮。还有个说法是银杏果有雌雄两种，雄果核上有三道纵棱，雌果核上有两道纵棱，必须把雌雄两种树苗一起种在池塘边上，照着水中倒影就容易成活。或者可以在雌树树干上凿一个小孔，把雄树树干放到里面，这样雌雄两种树长在一起，就容易结出果实了。

柿

　　《酉阳杂俎》云柿有七绝：一寿；二多阴；三无鸟巢；四无虫；五霜叶可爱；六嘉实；七落叶肥大。冬间下种，待长移栽，接反三次，则全无核。且叶堪代纸，功比芭蕉。一经秋容，不啻种侧厘[1]千番矣。

注释

[1] 侧厘：指纸。《会稽志》卷"纸"条："王右军为会稽内史，谢公就乞陟厘纸（注：一作侧厘）。库内有九万枚，悉与之。"杨万里《跋虞丞相与赵樽节使帖还其犹子济》："侧厘一幅落云烟，意豁神倾叹两贤。从古将门长出将，眼看小阮勒燕然。"

译文

　　《酉阳杂俎》一书中说，柿子树有七个优点：一是寿命长久；二是树阴浓密；三是不招鸟雀来做巢；四是不易生虫；五是霜降后的叶子格外漂亮，招人喜爱；六是果实好吃；七是落叶肥厚阔大。柿子树是在冬天下种，等树苗长大了再移栽，反复嫁接三次，长出的柿子就会没有核。柿子树的叶子肥大，可以当作纸来写字，这一功用可以和芭蕉叶相媲美。所以，一旦经过秋霜的点染之后，就可以摘下叶子用来写字，那时就不亚于是种出了千万张纸了。

橘、柑、橙、香橼

谚云："头有二毛^[1]，尚可种桃。立不逾膝，方可种橘。"言橘之不易生也。法：于正月间取核撒地，长至三尺，二月移栽。以枳棘^[2]接之，其本易活。浇以米泔，慎勿犯猪粪。冬后采实既^[3]，只以稻草裹之。如有蛀虫，以铁丝搜出，仍作杉木钉塞之。或取蚁窠^[4]置于其上，宋韩彦直^[5]《橘谱》亦载此法。一云：以死鼠投溺缸中浸之，俟其发胖，取出埋根下，鼠后生蛆，每一根结一实。《涅盘经》^[6]云："如橘得鼠，其果子多。"盖谓此也。一种曰柑^[7]，香味特胜，东坡尝为与绿橘同传，名"黄甘""陆吉"^[8]者。一种曰橙，堪以调鲙^[9]，古人所谓"金蓥"^[10]"玉鲙"者。又一种曰沓香橼^[11]。采贮盘匜^[12]，以烂蒜盦其蒂上，香满一室。宋谢益斋剖杯以觞客^[13]者，皆绝品也。种法略同，因附记之。

注释

[1] 二毛：鬓发有黑、白两种颜色，指年老的人。"头有二毛，尚可种桃。立不逾膝，方可种橘"，此谚语见《曲洧旧闻》，意思是桃树结果实早，即使头发斑白的老年人栽种以后也可以吃得到桃子。而橘子结果实迟，应该从身高不足一米的小孩子起就开始栽橘树，才可以等到吃橘子。

[2] 枳棘（zhǐ jí）：枳木与棘木。

［3］既：完尽。

［4］蚁窠（kē）：蚂蚁栖息的处所。

［5］韩彦直：南宋名臣，原籍延安府肤施县（今陕西延安），是民族英雄、抗金名将韩世忠与梁红玉之子。淳熙五年（1178年），在知温州任上编撰《永嘉橘录》，又名《橘谱》，是世界上最早的一部柑橘专著。

［6］《涅盘经》：佛教经典，多写作《涅槃经》，又称《大般涅槃经》《大涅槃经》。宣扬"一切众生悉有佛性"，一阐提和声闻、辟支佛均得成佛等大乘思想。

［7］柑（gān）：柑树与橘树相同，只是刺少些，柑树比橘树更怕冰雪。柑子不好保存，容易腐烂。柑皮比橘皮稍厚，颜色稍黄，纹理稍粗且味不苦。柑皮又名陈皮，是常用中药。

［8］黄甘、陆吉：即苏轼的寓言散文《黄甘陆吉传》。

［9］鲙（kuài）：同"脍"，切得很细的鱼或肉。

［10］金齑（jī）：齑，同"齑"，细、碎。指咸腌菜。

［11］沓香橼（yuán）：又名枸橼或枸橼子，果实长圆形，黄色，皮粗厚而有芬芳。

［12］盘匜（yí）：盥洗用具。《仪礼·公食大夫礼》："小臣具盘匜，在东堂下。"

［13］宋谢益斋剖杯以觞客：谢益斋即谢奕礼，南宋人。"剖杯以觞客"出自《山家清供·香圆杯》："谢益斋奕礼不嗜酒，尝自不饮，但能看客之醉。一日，画余琴罢，命左右剖香圆二杯，刻以花，温上所赐酒以劝客。清芬霭然，使人觉金樽玉斝皆埃溘矣。"

译文

谚语说："即使头发斑白的老人栽种桃树以后，也可以吃得到桃子。身高不超过膝盖处的小孩子起就开始栽种橘树，才可以等到吃橘子。"这句话说明橘树不容易成活。橘树的栽种方法是：在正月里取橘子核撒到地里，等到橘子核发的芽长到三尺多高的时候，到二月份才可以移栽。用枳棘树枝来嫁接的话，容易成活。要用洗米的泔水浇灌，千万不要用猪粪水。冬天橘子果实采摘完以后，要用稻草把树干包裹起来。如果树干生了蛀虫，可以用铁丝把蛀虫搜出来，再做个杉木钉子把虫子洞塞住；或者可以拿一个蚂蚁窝放置在洞口上，让蚂蚁来除虫，南宋韩彦直写的《橘谱》一书中也记载了这个方法。还有一个说法是：把死老鼠扔到缸中浸泡着，等到死鼠泡得形体肿胀了，再把它埋到橘子树根下，死鼠很快就腐烂生蛆，而橘子树结的果实就会很多，树有多少根须就能结多少果实。《涅盘经》中说："如果橘树得到死鼠，它长的果子就会很多。"大概说的就是这个方法吧。另外，有一种果实叫作柑，它的香味特别浓郁，苏轼曾经为柑子和绿橘一起写了一篇散文，把它们分别叫作"黄甘"和"陆吉"。还有一种果实叫作橙子，可以用来作鱼或肉的调料，就是古代人所说的"金齑玉鲙"。还有一种叫枸橼，采下果子放在盘中，把一头烂蒜放在果蒂上，香味会飘满整个房间。宋代的谢益斋还曾把枸橼果子剖开，制成两个杯子，用来盛酒，以款待客人。以上所说的都是非常好的水果品种，它们的种法也大致相同，因此就附记在这里。

菱、芡

或云：菱花背日，芡花向日，阴阳不同，损益亦异。予按：两角为菱，三角、四角为芡。杨升庵杂著[1]乃以芡为芰，谓芡叶可衣，菱叶不可衣，遂引《楚辞》"制芰荷以为衣"为证。然则"集芙蓉以为裳"，芙蓉与芰，其大小相去无几，又当为何物耶？予尝闻菱有旱种，结棚种之。海虞蒋以化《花编》[2]亦云菱米产于旱山，安知灵均所见，不有异种如是者哉！种法：于重阳后收取老菱，以密篮盛浸河内。春闲发芽，随水深浅，用竹削口钳住老菱，插入水底。如欲加肥，亦用大竹开通其节，灌粪注之。芡，一名鸡头，一名鹰头，亦于秋闲收取老子，包浸水中。二三月间，撒浅水内，俟其叶浮，移栽深水，每棵离二尺许，随以芦苇插记根处。十余日后，取麻饼或豆饼拌泥壅之。杨廷秀[3]诗云："夜光明月供朝嚼，水府灵宫恐夕虚。好与蓝田餐玉法，编归辟谷赤松书。"较之菱、芡，功真天壤[4]矣！

注释

[1] 杨升庵杂著：杨升庵，即杨慎，字用修，号升庵，正德六年（1511年）状元及第。明嘉宗时追谥"文宪"，世称"杨文宪"。杂著指《丹铅续录》。《丹铅续录》卷十一："卯菱即芡。"

[2] 海虞蒋以化《花编》：海虞，在江苏省常熟市北部。《康熙湖广通志》卷四十三："蒋以化，字仲学，常熟举人。万历间令孝感，崇节孝，重师儒，片言折狱，咸服不冤。"

[3] 杨廷秀：即杨万里，南宋中兴四大诗人之一。诗出《食鸡头子》其一："江妃有诀煮真珠，菰饭牛酥软不如。手擘鸡头金五色，盘倾骊颔琲千余。夜光明月供朝嚼，水府龙宫恐夕虚。好与蓝田餐玉法，编归辟穀赤松书。"

[4] 天壤：天地，比喻相差悬殊。此处指芡实的养生功用远超菱芰。

译文

有人说，菱花是背着太阳生长的，芡花是向着太阳生长的，因为它们生长的环境不同，所以性质有所差异，对人的作用也不一样。我考证得知：有两个角的是菱，有三个角或者四个角的是芡。杨升慎杂著《丹铅续录》中却以为芡就是芰，而且说芰的叶子可以当作衣裳穿，而菱的叶子不可以穿，还引用《楚辞》中的话"缝制芰荷来做成上衣"作为证明。既然这样，那么《楚辞》中还有"收集芙蓉来做成下裙"的话，芙蓉和芰相比，它们的大小相差也不大，又该是什么植物呢？我曾经听说菱有在旱地里种植的品种，种的时候要搭个棚子遮阴。海虞的蒋以化写的《花编》这本书也说菱角是干旱的山间出产的，怎么知道屈原所见到的芰，不会是像菱角一样的奇异品种呢！菱的栽种方法是：在重阳节之后摘取一

些老菱角，用格子细密的篮子盛着浸泡在河水中。第二年春天发芽以后，根据河水的深浅，用竹削口拑住老菱角，一个个地插种到水底。如果想给菱苗加肥料，也要用粗大的竹子，先把竹节打通插入到水底，然后往竹筒里灌注粪水，进行浇灌。芡，又叫鸡头，或者叫鹰头，也是在秋季里收取长老了的果子，包好之后浸泡在水中。二、三月的时候，把已经发芽的芡实撒种在浅水里，等到叶子长大浮到水面以后，再移栽到深水里，栽的时候每棵之间距离二尺左右，一边栽，一边用芦苇插在水里，标记芡实根所在的地方。十多天后，再用麻饼或者豆饼拌着泥土培壅到水中。杨廷秀写的诗说："夜光明月供朝嚼，水府龙宫恐夕虚。好与蓝田餐玉法，编归碎谷赤松书。"芡实比起菱角来，养生的功效真有天壤之别啊！

甘蔗

凡草，种之则正生，嫡出〔1〕也。甘蔗以枝生，庶出〔2〕也，故"蔗"又从草从庶。法：于十月拣取密节，收藏土窖。候至春中，用猪毛和土作畦种之，壅以肥粪，删其小苗。夏日坐竹林，饮蔗浆，诚快事也！

注释

〔1〕嫡出：古代指正妻所生（的子女）。这里指草木从主干向上萌发生长。

〔2〕庶出：古代指妾所生（的子女）。这里指甘蔗是以种植蔗茎，从蔗节上长出新芽来进行繁殖生长。

译文

大凡草本类植物都是从正根往上生长，就像正妻所生的孩子一样。而甘蔗却是从旁枝长出的，就像是妾室所生的孩子一样，所以"蔗"这个汉字的写法是从"草"又从"庶"这两个字。甘蔗的栽种方法是：十月的时候，挑选节短、芽密的甘蔗植株，收藏到土窖里。来年春季中期的时候，用猪毛混合着泥土做成畦田来种植，种好以后用肥粪培壅，过一段时间再剪掉主干旁边长出的小苗。炎炎夏日里坐在竹林中，喝着甘蔗汁，确实是一件令人愉快的事啊！

茶蔬

茶

予尝闻之山僧言，茶子数颗落地，一茎而生，有似连理，故婚嫁用之。旧传茶树不可移，竟有移之而生者，乃知晁采[1]寄茶，徒袭影响耳。法：宜斜坡阴地，用糠与焦土种之。每圈用六七十粒，土厚一寸。出时不用耘草，以米泔水并尿粪常浇，或蚕沙壅之。务令走水，否则必死。三年以后方可采之。

注释

〔1〕晃采：唐代女子，代宗大历时人，少与邻生文茂约为伉俪。明印月轩主人编《广艳异编》："（晃采）一日偶病消渴，生赠以武夷茶一函。"

译文

我曾经听一位山间的僧人说过，几颗茶树籽一起落到地上以后，会结在一起，从一根茎上长出来，就像连理树一样，所以结婚嫁娶的时候人们喜欢以茶为礼。旧时传说茶树不能移栽，但是竟然也有移栽而成活的，可见唐代女子晃采因收到茶而感动回信的事情，仅仅是沿袭过去的风俗影响罢了。茶树的栽种方法是：适宜在背阴的斜坡地上，用米糠和焦土混合着种植，每个坑圈里面放六七十粒茶树籽，然后盖上一寸多厚的泥土。茶树籽出芽的时候不要给它锄草，要用米泔水混合着粪水经常浇灌，或者用蚕砂培壅，一定要让土壤容易渗水，否则茶树会死掉。茶树长到三年以后才可以采摘茶叶。

笋

《诗》[1]云："其嫩维何？维笋及蒲。"家贫山居，笋尤称便。栽种之法，具载《竹谱》[2]。如欲速生，须择大竹，截剩数寸，打通其节，实以硫磺，颠倒种之，切勿筑实，犯则生迟矣。别有芦笋，味亦甘脆，清秋水畔，花如卷雪，宜间植之。

注释

[1]《诗》：此处指《诗经·大雅·韩奕》。

[2]《竹谱》：晋戴凯之撰。本书为画竹专论，又名《竹谱详录》，共十卷。晁公武《郡斋读书志》："凯之字庆预，武昌人。"

译文

《诗经》里说："那山间野菜有些啥？有那竹笋和嫩蒲草。"对于住在山里的贫寒人家来说，吃竹笋尤其方便。竹笋的栽种方法，都详细记载在《竹谱》这本书里。如果想让竹笋快速生长，必须选择粗大的竹子，把它截断，只留几寸高，然后把竹节打通，往里面填满硫黄，再把竹根朝上颠倒着种到土里。要注意千万不要把土压得很实，否则竹笋就会长得很慢。另外还有一种是芦笋，口味也很甘甜清脆，在晴朗的秋天，水边的芦笋花就像是被风吹起的雪堆卷在一起，十分漂亮，可以和竹子间隔着种植。

菌

　　北方桑上生白耳，名桑鹅[1]，贵有力者咸嗜之，呼为"五鼎芝"[2]。其法：将朽桑截断，埋于畦中，用土盖匀，候至春月，常用米泔水浇润之。菌生，逐日[3]催灌三次。古昔宫禁取以制棋[4]，山中清玩[5]，宜仿为之，不独调之鼎俎[6]，堪称脍炙[7]也。

注释

〔1〕桑鹅：北方方言，"鹅"读为"我"，轻声，儿化。指桑树上长出的木耳。

〔2〕五鼎芝：五鼎，古代行祭礼时，大夫用五个鼎，分别盛放羊、豕、肤（切肉）、鱼、腊五种供品。此处以"五鼎芝"作为"桑鹅"的美称。清·厉荃《事物异名录》卷二十三："桑鹅、五鼎芝。按，木耳有五：桑、槐、楮（chǔ）、榆、柳是也。此为桑耳。"

〔3〕逐日：每天。

〔4〕取以制棋：指用桑木制作围棋。传说古代围棋是由帝尧发明创制的。南朝梁萧绎《金楼子·兴王》："尧教丹朱棋，以文桑为局，犀象为子。"

〔5〕清玩：清雅的玩品。多指书画、金石、古器、盆景等可供赏玩的东西。

〔6〕鼎俎：鼎和俎。古代祭祀、燕飨时陈置牲体或其他食物的礼器。此处泛称烹煮切割的器具。《韩诗外传》卷七："伊尹故有莘氏僮也，负鼎操俎，调五味而立为相。"

〔7〕脍（kuài）炙：脍，细切的肉。炙，烤熟的肉。此处泛指佳肴。《孟子·尽心下》："公孙丑问曰：'脍炙与羊枣孰美？'孟子曰：'脍炙哉！'"

译文

　　北方的桑树上会长一种白木耳，名叫桑鹅，权贵们都特别喜欢吃这种白木耳，把它叫作"五鼎芝"。它的栽种方法是：把腐朽的桑树枝截断埋到畦田里，用泥土把桑枝均匀地盖好。等到了春天，经常用米泔水浇灌，让它保持湿润。木耳长出来以后，每天浇灌三次。古时候的宫廷禁苑中常用桑木来制造棋子，是山居生活中可供赏玩的文雅之物。我们应该模仿以前的做法，不应该只用桑树来培育木耳，再调制成美味佳肴。

诸 菜

葵能卫足，为百菜长，瓜畦菜圃，当令主盟[1]。春风多旱，畦种为上。先将熟粪和土寸许，耙搂令熟，用水浇润。然后下子，以足蹋之，复覆粪土，深如其下。既生三叶，晨夕浇之。一岁之中，可得三辈也。或云凡掏必须露解。谚云："触露[2]不掏葵，日中不剪韭。"然王摩诘《田家乐诗》："东园露葵朝折，西舍黄粱夜舂。"古法虽然，似难执一。一种曰菘，五月上旬治畦下种，粪水濒浇，密则芟之，"笋奴""菌妾"差堪比拟。一种曰菠，钟谟所嗜，名"两花菜"。七八月间浸子，壳软捞出、控干，以灰拌撒粪土壅之。芽出之后，唯用水浇。

待长，仍用粪水浇之。以上数种，最为近古。他如油菜、藏菜、芥菜、白菜，种法相同，均堪蔬茹[3]。古人有云："咬得菜根，则百事可做。"勿谓三百瓮黄齑，空属穷措大[4]也。

注释

〔1〕主盟：倡导并主持盟会。《左传·襄公九年》："我实不德，而要人以盟，岂礼也哉？非礼，何以主盟？"

〔2〕触露：触到露水，指清晨。

〔3〕蔬茹：蔬菜，此处做活用为动词。

〔4〕三百瓮黄齑，空属穷措大：三百，极言其多。黄齑，咸菜。陆游《五月七日拜致仕敕口号》："甑中白饭出新春，瓮里黄齑细茎葱。一饱坐兼南北美，始知造物念衰翁。"穷措大，指贫穷的读书人。五代王定保《唐摭言·贤仆夫》："你何不从之？而孜孜事一个穷措大，有何长进！纵不然，堂头官人，丰衣足食，所往无不克。"此两句典出苏轼《苏轼文集》卷七十三"禄有重轻"条："王状元未第时，醉堕汴河，为水神扶出，曰：'有三百千料钱，若死于此，何处消破？'明年遂登第。士有久不第者，亦效之，阳醉落河，河神亦扶出。士大喜曰：'吾料钱几何？'神曰：吾不知也。但三百瓮黄齑，无处消破耳。'"

译文

葵菜的叶子能为它的根须蔽阳又加上历史悠久，就像众多蔬菜中的长者，所以瓜畦菜圃中应该让它来做盟主。春天风大，容易干旱，所以在畦田种植比较好。先把发酵好的粪混合在土中，大约一寸多厚，用耙子耙搂均匀，再用水浇湿，然后撒下葵菜种子，用脚踩一踩，再在种子上覆盖一层粪土，深度就像种子在粪土下面的一样，也是大约一寸多。等到葵菜种子发了芽、长出三片叶子以后，要在每天早上和傍晚时给它浇水，一年之中，可以这样种植三次。有人说，凡是采摘葵菜必须要等到露水消失以后再摘，就像谚语说的："早上顶着露水不摘葵菜，中午顶着太阳不剪韭菜。"但是王维写的《田家乐诗》里却说："东边园子里的葵菜在早上带着露水折下来，西边屋舍里的黄粱稻米在夜间舂捣。"可见虽然都是古代传下来的方法，似乎也很难拘泥于一种。还有一种菜叫作菘菜，在五月上旬整理畦田后下种，种好以后经常用粪水浇灌，如果菜苗长得太密了就要割除一些，"笋奴""菌妾"的称呼虽含有贬义，就菘菜的地位来说，还是比较恰当的了。还有一种叫菠菜，是钟谟特别爱吃的，又叫作"两花菜"。七、八月的时候浸泡菠菜种子，等到种子壳泡软了以后捞出、晾干，用草木灰拌着撒种到土里，再用粪土培壅。种子出芽以后，只可用清水浇，等到菜苗长大一些之后，要用粪水浇。以上所说的几种菜，历史最为悠久。其他的像油菜、藏菜、芥菜、白菜等，种法基本相同，都可以当作美味的菜肴来吃。古人曾说："只要吃得了菜根，做任何事都可以做成功。"所以说，不要以为贫穷的读书人白吃了三百多坛咸腌菜啊。

瓠

昔卞彬[1]好酒，以瓠壶、杬皮为淆。《毛诗》[2]亦云："幡幡[3]瓠叶，采之烹之。"抱瓮[4]之余，诚不可少此一种佳味矣。种法：掘坑深五尺许，以油麻及烂草粪填底，令各一重。拣子十颗，种着粪土。待至蔓长，作架引之。拣取强者，两茎相贴，用麻缠合，各除一头。茎既相着，如前再贴，如是数次，并为一窠。结子之后，复拣留一大者，虽惠王五石之瓠，不是过矣。

别有界瓢法：研碎芥辣，以笔画之，其处不长，俨如刻成者。欲令颈曲，切开藤根，嵌巴豆肉一粒在内，二三日后，其叶尽愈（瘪），瓢亦柔软，随意作巧，以线缚定，取出巴豆，随即苏活。或将瓢子种傍鸡冠，两边去皮，合系一块，待长，切断瓢根，令托鸡冠，结瓢红色，谓之仙瓢。或云丝瓜种后，劈开近根，嵌砒朱少许，以泥培之，瓜瓢红鲜可爱，正与此同。别有蔬属等瓜，种法与瓠相似，略见西瓜，此不复具。

注释

〔1〕卞彬:南朝齐人。《南齐书》:"卞彬,字士蔚,济阴冤句人也……才操不群,文多指刺……彬性饮酒,以瓠壶瓢勺,杭皮为肴。着帢冠,十二年不改易。以大瓠为火笼什物,多诸诡异,自称卞田居。"

〔2〕《毛诗》:指《诗经·小雅·瓠叶》。

〔3〕幡幡:翻动的样子。

〔4〕抱瓮:指农业劳动,后喻拙陋的淳朴生活。典出《庄子·外篇·天地》:"子贡南游于楚,反于晋,过汉阴,见一丈人方将为圃畦,凿隧而入井,抱瓮而出灌,搰搰然用力甚多而见功寡。"

译文

　　以前卞彬爱好喝酒,常用葫芦和杭树皮作为喝酒的器具。《毛诗》中也说:"瓠瓜叶子翩翩舞,采摘下来烹着吃。"在灌园浇菜的朴素生活中,确实不可以少了这种美味的菜肴啊。瓠瓜的栽种方法是:先挖一个深五尺左右的土坑,用油麻和烂草粪填在坑底,让它们各占一层。然后拣十颗种子种在粪土上。等到瓜蔓长长了,要做一个架子进行牵引。拣取瓜蔓中强壮的两根互相贴在一起,用麻绳把它们缠起来,再把各自的瓜蔓去除。这两根瓜茎已经长到一起之后,再用同样的方法和其他的瓜蔓相贴合,像这样贴过几次之后,十棵瓜蔓就合并成为一棵了。等到长了瓠瓜之后,再选择其中最大的一个留着生长,即使是魏惠王的五石容量的瓠瓜,也比不过这个大呢。

　　另外还有一种人为设计瓜瓢形状的方法:研碎芥末和辣椒,用笔蘸着画到嫩瓜上,这个地方就不再生长了,就像用刀子刻成的一样。如果想让瓢瓜颈部弯曲漂亮,可以切开藤根,在其中嵌入一粒巴豆,两三天以后,瓠瓜叶子就都干瘪了，瓜也变得柔软了，这时候可以根据自己的想法，把瓠瓜任意捏成各种巧妙的形状，用线把瓜绑好之后再取出巴豆，不久瓠瓜就重新成活生长了。有人把瓠瓜种子种在鸡冠花的旁边，把瓠瓜藤和鸡冠花茎的相对边去皮之后合绑在一起，等到它成活并开始生长之后，再切断瓠瓜的根，让它依托着鸡花冠生长，这样结出的瓠瓜就是红色的，人们把它叫作"仙瓢"。还有人说，丝瓜种好以后，劈开它近处的根，塞入一点银朱粉末，再用泥培好，以后长出的丝瓜瓢就会鲜红可爱，这个方法和上面所说的培植红色瓠瓜的方法是相同的。另外还有蔬菜类中的各种瓜菜，它们的种法和瓠瓜相似，在西瓜那里也大都说到了，因此这里就不赘述了。

茄

茄子一名落酥，隋炀帝时改名昆仑紫瓜〔1〕。种法：九月间劈子淘净，曝干藏之。至春布种，以粪水濒浇，常令润泽。俟生数叶，合泥移栽。但性畏日炙，须有雨时或夜间栽之。一法，种时初见根处拍开，掏硫磺一钱，以泥培之，结子倍多，其大如盏，味甘而能益人。或俟花开时，取叶布过，以灰围之，结子加倍，谓之嫁茄。或于晦日种苋其旁，同浇灌之，茄、苋俱茂。昔蔡遵（当为撙）〔2〕为吴兴郡守，斋前种白苋、紫茄以为常膳。居官者遇衙署或有隙地，亦所当学也。

注释

〔1〕昆仑紫瓜：宋李昉《太平御览》卷九七七："杜宝《大业拾遗录》曰：'大业四年中，命改茄子为昆仑紫瓜。'"

〔2〕蔡撙：字景节，南朝梁人，少方雅退默，与第四兄寅俱知名。《南史》本传："口不言钱，及在吴兴，不饮郡井。斋前自种白苋、紫茄，以为常饵。诏褒其清。"

译文

茄子叫"落酥"，隋炀帝的时候改叫昆仑紫瓜。它的栽种方法是：在九月里把留着作种子的茄子劈开，拿出其中的种子淘洗干净，晒干以后收藏起来。到了第二年春天，把种子种下，用粪水经常浇灌，让土保持湿润。等到茄子苗长出几片叶子以后，带着根上的泥土移栽。但是茄子秧不能经受太阳直晒的，所以必须在有雨的时候或者在夜里进行移栽。还有一个方法是，移栽的时候在刚刚见到根的地方拍开泥土，埋入一钱硫黄，再用泥培好，这样的话就会长格外多的茄子，并且茄子会长得很大，就像喝酒的杯盏一样大，味道甘甜，对人有益。有人等茄子开花的时候剪下一些茄子叶，散布在茄子秧周围，用草木灰围起来，结的茄子也会加倍，这叫作"嫁茄"。还有人在每个月的最后一天，在茄子的旁边种些苋菜，一起浇灌着，茄子和苋菜都长得很茂盛。以前蔡撙作吴兴郡太守的时候，就在衙门前面种白苋菜和紫茄子作为日常的菜肴。做官的人如果遇到衙门里有点空地，也应当学习蔡撙的做法。

姜

　　姜性辛烈，能去邪秽。宜于三月耕熟肥地，作畦种之。陇阔三尺，以便浇灌，培以蚕沙，或将灰粪壅之。待芽发，掘去老根。上作矮棚，以防日曝。秋社[1]采之，迟则渐老成丝矣。小雪[2]前后，将种晒干，掘窖藏之，裹以糠粃[3]，免致冻损，来春种之，其利益倍。谚日："养羊种姜，子利相当。"其是之谓夫。

注释

[1] 秋社：古代农家于立秋后第五戊日为秋社日，会举行酬祭土神的典礼。唐韩偓《不见》："此身愿作君家燕，秋社归时也不归。"

[2] 小雪：二十四节气之一，农历十一月二十二日或二十三日。此时黄河流域一带开始降少量的雪，农家开始忙着冬耕的事宜。

[3] 糠粃：也作"糠秕"，指谷皮和瘪谷。

译文

　　姜的味道辛辣浓烈，能去除邪气。适宜在三月的时候把肥沃的土地耕好，整理好菜畦。畦田宽三尺，以方便浇灌，种好以后，用蚕砂或者用混着粪的草木灰培壅。等到发芽以后，拔去它的老根，在地上面搭一个矮棚子，以防止太阳暴晒。秋社的时候，要把姜从地里挖出来，如果迟了，姜就容易变老。小雪前后要把种子晒干，挖个地窖把种子收藏好，外面包裹上谷皮，以免被冻坏，第二年春天再种，可以获得加倍的收成。谚语说："养羊和种姜，本钱和收益一样多。"大概说的就是这种情况。

芋

　　昔有老僧筑芋为堑，以度凶岁，人多赖之。予丁不辰[1]，且不能治家人产，庶园收芋、栗，称未全贫耳。种法：先择善种，于南檐掘坑，以砻糠铺底，将种放下，用稻草盖之。至三月间，取埋肥地，苗发数叶，移栽近水处。区行欲宽，宽则过风。芋本欲深，深则根大。壅以河泥，或用灰粪。霜降掞叶，使液归根，古号"土芝"，信不诬矣。昔人拥炉煨芋[2]，作诗有云："深夜一炉火，浑家团圞坐。煨得芋头熟，天子不如我。"则虽南面王乐，自谓过之，宁独御穷之力有足多耶。

　　别有菱苗一种，亦名雕胡，性尤宜水，河泥壅根，逐年移之，则心不黑。古人用作雕胡饭，亦可备灌园一种也。

注释

〔1〕不辰：不得其时，指命运不好。《诗经·桑柔》："忧心殷殷，念我土宇；我生不辰，逢天僤怒。"

〔2〕昔人拥炉煨芋：明代典籍如《汝南圃史》《说郛》《长物志》等多有此类记载。

译文

以前曾经有位老僧人用芋头筑成壕沟，用来度过没有粮食的饥荒年，有很多人依赖这些储存的芋头活了下来。我在仕途上运气不好，生不逢时，并且又不能给家人置办产业，还好有园子里收获的芋头和栗子，可以说还不算一贫如洗吧。芋头的栽种方法是：先选择好的芋头品种，然后在朝南的屋檐下挖一个坑，用稻壳或谷糠铺在坑底，把选好的芋头放下去，再用稻草把它们盖好。到了来年三月，把芋头取出来埋到肥沃的田地里，等到芋头发芽、长出了几片叶子之后，可以移栽到近水的地方。栽种的时候行距应该宽一些，这样容易通风；芋头应该种深一点，这样根茎才可以长得粗壮，种好以后用河泥或者灰粪培壅。霜降以后要把芋头叶子折断，这样可以使叶子的汁液回流到根茎上，古代把芋头叫作"土芝"，这话确实不错。据说，以前有个人晚上在火炉上煨芋头，并且作诗说道："深夜里烧着一炉炭火，全家人围坐在炉火旁边。等到芋头煨熟的时候，那种感觉就好像帝王的生活也不如我似的。"这样看来，吃芋头时的幸福感即使是南面称王的快乐也比不上，所以吃芋头能度过饥荒年的好处哪里还值得格外赞扬呢。另外还有一种植物是菱苗，也叫雕胡，尤其适宜在水里栽植，用河泥培着根，每年要变换移栽的地方，这样雕胡米的心才不会变黑。古人用雕胡米做成雕胡饭来吃，所以雕胡也可以种植在园圃中，作为时令菜蔬中的一种。

山药

　　山药本名薯药，宋时避讳[1]，因改今名。种法：先将肥地锄松作坑，拣取美种，竹刀切段约二寸许，卧排种之，覆土五寸许，旱则以水浇之。欲为壅培，勿犯人粪，须以牛粪及用麻粞[2]。既生苗蔓，以竹扶之。或云霜降收子，种之亦得。若以足踏，根亦如之[3]。古称最大者曰"天公掌"，次者曰"拙骨羊"，定当取作常供，何但月一盘[4]也。

注释

〔1〕避讳：古人为了表示尊敬，在言语或书写时，不说君主或尊长的名号，称为避讳。避讳的方法有缺笔、缺字、换字、改音等。此处是避北宋英宗赵曙的讳。明周文华《汝南圃史》："《负暄杂录》曰：山药，本名薯蓣。唐代宗讳豫，改名薯药。宋英宗讳曙，遂名山药。"

〔2〕麻粞（shēn）：芝麻榨油后的渣滓。

〔3〕若以足踏，根亦如之：种山药时用脚踩着种，山药就会长成人脚一样的形状。这是古代的种植迷信。清郭云升《救荒简易书》："刘敬叔《异苑》曰：薯蓣若欲掘取，默然则获，唱名便不可得。人有植之者，随所种之物而像之也。《物类相感志》曰：薯蓣，江南人多植之。手植则如手，锄锹等物植之亦随本物之形状。《砚北杂志》曰：俗传种山药时以足按之，形如人足。"

〔4〕月一盘：指每个月吃一次山药。与上文的"天公掌""拙骨羊"都作为山药的别称。

译文

　　山药原来叫作薯药，宋代的时候因为避讳，所以改成了现在的名字。它的栽种方法是：先把田地锄松软，再挖好坑，选择长得好的山药作为种子，用竹刀切成大约二寸长的段，然后把这些山药段卧倒，一排排地种到坑里，在上面覆盖五寸多厚的泥土，干旱的时候就用水多浇几次。如果想要用肥料培壅，千万不要用人粪，必须用牛粪或者用芝麻榨油后的渣滓。等到山药长出了蔓，要用竹枝插在山药苗的旁边加以扶持。有人说，霜降的时候，采集的山药子下种了以后也可以收获山药。如果用脚踩着种，山药就会长成人脚的形状。古时候把最大的山药叫作"天公掌"，次大的叫作"拙骨羊"，这样的山药我一定会经常食用，怎么能像后蜀的末代皇帝孟昶那样，每个月只吃一盘而已呢！

萝卜

王戎善营度，子弟不许仕宦，每年止令种火田玉乳萝卜、壶城马面菘，可致千缗。予谓灌园之乐，不减仕宦，但以此营度，无异菜佣耳。萝卜一名土酥，每子一升可种廿畦。先用熟粪匀布畦内，仍用土粪和子撒种。以竦为良，密则芟之。带露勿锄，犯则生虫。或云，以宣州大梨，刳去其核，留顶作盖如瓮子状，纳萝卜子，以顶盖之，埋于地中，候梨干或烂，取出分种，则实如梨圆且有梨味矣。别有蔓菁，种法略同。于七月初，以鳗鲡[1]水拌子种之，可杀诸虫。诸葛孔明云有"六利"[2]，诚如此言，何患不足耶？

注释

[1] 鳗（mán）鲡（lí）：即鳗鱼，简称为鳗。

[2] 六利：指蔓菁的六种好处。宋王谠《唐语林》："诸葛亮所止，令兵士独种蔓菁者，何也？曰：取其甲可生啖，一也；叶舒者煮食，二也。久居则随以滋长，三也；弃去不惜，四也；回则易寻而采之，五也；冬有根可斸食，六也。比诸蔬属，其利博哉！三蜀之人，今呼蔓菁为诸葛菜。江陵亦然。"

译文

　　王爽善于经营规划，他家里的孩子都不允许出去做官，每年只让孩子在地里种植火田的玉乳萝卜和壶城的马面菘，这些卖了以后可以赚很多钱。在我看来，浇灌园圃的乐趣确实不比做官少，但是如果用这样的方法经营致富的话，就与菜农没有什么两样了。萝卜又叫土酥，每升种子可以种二十畦。种的时候先用发酵好的粪土均匀地分布在畦田里，接着仍用粪土混合着种子撒到地里。萝卜苗最好种得疏朗一些，如果长得太密集了，就要拔掉一些。有露水的时候不要锄地，否则萝卜苗容易生虫。有人说，用宣州出产的大梨，挖去梨核，留着梨核上面的梨肉作为盖子，把梨子做成一个坛子的形状，在里面放入萝卜种子，然后埋到地里，等到梨子干枯或者腐烂以后，把萝卜种子取出来分别种下，长出的萝卜就会像梨一样圆并且有梨的甜味。还有蔓菁，种法和萝卜大致相同。在七月初的时候，用鳗鱼水拌着种子种下去，可以杀灭很多害虫。诸葛亮曾说蔓菁有六种好处，如果真像他所说的那样，还怕生活不富足吗？

韭、葱、蒜

韭性勤生，俗号"懒人菜"[1]。予贫且懒，宜多种之。治畦之法悉与葵同。二七月间以（升）盏合地布子，围外薅令常净。正月上辛[2]扫去陈叶，以耙耧起，下水加粪，高至三寸，然后翦之。至冬，移根藏地窖中，培以马粪，气暖即长。其叶黄嫩，谓之韭黄。昔石季伦[3]冬天宴客，设韭萍虀，徒杂麦苗，人且骇之，能按此法，更当傲杀伧父[4]矣。一种曰葱，以其和羹，文名"和事

草"。种不拘时，先去冗须，密排种之，鸡粪壅培。或以子种，来春移栽。一种曰蒜，五代宫中呼为"麝香草"。花中水仙酷似其形，故六朝人亦号仙水（疑误）为"雅蒜"。八月初锄地成陇，二寸一颗，粪水浇之。一种曰薤，法与韭同，二三月种，每尺一本，叶生则锄。以上数种，不独借手调羹[5]，园林种之，亦可为花御侮矣。

注释

[1] 懒人菜：宋罗愿《尔雅翼》卷五："韭，《说文》云一种而久者，故谓之韭。象形在一之上。一，地也。谚亦曰：'韭者，懒人菜。'以其不须岁种也。"

[2] 上辛：农历每月上旬的辛日。《谷梁传·哀公元年》："我以十二月下辛卜正月上辛。如不从，则以正月下辛卜二月上辛。如不从，则以二月下辛卜三月上辛。如不从，则不郊矣。"范宁注："郊必用上辛者，取其新洁莫先也。"

[3] 石季伦：即石崇，字季伦，小名齐奴。西晋时期文学家、富豪，"金谷二十四友"之一。

[4] 伧（cāng）父（fǔ）：鄙贱的人。《晋书·左思传》："此间有伧父，欲作三都赋，须其成，当以覆酒瓮耳。"

[5] 借手调羹：此处用唐玄宗为李白调制羹汤的事，典出宋欧阳修《新唐书·李白传》："（唐玄宗）帝赐食，亲为调羹，有诏供奉翰林。"

译文

韭菜特别容易生长，俗称"懒人菜"。我的家境贫困并且生性懒惰，正应该多种韭菜。整理畦田的方法和葵菜都是相同的。二月至七月，用杯子在畦田上压一个个小圆圈，圈子里种下韭菜种子，畦田的外围要经常除去杂草使畦田保持干净。在正月的第一个辛日这天扫去原来的旧叶子，用耙子耕地，加粪水，长到三寸时，然后剪掉它。到了冬天，把韭菜移到地窖中储藏起来，用马粪培好，等天气暖和了韭菜根就会开始生长，不过这时的叶子是又黄又嫩的，叫作韭黄。以前石崇在冬天宴会宾客，备置了"韭萍齑"，其实只不过是夹杂些麦苗在里面，结果客人们都惊讶极了。如果石崇能按照上面的方法得到韭黄的话，那更会在众多没见过世面的人面前骄傲显摆了。还有一种叫葱，因为它能调和羹汤的味道，所以人们给它起了一个文雅的名字叫作"和事草"。什么时间都可以种葱，先把葱苗多余的根须去掉，然后一排排紧密地种到土里，用鸡粪培壅。或者也可以先用葱种子种出小葱苗，第二年春天再移栽到别的地方。还有一种叫蒜，五代的时候皇宫中把它叫作"麝香草"。花中的水仙和蒜的外形十分相似，所以六朝人也把水仙叫作"雅蒜"。种蒜是在八月初，先把地锄成一道道的土埂，在土埂上每两寸种一颗，种好以后用粪水浇一下。还有一种叫薤，种法和韭菜相同，二、三月的时候种植，每隔一尺种一株，叶子长出来以后再锄地。以上所说的几种菜，不仅可以用来调制羹汤，在园林里种植一些，也可以为别的花卉防虫呢。

倦圃蒔植记 总论卷上

总论第一

凡为圃之道有二：曰旷如[1]也，曰奥如[2]也。宜茂树长林，森然[3]咸备；奥宜幽馥蟠枝[4]，意到便足。有力者则兼两美而叠用[5]之。其次则择一而取给焉。又其次，则植寸卉于尺宅，亦奥如也，遗意[6]耳矣。

注释

[1] 旷如：空旷宽阔的样子。

[2] 奥如：幽深隐蔽的样子。

[3] 森然：林木茂盛的样子。

[4] 蟠枝：盘曲的枝条。南朝范云《登三山》："仄迳崩且危，丛岩耸复垂。石藤多卷节，水树绕蟠枝。海中昔自重，河上今如斯。"

[5] 叠用：亦作"迭用"，重叠应用。

[6] 遗意：前人或古代事物留下的意味、旨趣。唐李商隐《自南山北归经分水岭》："郑驿来虽及，燕台哭不闻。犹余遗意在，许刻镇南勋。"

译文

一般来说，园圃的风景特点约有两种：一种是空旷高远的，一种是幽静深邃的。开阔的风景适宜种植茂盛的树林，各种景色无所不有；深邃的风景则适宜采用幽雅的花卉、盘曲的枝条来表示出意境就足够了。有经济能力的人可以兼有这两种不同风格的美景。其次，则可以根据自身条件选择其中的一种来运用。再其次，则可以在不大的宅院中只种植几株花卉，也可以算是具备了一点幽静深邃的意味吧。

夫色盲声聋，比於斧斤，利逐名驰，徒自厮役，曷若挹露华为姬姜[1]，聆风竹为管弦。早起晏卧[2]，勤施灌溉栽培，以期勋业之成就；春花秋实，玩熟[3]生长收藏，以窥造化之阖辟[4]可以遗荣，而塞者可以忘闷，岂非目前真乐人人可致者哉。

尝品列植物，各有第一。大树惟松，小物惟菖蒲；花之香胜者惟兰，色胜者惟牡丹；果惟蜜橘。就此地现在者而论，若达方[5]则弗敢泛及焉。

注释

〔1〕姬姜：春秋时代，周王室姓姬，齐国姓姜，二国常通婚，故用以称贵族妇女，后泛指美女。《左传·成公九年》："虽有姬姜，无弃蕉萃。"《旧唐书·宦官传》："饰姬姜狗马之玩，外言不入，惟欲是从。"

〔2〕晏卧：指安居。宋王安石《马毙》："恩宽一老寄松筠，晏卧东窗度几春。天厩赐驹龙化去，谩容小蹇载闲身。"

〔3〕玩熟：欣赏熟稔。明王慎中《儒林郎顺天府推官易愧虚先生行状》："蒙引一部足矣，细玩熟复可也。"

〔4〕阖辟：闭合与开启。唐杨炯《浑天赋》："乾坤阖辟，天地成矣；动静有常，阴阳行矣。"

〔5〕达方：指远方异域。

译文

  那种对于美景和音乐都不能感受和欣赏的人，往往只会热衷于斤斤计较、追名逐利，最终只能成为自己欲望的奴隶，哪里比得上手捧带着露珠的花朵，把它当作红颜知己；耳听风中的竹声，把它作为管弦乐器的演奏呢？清晨早起，晚上安睡，辛勤地灌溉栽培，期盼着园圃里的植物茁壮地长大。赏春花，观秋实，玩味体会植物的生长，从中看到自然的造化之功。所有这一切可以使仕途通达的人抛开荣耀，仕途不顺的人忘记苦闷，难道不是近在眼前、人人可得的真正的乐趣吗！

  我曾经品评过众多的植物，认为它们各自都有胜过其他植物、可以列为第一的地方。比如大型的树木中，松树最为劲直；小型的植物中，菖蒲最为优雅；花卉中以香气胜出的有兰花，以颜色取胜的有牡丹；水果中蜜橘特别甜。这些都是就我们当地现在有的植物来说的，如果是远方异域的品种也包含其中的话，我就不敢泛泛地谈论了。

  君子可以寓意于物，而不可留意于物。凡嘉树奇花我固有之，诚可朝夕受用；倘他人所宝未易罗致、或大地公共勿许携归，此等但当以云烟过眼[1]之理处之，则无往而不适其适也已。圣人为腹不为目[2]，凡草木之芬芳贞固可以比德者尚矣。此外，则或资其材，或取其荫，或供为食，或储为药，末节乃玩其色。虽兼收并蓄，而轻重缓急之间，讵可无微权也耶！松柏之霜皮翠黛，自是李成《寒林图》〔3〕；梅之冷蕊疏枝，自是花光、补之写意画；竹之老节直干自是篆籀；风篁雨叶自是草书；葡萄之蔓衍自是颠素挥毫〔4〕；兰蕙之卷舒自是子昂波磔〔5〕。乃知"莲花似六郎"〔6〕，虽佞人之言，而借论物理，却是妙解。

注释

〔1〕云烟过眼：指事物转瞬即逝，不留痕迹。比喻事物很快就成为过去。也比喻身外之物，不必重视或荣华富贵转眼已成过去。宋苏轼《宝绘堂记》："见可喜者，虽时复蓄之，然为人取去，亦不复惜也。譬之烟云之过眼，百鸟之感耳，岂不欣然接之，然去而不复念也。"

〔2〕圣人为腹不为目：只求填饱肚皮，而不追求声色货利的享乐。语出《老子》第十二章："以圣人之治也，为腹不为目。故去彼取此。"

〔3〕李成《寒林图》：李成，字咸熙，其先唐宗室，五代徙居山东营丘，善于绘画，尤擅以寒林来表现严冬萧飒荒寒。宋·郭若虚《图画见闻志》称其："尤善画山水寒林，神化精灵，绝人远甚……"《寒林图》为其代表作，现存台北故宫博物院。

〔4〕颠素挥毫：指唐代书法家怀素。怀素善狂草，行止癫狂放诞，世称"颠素"。怀素《酒狂帖》："颠素何可以到此，但恨无好纸墨一临之耳。"

〔5〕子昂波磔：子昂，指南宋末至元初著名书法家、画家、诗人赵孟頫，善书，以楷、行著称于世，与欧阳询、颜真卿、柳公权并称"楷书四大家"。波磔，书法的撇、捺，也泛指书法的笔画。

〔6〕莲花似六郎：六郎指唐代武则天的男宠张昌宗。典出《旧唐书》卷九十："又易之弟昌宗以姿貌见宠幸，（杨）再思又谀之曰：'人言六郎面似莲花，再思以为莲花似六郎，非六郎似莲花也。'"宋辛弃疾《鹧鸪天》："最怜杨柳如张绪，却笑莲花似六郎。"

译文

　　君子可以把自己的思想寄托于外在事物上，但是不可以一心留意于外在事物。如果我本来就拥有好的树木、奇异的花，那当然可以和它们朝夕相处，欣赏受用。但如果是别人所宝贵珍视，自己不容易得到的；或者是大地出产的公共财物，不允许带回家的，这些只应当把它们看成是过眼云烟，如果能保持这样的心态，那就在任何地方都能够悠闲舒适、从容自在地欣赏美景了。君子只求填饱肚皮，而不追求声色货利的享乐。草木花卉中有很多植物具备芬芳贞固的特点，它们的美德可以和君子的品行相媲美。除此之外，有的植物我们取用它的木材，有的借取它的浓荫，有的可以作为食物，有的可以作为药品，最后才是玩赏它的颜色和姿态。虽然多数人对所有的花卉都是兼收并蓄的，但是轻重缓急之间，难道不会有一点权衡取舍的意思在里面吗？比如那松树和柏树耐寒拒霜，它们苍翠黛绿的枝叶，自然就是李成所画的《寒林图》；梅花幽远的香气和疏朗盘曲的树枝，自然就是花光和尚和杨补之所作墨梅的灵感来源；竹子的苍劲笔直的节干就像书法中篆、籀体的形态；而在风雨中摆动的叶子就像草书的笔锋；葡萄藤就像颠素的挥毫运笔；兰、蕙卷舒的枝叶就像赵子昂的书法。这才明白"莲花像六郎"的话，虽是善于花言巧语之人的阿谀奉承的话，但是这样借人物的风度来说明事物的特点，也是一种绝妙的解说方法。

论木第二

松之常品，世人呼为柴松，然千岁奇古，形偃盖[1]而声步虚[2]，此必其选也，固当为甲之甲。或邂逅成山泽之癯[3]者，则为天目松。二松质异而种同，皆两鬣[4]。其五鬣者，一松而名殊，日"五须"，日"五粒"，日"五钗"，其叶翠而细。此土无大者，闻云南及西北诸藩皆高树弥山谷，秀大而子多，今之市充果食者，即是物也。当为甲之乙。括子松俗名剔牙松，三鬣，其叶苍而劲，房小子少而亦甘香，此地昔罕而今繁，当为甲之丙。凡木之结子，无逾周星[5]者，惟松实初年青嫩，明年老足，两周岁而成，是以性耐岁寒，亦非他树可及。此通二鬣、三鬣、五鬣皆然，故总为木之甲品云。

注释

〔1〕偃盖：车篷或伞盖，常喻指圆形覆罩之物，或形容松树枝叶横垂，张大如伞盖之状。唐冯贽《云仙杂记》："茅山有野人，见一使者异服，牵一白羊。野人问：'居何地？'曰：'偃盖山。'随至古松下而没，松形果如偃盖。意使者乃松树精，羊乃茯苓耳。"

〔2〕步虚：步虚是道士在醮坛上讽诵词章采用的曲调行腔，传说其旋律宛如众仙飘渺步行虚空，故得名"步虚声"。宋郭茂倩《乐府诗集》卷七十八引《乐府解题》称："步虚词，道家曲也，备言众仙缥缈轻举之美。"

〔3〕癯（qú）：瘦。

〔4〕鬣（liè）：本指某些哺乳动物颈上生长的又长又密的毛，此处指松针。宋陆游《十月十五夜对月》："重露滴松鬣，高风吹鹤声。"

〔5〕周星：指一周年。《淮南子·时则训》："是月也，日穷于次，月穷于纪，星周于天，岁将更始。"

译文

　　人们把松树中的普通品种叫作柴松，但是它存活时间长，而且能形成奇异苍古的面貌，枝干屈曲盘旋而在风中的声音又像仙人缥缈步行的声音，就一定要首选这种松树了，所以柴松本来就应当作为甲品中的甲品。那些偶然落根山泽中，成长为枯瘦样子的，叫作天目松。这两种松树长得不一样，但是品种是相同的，都松树。至于松针五鬣的，同一种松树却有不同的名字，有的人叫"五须"，有的人叫"五粒"，也有人叫它"五钗"，这种松树的叶子青翠而纤细，我们当地没有长得很高大的，听说云南以及西北地区的山谷中都长满了五鬣松，不仅秀丽高大而且结的松子很多，现在市场上作为果实来卖的就是这种松子。这种五鬣松应当作为甲品中的乙品。括子松俗名"剔牙松"，有三鬣，它的叶子苍翠劲壮，果房小，松子也少，但是也很香甜，以前很罕见但现在很多了，应当把它作为甲品中的丙品。大凡树木的结籽，一般都是当年成熟，没有超过一年时间的，只有松树结的籽实是当年青嫩，第二年才成熟，共要两年的时间才能长成。因此松树耐严寒，也是别的树所不能比的，而这个特点不论哪种松树都一样具有，所以把这些松树一起列为树木中的甲品。

　　柏当以千头侧柏为乙之甲，闽种也。繁枝上耸，团如车盖而苍翠可爱。其叶可饵、可汤、可药。别一种曰扁柏，则常品耳。缨络柏，桧树之类，其别族也，亦若罗汉、鹅毛，皆冒松姓而未许通谱[1]云。松柏之附庸曰杉。隆冬柏色暂红，而松愈苍翠，一公二伯，木之序爵[2]较然[3]。桑可饲蚕，以衣被天下，当为木之丙。若不耐养蚕，只售其叶，亦可为恒产[4]。尝遇湖州一笔贾[5]，见此地园多杂树，慨然相劝："何不尽芟去，以其地种桑？"予深服其言，而未能行也。白桑有花无实，黑桑有实无花。饲蚕须种白桑，欲收紫椹为药，明目延年，则黑桑亦可种十分之二也。每岁剪剥冗枝，其薪更可熬药。

注释

[1] 通谱：同姓的人互认为同族。宋陆游《老学庵笔记》卷四："常瑰字子然，河朔人，本农家。一村数十百家皆常氏，多不通谱。"

[2] 序爵：依爵位排列座次。《礼记·中庸》："宗庙之礼，所以序昭穆也；序爵，所以辨贵贱也。"

[3] 较然：明显、显著。《史记·刺客传》："然其立意较然，不欺其志。"

[4] 恒产：固定而不易变动的产业，多指田地、房屋等不动产。《孟子·梁惠王上》："无恒产而有恒心者，惟士为能。"

[5] 笔贾：毛笔商人。

译文

　　柏树当中应该以千头侧柏作为乙品中的甲品。千头侧柏是一种产于福建的柏树品种，它繁多的枝条都是向上耸立着生长的，成为一个圆圆的车盖形状，十分苍翠可爱，它的叶子用途很多，可以作饵、作汤、作药。还有一种叫扁柏，则是一个平常的品种。璎珞柏属于桧树的一种，和柏树不是同族的，就像罗汉松、鹅毛松都冒名叫松树，但其实和松树并没有亲缘关系。从属于松柏一类的还有杉树。在隆冬季节，柏树的颜色会有点微微变红，而松树却愈加苍翠了。由此看来，松树可以作为公爵的话，杉树、柏树只能作为伯爵，三种树木的级别次序是非常清楚的。

桑树可以用来养蚕，缫丝制成衣服，泽被天下，应当把它作为树木中的丙品。如果不耐烦养蚕，可以只种桑树来出售桑叶，也可以作为一种长久的产业。我曾经遇到一位湖州来的笔商，他见我的园地里都是些杂树，就很感慨地劝说道："为什么不把杂树都砍掉，用这块地来种桑树呢？"我深深地佩服他的话，却始终没有施行。白桑开花而不长果实，黑桑有果实却不开花，养蚕必须用白桑的叶子，如果想收紫色桑葚作为明目延年的药品，那么可以把桑园面积的十分之二用来种黑桑，每年剪下桑树多余的枝条，可以用来熬制药品。

枸杞，一名西王母杖[1]，产甘州[2]者良。扦插易活，种子亦生。嫩苗可茹，子可食，亦入药，根为地骨皮。又有一种黄者，亦甘州种也，与红者颜色照映，真如珊瑚间木难[3]耳。

川椒真者，九叶成簇，嫩芽亦可食。微触其枝，便觉秘酽；摩顶放踵[4]，无不苾芬。灵均"驰彼椒丘"[5]，厥有旨哉。子红芳而独蒂，缀二细珠，用胜常品。右甘州枸杞、川椒，远物也，而吾土可植，又佳而适用，定品同为木之丁。

注释

[1] 西王母杖：枸杞别名，又名仙人杖。晋葛洪《抱朴子内篇》卷二："或名仙人杖，或云西王母杖，或名天精，或名却老，或名地骨，或名枸杞也。"西王母是神话传说中的女神。原是掌管灾疫和刑罚的怪神，后于流传过程中逐渐女性化与温和化，相传西王母住在崑仑山的瑶池，园里种有蟠桃，食之可长生不老。

[2] 甘州：现为甘肃省张掖市甘州区。

[3] 珊瑚间木难：珊瑚与木难交错在一起。语出曹植《美女篇》："明珠交玉体，珊瑚间木难。"李善注："南方草物状曰珊瑚，出大秦国，有洲在涨海中。《广雅》曰：'珊瑚，珠也。'《南越志》曰：'木难，金翅鸟沫所成碧色珠也。大秦国珍之。'"

[4] 摩顶放踵：从头顶到脚跟都受损伤，常比喻舍身救世，不辞劳苦。此处仅指从头至脚。典出《孟子·尽心上》："墨子兼爱，摩顶放踵，利天下为之。"

[5] 灵均"驰彼椒丘"：灵均指先秦楚国诗人屈原；"驰彼椒丘"是其代表作《离骚》中诗句，意为"在那椒丘上驱驰"。

译文

枸杞又叫西王母杖，以甘州出产的为最好。扦插很容易成活，撒种子也能长。嫩苗可以做菜吃，种子可以食用，也可以入药，根叫地骨皮。还有一种黄色的枸杞，也是甘州的品种，与红枸杞的颜色互相照映，真像珊瑚与碧珠交错在一起。

真正的川椒是九片叶子长成一簇的，它的嫩芽也可以食用。轻微地碰触一下它的枝条，就会觉得香气浓郁，全身上下到处被芬芳的气味所包裹。屈原写的诗"在那椒丘上驱驰"，说的就是这样的川椒吧。川椒的子是红色的而且芳香无比；单独的花蒂，缀着两行细珠，其功效超过了平常的品种。上面所说的甘州枸杞和川椒都是远方的物产，但在我们当地也可以种植，又有很好的用途，所以我把它们一同评定为树木中的丁品。

梧桐栖凤，书斋荫之特雅。倪元镇[1]日督童子洗拭，宜也，非迂也。颠木之有由蘖[2]，名曰桐孙，植根深而寿特永，木品定为戊，梓材[3]孔良，与相颉颃[4]。豫樟一名香樟，参天苍郁，凌冬不凋，花叶俱馥，园亭丘垄[5]，植之俱宜，定品为木之己。

注释

[1] 倪元镇（1301—1374）：名瓒，元镇为其字，元末明初画家、诗人。其人爱洁成癖，其画开创了水墨山水的一代画风，多画太湖一带山水，以淡泊取胜。

[2] 颠木之有由蘖：语出《尚书·盘庚》："若颠木之有由蘖。"意为枯木生新芽。颠木，砍伐的树木；由蘖，萌发新枝芽。

[3] 梓材：良质的木材。《尚书·梓材》："若作梓材，既勤朴斫，惟其涂丹艧。"

[4] 颉颃（xié háng）：泛指不相上下，相抗衡。唐房玄龄《晋书·文苑传序》："藩夏连辉，颉颃名辈。"

[5] 丘垄（qiū lǒng）：虚墟，荒地。东晋陶渊明《归园田居》诗之四："徘徊丘垄间，依依昔人居。井灶有遗处，桑竹残朽株。"

译文

梧桐可以让凤凰栖息，在书斋旁边种植会显得特别文雅。倪瓒每天都督促自己的童仆清洗擦拭园中的梧桐树，这样做是对的，并不是迂腐。梧桐树萌发出新的枝芽，名字叫作桐孙。这种树的根很深而且寿命特别长，我把它评定为树木中的戊品，其木材非常优良，与梧桐不相上下。豫樟又叫香樟，这种树长得高大参天、郁郁葱葱，能度过寒冬而不凋零，而且花和叶子都有馥郁的芬芳，在园林的亭子边或者荒地上种植都是很适宜的，我把它评定为树木中的己品。

吴中茶，虎丘[1]为圣，天池[2]为贤。取本山上堆高，即家园亦可植。摘鲜旋用，便能撮虎丘、天池于掌中矣。花如白玉而心有蜜珠，亦一奇也。定品为木之庚。虽然，新茶首荐，虽让本山，而常用益人，却宜顾诸。生与熟既殊甘苦，而蒸与炒又分燥润，如人饮水，冷暖自知[3]。

注释

〔1〕虎丘：指苏州虎丘山，宋代苏轼有"到苏州不游虎丘，乃憾事也"之言。虎丘产白云茶，又称"雨前茶"。清陆廷灿文《续茶经》："虎丘茶，僧房皆植，名闻天下。谷雨前摘细芽焙而烹之，其色如月下白，其味如豆花香。"

〔2〕天池：指苏州天池山，是太湖风景名胜木渎景区第一著名景点，是浙江天目山的余脉。景区以山林、石景、泉水而著称，山明水秀，环境清幽。

[3] 冷煖自知：也作"冷暖自知"，本指水的冷暖，饮用者自己才知道。语本
　　《大毗卢遮那成佛经疏》："如饮水者，冷热自知，尚不可为不饮人说，况
　　如来境耶？"佛教禅宗比喻证悟的境界，不可言传。后引喻对道理体会的
　　深浅，全在自己本身的体验。

译文

　　吴中地区的茶以虎丘出产的为最好，天池出产的次之。如果选取本地的山土堆起假山，即便在自己家的园圃里也可以种植茶树了。摘下新鲜的茶叶立即就可以冲煮饮用，就相当于把虎丘茶、天池茶掌握在手掌中了。茶花的花瓣就像白玉，而且花蕊嫩黄鲜艳，犹如密珠一般晶莹光洁，这也是一件奇异的事情。我给茶树定的品级是树木中的庚品。虽然，首先推荐的新茶，比不上本地茶，而常饮用有益健康，应当经常品尝。生茶叶和熟茶叶有甜味和苦味的不同，而蒸茶叶和炒茶叶又有干燥和滋润的区别，这就好像人喝水一样，水是冷是暖只有自己知道。

　　庭槐绿阴，盛夏翠幕。花实并收，可染可药。叶制冷淘，杜陵饱嚼[1]。定品为木之辛。

　　椐、榆相侣，叶辨粗细。初种落落[2]，久成荫庇。不求近功[3]，十年之计[4]。定品为木之壬。

注释

[1] 叶制冷淘，杜陵饱嚼：冷淘，过水面条及凉面一类食品。做法为采青
　　槐嫩叶捣汁和入面粉，做成细面条，煮熟后放入冰水中浸漂，其色鲜

碧，然后捞起，以熟油浇拌，放入井中或冰窖中冷藏。两句典出唐杜甫《槐叶冷淘》一诗："青青高槐叶，采掇付中厨。新面来近市，汁滓宛相俱……万里露寒殿，开冰清玉壶。君王纳凉晚，此味亦时须。"

〔2〕落落：稀疏的样子。

〔3〕近功：指目前的功利。宋曾巩《秘书监制》："故书省之设，吾不计近功，而要于广畜德，所以厚其礼秩。"

〔4〕十年之计：十年的谋划。典出《管子》："一年之计，莫如树谷；十年之计，莫如树木；终身之计，莫如树人。"

译文

槐树适宜种在庭院里，它的浓浓绿荫在盛夏里就像是青翠的帘幕。槐树花和槐树荚都有用途，可以用来染色，也可以用来制药。槐叶可以做成冷面，杜甫曾用它美美地饱餐。我给它定的品级是辛品。

榉树和榆树经常长在一起为伴，它们的叶子有粗细之分。这两种树刚种植的时候是疏疏朗朗的，时间久了也能成为遮阴避暑的地方。因此不能急功近利，要有十年的计划。我给它们定的品级是壬品。

金线、银线，柳之白眉〔1〕，风流张绪〔2〕与同姿。定品为木之癸。杂疏略于木，故此独详定焉。其余杂木，若女真、石楠、黄杨、丹枫、乌绒、西河柳可以点景；五加芽、金雀花可以点茶；香椿可供素馔；金樱可充药材；枸橘可御暴客〔3〕，或栽隙地，或编篱落，但随人意所便，皆可取用也。天竹〔4〕亦木之余裔〔5〕也，忌粪，宜于鸡毛水[6]。别一种秋开千叶黄花，而叶小异，名曰栖凤竹。

注释

[1] 白眉：原指三国时马良，其眉中有白毛，故称为"白眉"。后称众人中较优秀杰出的人才。唐李白《对雪奉饯任城六父秩满归京》："季父有英风，白眉超常伦。"

[2] 风流张绪：风流，仪表及态度。张绪，南朝齐名士，吴郡吴县（今苏州）人。少知名，清简寡欲，叔父镜谓人曰："此儿，今之乐广也。"风流张绪典出唐李延寿《南史·张裕传》："刘悛之为益州，献蜀柳数株。枝条甚长，状若丝缕。时旧宫芳林苑始成，武帝以植于太昌灵和殿前，常赏玩咨嗟曰：'此杨柳风流可爱，似张绪当年时。'"

[3] 暴客：盗贼。《易经·系辞下》："重门击柝，以待暴客。"

[4] 天竹：别名红枸子、兰竹，属毛茛目、小檗科下植物。含多种生物碱，为有毒植物，是常见于我国南方的木本花卉种类。其植株优美，果实鲜艳，对环境的适应性强，常常出现于园林应用中，或被制作盆景或盆栽来装饰窗台、门厅、会场等。

[5] 余裔：分支；末流。宋朱熹《大学章句》："若《曲礼》《少仪》《内则》《弟子职》诸篇，固小学之支流馀裔。"

[6] 鸡毛水：煮过鸡毛的水，古人常用于浇灌植物。清王象晋《广群芳谱》："春三二月无霜雪时，放盆在露天，四面皆得浇水。浇用雨水、河水、皮屑水、鱼腥水、鸡毛水、浴汤。"

译文

金线柳、银线柳，是柳树中的优良品种，据说风流偶傥的张绪和柳树具有相同的姿态，我把柳树评定为树木中的癸品。本书前面对树木介绍得比较粗略，所以在这里特意详细地分析评定了一下。其余还有很多树木，像女真、石楠、黄杨、丹枫、乌绒、西河柳可以点缀景色；五加芽、金雀花可以用来作茶叶；香椿可供来作为素菜；金樱可以用作药材；枸橘可以防御盗贼，或者栽在有空隙的地方，或者把它们的枝条编成篱笆，完全可以随意设计安排，都是很好用的。天竹也可以算是树木的一种，它忌粪水，适宜用煮过鸡毛的水浇。还有一种在秋天的时候会盛开黄色花朵的，叶子和天竹略有不同，名叫栖凤竹。

论花第三

花之以香胜者：兰也，梅也，菊也，桂也，莲也，茉莉也，水仙也，玫瑰也，蔷卜也，百合也，瑞香也。蜡梅附于梅，木香附于玫瑰，山矾附于水仙。以色胜者：牡丹也，芍药也，海棠也，石岩也，佛桑也，蜀茶、滇茶也，黄白山茶、白绫也，玉兰、梨花也，各色千叶桃也，各色千叶石榴也，拒霜也。秋海棠附于海棠，夹竹桃附于佛桑。其他杂花若紫白丁香、黄蔷薇、各色蔷薇、各色月季、紫荆、红紫粉白四薇、木笔、郁李、棣棠、锦带之类，皆有可取。惟绣球以白色无香，吾所独殿。然嗜好不同，未可以我概人也。杏、李、樱桃、来禽及单叶桃、石榴之辈，则当别为果子花一门。

译文

花卉中因为香气浓郁而胜出的有：兰花、梅花、菊花、桂花、莲花、茉莉、水仙、玫瑰、蔷卜、百合、瑞香。我把蜡梅附记在梅后面，木香附记在玫瑰后面，山矾附记在水仙后面。因为花朵颜色艳丽而胜出的花卉有：牡丹、芍药、海棠、石岩、佛桑、蜀茶、滇茶、黄白山茶、白绫、玉兰、梨花、各色的千叶桃花、各色的千叶石榴花、拒霜。秋海棠附记在海棠后面，夹竹桃附记在佛桑后面。其他的杂花像紫丁香、白丁香；黄蔷薇、各色的蔷薇；各色的月季；紫荆；红、紫、粉、白四种薇花；木笔、郁李、棣棠、锦带花之类，都有它们的可取之处。只有绣球花例外，因为它是白色的而且没有香味，所以我把它放在最后面。但是每个人的喜好是不一样的，也不能用我的喜好来一概而论。还有杏花、李花、樱桃花、来禽花以及单叶桃花、石榴花等植物，则应当把它们另外归入到果子花这个门类里面。

　　草花以玉簪为冠，金宣次之，水木樨又次之，三种皆有香者。其余若翦春罗、翦秋罗、渥丹、石竹、洛阳花、罂粟、丽春、蜀葵、秋葵、凤仙、鸡冠、金钱、决明、长春，实繁有徒〔1〕，悉数之，乃更仆〔2〕未易终也。

注释

〔1〕实繁有徒：人数众多。《书经·仲虺之诰》："简贤附势，实繁有徒。"
〔2〕更仆：计算。为"更仆难数"缩语，典出《礼记·儒行》："遽数之不能终其物，悉数之乃留，更仆未可终也。"形容人或事物很多，数也数不过来。

译文

　　草花类中应该以玉簪花为第一，金宣次之，水木樨又次之，这三种花都有香味。其余的像剪春罗、剪秋罗、渥丹、石竹、洛阳花、罂粟、丽春、蜀葵、秋葵、凤仙、鸡冠花、

金钱花、决明、长春花等，种类实在太多了，如果要全都列举出来的话，数也数不过来。

　　凡花木之品高而难得者，主人宜亲加调护。若夫果花、草花，但园丁之职，所谓"笾豆则有司存"。曾见刊行《建昌花谱》，所载山茶及杜鹃各二三十种，他方物产之盛一至于此。

　　兰、蕙之辨，自山谷老人[1]发之。然《楚辞》既曰"春兰兮秋菊"，又曰"秋兰兮青青"；陶诗亦曰"秋兰气应馥"[2]。秋芳绝无一干一花者，而亦名为兰，则其说未可尽泥[3]也。今阳羡、临安之蕙，其朵如本地之兰，则诚然矣。闽之多花者，岂遽逊近境之一花者耶？闽人旧谱，以献岁兰如鹰爪者不列甲品，谅亦自有公论。予尝细玩兴兰之气足神全者，其花随长随香，弥月不衰，惟玉魫兰亦然。初疑其蕊瘦弱，吐花后渐舒渐白，大倍常花，香之奇而且久，亦不啻倍焉。所以人人贵之，要非孟浪[4]也。然则闽之甲品，乃可当兴之独花，其地位固自迥别，山谷亦具眼哉。金边兰，细辨其种有二：一干十二花，香重而叶边黄色深长者为上；一干九花，香轻而叶边黄色浅短者为次。故好事者又有"金边、银边"之疑云。米兰一种，色深赤而香胜。又一种，色更赤而无香，物之同中有异如此。除此三种奇品之外，莫若四季兰为实受用。闽中隆冬亦芳，此地尚自四月以至十月，可大半年不乏花也。珍珠兰，余屡植之，怯寒略轻，今一本，已五年无恙矣。树兰，曾植而未见花，近又购得，拭目以俟。愚有《罗钟斋兰谱》[5] 一卷，养法颇详。然似浩汗，今撮其要于此，以便遵守。大率购时宜择精神完足者，换土用好泥，烈火煅透。浇灌用天雨淡水、新鲜豆浆，盆底却须渗泄。三伏宜避西晒，立冬入室，滴水勿沾，寒风必避，遇暄则曝。春闲忌早出户及骤加冷湿，谷雨后方可随意。如此，即兰事思过半矣。按《月兰谱》，六月宜置凉亭、水阁，盖三伏时元无露水，故知此法良是。培兰四戒：春不出，夏不日，秋不干，冬不湿。

注释

[1] 山谷老人：指北宋黄庭坚，字鲁直，号山谷道人，晚号涪翁，洪州分宁（今江西省九江市修水县）人，著名文学家、书法家，与张耒、晁补之、秦观游学于苏轼门下，合称为"苏门四学士"。

[2] 秋兰气应馥：此句出自陶渊明的《问来使》："尔从山中来，早晚发天目。我屋南窗下，今生几丛菊。蔷薇叶已抽，秋兰气当馥。归去来山中，山中酒应熟。"

[3] 泥：固执，死板。

[4] 孟浪：言行轻率、冒失。《庄子·齐物论》："夫子以为孟浪之言，而我以为妙道之行也。"

[5]《罗钟斋兰谱》：园艺名著，作者为明代张应文，字茂实。

译文

对于那些品级高而且很难得到的花木，主人应该亲自去种植养护。像那些果花、草花一类的植物，就交给园丁去管

理好了，就好像《论语》中曾子所说的"祭祀和礼仪的事情，自有主管这些事务的官吏来负责"。我曾经读过《建昌花谱》一书，其中记载的山茶花和杜鹃花都各有二三十种，想不到他方物产的繁盛竟然能到这样的地步。

对于兰和蕙各自的分析和辨别是从黄庭坚开始发起的。但其实在《楚辞》中已经说过"春天有兰花，秋天有菊花"，又说"秋兰啊，颜色青青"；陶渊明的诗中也说道"秋兰的香气应该很馥郁了"。秋兰绝对没有一根茎上开一枝花的，而它却也被叫作兰，那么秋兰这个说法大概是不可以完全尽信的。现在宜兴、杭州等地方的蕙，它就像我们本地的兰花一样，那么我上面说的这个猜想就确实是对的了。福建是一个花类繁多的地方，难道会突然在一种花上逊色于附近的地区吗？福建人以前写的花卉著作中，因为献岁兰的叶子形状像老鹰爪子而不把它列为甲品，相信这个做法自然也是有公论的。我曾仔细地观赏那些长得健壮、气足神全的兴兰，发现它们的花是一朵朵依次开放的，兰花的香气也就一阵阵地向外散发，这样，它的香气一直可以持续一个月的时间而不衰退，连玉魫兰也是这样。刚开始你可能会怀疑它的花蕊怎么又瘦小又细弱，但是在花朵开放之后还会渐渐舒展开，同时又渐渐变白，最后会比平常的兰花大一倍，香味奇特而且持续时间久，也不只是平常兰花的一倍，所以人们都很珍视兴兰，确实不是浪得虚名呢。既然这样，那么闽中花的甲品，当然非兴兰莫属，它的地位本来就应该与众花不同。在这一点上，黄庭坚确实独具慧眼。金边兰，仔细分辨起来有两个品种：一种是一根干开十二朵花，香味浓郁而且叶子的边带有黄色，颜色深而且长，这是上好的品种；另一种是一根干开九朵花，香味轻淡而且叶子边上的黄色又浅又短，这样的是次一等的。所以好事者又把它们分别叫作"金边""银边"。还有一种叫米兰，花朵颜色深红而且香味胜出。还有一种比米兰颜色更红一些却没有香味的兰花，想不到事物的同中有异竟能到这样的地步。兰花的品种除了这三种奇异的品种之外，再没有像四季兰那么实用的了。四季兰在福建地区的隆冬季节也能开花，我们当地的还能从四月开到十月，可以大半年时间不缺花看。珍珠兰是我经常种植的，这种兰比较不怕寒冷，我现在有一棵，已经养了五年了，一直好好的。树兰，我曾种过但没有见它开花，最近又买了一棵，至于能不能开花就拭目以待了。我有《罗钟斋兰谱》一书，其中对兰的培养方法讲得非常详细，但是似乎有点儿烦琐，下面我把他书中的观点大概总结一下，以方便大家遵守实施。大概来说，购买兰花的时候应该选择长势良好、精神健壮的；换土要用好泥，换土前先用烈火把土烧透；浇灌要用雨水或者新鲜豆浆，花盆的底必须容易渗水。三伏天应避开太阳西晒；立冬后要把兰花搬入室内，一滴水也不要沾，必须避开寒风，遇到天气暖和则要拿出去暴晒取暖。春天来临的时候不宜把兰花过早地拿出门或者突然加湿冷的水，要到谷雨之后才可以比较随意地培护。做到上面这几点的话，那么培育兰花的注意事项也差不多做到了。根据《月兰谱》中的说法，六月应该把兰花放置在凉亭或者水阁旁，三伏天本来就没有露水，所以知道这个方法确实是对的。培育兰花有四点必须注意：春天不要过早地把兰花拿出去；夏天不要把兰花放在太阳下暴晒；秋天不要让兰花太干燥；冬天不要让兰花过于潮湿。

梅花本当首选而让于兰时，以蜂之顶戴与股夹[1]而决之。物无心，而有心者听焉。"千叶绿萼"，余甚爱之，惜难得耳。"玉蝶"两种：或纯白而薄，或银红而肥，宜并存之。红梅三种：春初有浅、深二色。别一种，色尤淡，而香独胜，十月后、冬至前便盛开，一名"早玉蝶"，此佳品也。蜡梅贵"磬口"[2]，取其色香俱胜，不但以形体圆肥耳。

注释

[1] 顶戴与股夹：指蜜蜂的采蜜活动。顶戴，清代用以区别官员等级的帽饰。此处指蜜蜂的触角。股夹，指蜜蜂用后腿夹花采蜜。清蒲松龄《聊斋志异·三生》："每劝人乘马必厚其障泥，股夹之刑胜于鞭楚也。"这里是委婉地表示，梅花的香气比兰稍逊。

[2] 磬口：即"磬口梅"，腊梅的一种。宋范成大《范村梅谱》："（蜡梅）凡三种：以子种出，不经接，花小香淡，其品最下，俗谓之'狗蝇梅'。经接，花疏，虽盛开，花常半含，名'磬口梅'，言似僧磬之口也。最先开，色深黄如紫檀，花密香秾，名'檀香梅'，此品最佳。"

译文

梅花本来应当作为花卉中的首先论及的一种，现在却先介绍了兰花。我这里没有贬低梅花的意思，仅仅是从蜜蜂采蜜的角度说的，植物没有思想当然不会对此有疑问，但是还应该让有心人明白其中的原因。梅花中的"千叶绿萼"是我非常喜欢的，只可惜很难得到。"玉蝶梅"有两种：一种是纯白色的，花瓣很薄；一种是银红色的，花瓣比较肥厚，这两种应该都值得栽种。红梅有三种：初春时有浅色、深色两种；还有一种，颜色特别淡而香味却非常独特，在十月之后、冬至之前就会盛开，所以又叫"早玉蝶"，这是梅花中的佳品。蜡梅以磬口梅最为名贵，是因为它的颜色漂亮、香味芬芳，而不仅仅是因为它的形体圆肥可爱。

物亦有今乃胜古者，菊之细花[1]是也。旧谱渐不可凭，有志者傥能加意纂一新谱，是亦欣赏之盛事哉。未有花细而叶不细者，此一定之理。细花中，黄、白者尤贵。所谓蜜牡丹、金剪绒、白剪绒、白荔枝等类是也。余于花无不究心，独不敢入菊社[2]，以其未易措手，耻漫为之而不造其玄[3]耳。中岁宦游四方，仆仆[4]未遑从事，晚而杜门著书，余闲辄督园丁以莳植，遂得名花百余种，罗置案头，日供吟咏，亦人生之乐事矣。南京养菊必以裙叶为重，然菊品殊平平，或者高品不能两全耶？姑记以待能者。吾菊事未精，而独勤甘菊之役，以其可茶，可汤，可酒，可生嚼，可糖食，可入药，可为枕，真足称朴于貌而优于才者，是以老饕[5]遍插焉。乃至其叶作汤，犹上可代茗饮而下可薰浴池，菊之报老圃，其亦不素餐^[6]号者欤！黄、白二甘皆真种子也，吾所植，黄七而白三之。

注释

〔1〕细花：花瓣密集细小的花。

〔2〕菊社：此处指精通菊花知识。"菊社"当是化用"莲社"一名，"莲社"本指以念佛为主旨之团体名。东晋慧远大师居庐山，与刘遗民等同修净土，寺中有白莲池，因号莲社，又称白莲社。后结社念佛者亦多以此名之。

〔3〕造其玄：即造玄，指达到玄妙之境界。明谢榛《四溟诗话》卷三："思入杳冥。则无我无物，诗之造玄矣哉！"

〔4〕仆仆：烦琐的样子。《孟子·万章下》："子思以为鼎肉使己仆仆尔亟拜也，非养君子之道也。"

〔5〕老饕：贪吃的人。宋苏轼《老饕赋》："盖聚物之天美，以养吾之老饕。"

〔6〕素餐：无功劳而空享俸禄。《诗经·魏风·伐檀》："不稼不穑，胡取禾三百廛兮，不狩不猎，胡瞻尔庭有县貆兮，彼君子兮，不素餐兮。"

译文

事物也有能以今胜古的，菊花中的细花菊就是这样。新品种越来越多，旧的花谱书已经渐渐不能借鉴了，有志者如果能加以留意，编纂一本新花谱，也是有关菊花欣赏的盛事啊。当然不会有花瓣细了而叶子不变细的，这是必然的道理。细花菊当中，黄色和白色的尤其宝贵，像人们所说的"蜜牡丹""金剪绒""白剪绒""白荔枝"等品种都属于这一类。我对于花卉几乎没有不用心探究的，但唯独不敢进入菊花的研究领域，这是因为菊花种类繁多，不容易下手操作，我担心散漫浮浅的研究不能穷尽其中精微的道理。中年之后我一直在各地为官，也没有时间去从事这方面的事情，晚年的时候可以安心地关起门来写写书了，其余的闲暇时间就总是用来督促园丁种植各种花卉，于是得到了一百多种名贵的菊花品种，把它们罗列放置在书桌上，每天可以为我提供作诗吟咏的题材，真是人生中的一大乐事啊。在南京，养菊花一定是把"裙叶"作为重要的种类来看待，但是它的品质其实是很平常的。难道是因为品级越高越不容易两全其美吗？暂且先把这个情况记载在这里，等以后有才能的人去探究其中的原因吧。我对于培育菊花的事不是很精通，但唯独很勤劳地种植了许多甘菊，因为甘菊可以泡茶，可以做汤，可以泡酒，可以生吃，可以作甜食，可以入药，可以做枕头，真可以说是面貌朴素而才干优异的植物，因此像我这样的"老饕"当然会格外留意而且到处栽种了。至于说到用甘菊叶子做汤，那真是既可以代替茶水来喝下，又可以泡在水池中洗澡沐浴，作用太多了。菊花对于培育它的园丁们来说，真是无愧于"不素餐"的称号啊！甘菊有黄色花和白色花两种，都是真正的甘菊品种。我种了十分之七的黄甘菊，十分之三的白甘菊。

　　或谓菊人曰："吾子三时[1]致力[2]，而九秋[3]告成。斯际也，洵可乐乎？"菊人应之曰："胡为其然也！爰自留种、培芽、分秧、移植，乃沃清泉，乃壅腴土，虫豸是膺，蟊贼是惩，时时运筹[4]于心，日日改观乎目，驯致[5]胚胎若黍米，苞颖若弹丸，然后金玉追琢而绮绣交加焉。自始迄终，何莫而非予乐也？若必待荐西爽〔6〕而采东篱〔7〕方谓之乐，斯亦浅之乎其为乐也己！"君子以菊人为知言。用是推之，凡世之"园日涉以成趣"〔8〕者，类若此哉。

注释

〔1〕三时：春、夏、秋三季农作之时。《左传·桓公六年》："洁粢丰盛，谓其三时不害而民和年丰也。"

〔2〕致力：竭尽心力。

〔3〕九秋：九月深秋。唐李商隐《代应二首》其一："沟水分流西复东，九秋霜月五更风。"

〔4〕运筹：谋划，制定计策。晋陈寿《三国志·魏书·武帝纪》："太祖运筹演谋，鞭挞宇内。"

〔5〕驯致：亦作"驯至"。逐渐达到；逐渐招致。《易·坤》："履霜坚冰，阴始凝也；驯致其道，至坚冰也。"

〔6〕荐西爽：荐，进，进献。西爽，即西山爽气，指隐居者的闲情逸致。典出南朝宋刘义庆《世说新语·简傲》："王子猷作桓车骑参军，桓谓王曰：'卿在府久，比当相料理。'初不答，直高视，以手版拄颊云：'西山朝来，致有爽气。'"

〔7〕东篱：指种菊花的地方。东晋陶渊明《饮酒》："采菊东篱下，悠然见南山。"

〔8〕园日涉以成趣：天天到园里行走，自成一种乐趣。涉，涉足，走到。语出陶渊明《归去来兮辞》："园日涉以成趣，门虽设而常关。"

译文

曾有人对养菊花的人说："你一年当中有三个季节都要致力于菊花的培育工作，而等到秋天菊花开放才算告以成功。在这个成功的时候，确实是值得快乐的吧？"养菊花的人回答他说："哪里是你说的这样呢！自从选留好的种子开始，接下来是培育嫩芽、分秧、移植，直到用清冽的泉水来浇灌、用肥沃的泥土来培壅，乃至留心各种虫子，惩处各类害虫等，真是时时刻刻都要在心中谋划盘算着。然后，菊花才能在我面前一天天生长变化，慢慢长到结出像黍米粒一样的胚胎，像弹九一样的苞蕊，这之后就是像金丝玉绳一样竞相开放的花朵，在我面前交织错落，呈现出锦缎绮绣般的华丽景色。可见，从最开始的选种，到最后花期结束，这当中哪个环节没有我的快乐呢？如果一定要等到可以做一名隐士如陶渊明一样在东篱悠然采菊方才叫作快乐，那么这种快乐也太浅显了吧！"有品德修养的人都认为这位养菊人的话是至理真言。用这个道理来推论，大凡世上那些"天天到园圃里劳动，而能感到其中自有一种乐趣"的人，就像这位养菊者一样吧。

茶之粗而真者，价廉易办，只乏甘香耳。每壶加甘菊花三五朵，便甘香悉备。更能以缸甓[1]蓄天雨水，则惠山[2]即在目前。此寒素[3]所能致也。吾尝拟拈出此类，为《箪瓢乐》[4]一集，姑俟之。

桂君禀性刚正，深有益于人，与木樨大不同。凡古人所谓桂者，多指药中桂皮之树耳。不但此土木樨未是，而闽中结子者亦非也。岭南患木樨瘴，此地亦颇有闻气眩晕者。又入茶酒中，或因而腹胀，皆宜慎之。试观玉局《桂酒颂》[5]，则知吴樨闽子，能不避三舍[6]耶。

校释

〔1〕罋（bèng）：瓮一类的器皿。

〔2〕惠山：山名，在江苏省无锡市西郊。此处指惠山的山泉水。相传经唐代陆羽品味，故又名"陆子泉"，乾隆皇帝御封为"天下第二泉"。

〔3〕寒素：寒苦朴素。南朝梁萧子显《南齐书·王僧虔传》："布衣寒素，卿相屈体。"

〔4〕《箪（dān）瓢乐》：箪：盛饭竹器；瓢：舀水器。箪瓢乐指贫而乐道，典出《论语·雍也》："贤哉回也，一箪食，一瓢饮，居陋巷，人不堪其忧，而回不改其乐，贤哉回也。"

〔5〕玉局《桂酒颂》：玉局指苏轼，因其曾提举四川玉局观。《桂酒颂》是苏轼所作的一篇赋，借桂酒咏志抒怀。

〔6〕避三舍：古时行军计程以三十里为一舍。退避三舍指主动退让九十里。比喻退让和回避，避免冲突。典出《左传·僖公二十三年》："晋楚治兵，遇于中原，其辟君三舍。"

译文

那些制作粗糙但货真价实的茶叶，价钱便宜，很容易得到，只是缺少甘甜的香味罢了。在每壶茶里加上三五朵甘菊花，就既甘甜，又芳香了。如果再能用缸瓮储蓄着雨水用来泡茶，那么惠山泉茶的风味就能呈现在我们眼前了，这个方法即便是平常人家也能做到。我曾经想过要把这些实用的泡茶方法一一搜集整理出来写成一本书，就叫作《箪瓢乐》，暂且等到以后再说吧。

肉桂树的禀性刚健正直，对人体益处良多，它与桂的差别是很大的。凡是古人所说的桂，大多指的是用来作药物桂皮的肉桂树。不但不是我们当地的桂树，而且也不是福建地区能结籽的那种桂树。岭南地区的人容易患上"木樨瘴"，我们这个地方也经常听说有闻到桂花香而气促眩晕的患者。此外，如果桂花放入茶或酒中喝了的话，可能会因此而腹胀，这些都是应该注意的问题。如果细读一下苏轼写的《桂酒颂》就会知道，肉桂对人有很大的益处，吴中地区的桂树和福建地区的结子桂树哪能与肉桂树相提并论呢？

莲之一身，莫非有益于人者。大池为快，盆栽仅可供清玩。内典〔1〕所重，以其方花即果，故瓣多虽美，而有房乃佳。花红取房，花白取藕，美各有专。吴郡陆玄白家一种红莲，乃房、藕俱洪而色味兼美，尤是佳品，此适用而可赏者也。剖符〔2〕于千顷之波，若杂疏中奇品，则叶常有超浣沙〔3〕而遗世独立〔4〕者也，宜特贮于黄金之屋〔5〕。

种盆莲别无巧法，每盆底用田泥筑实，约至六七分，取藕秧之神气完足者，置其上方，以洁净河泥覆之。置向阳处，时时沃以清泉，切不须用肥水浇拥，自然花实茂盛，连络不绝矣。

茉莉，此地扦之亦活，但冬必萎耳。有一种重台〔6〕者，花叶俱细，徽人所重，谓之"宝珠"，香特蕴藉而开久不落，品固自超。

水仙独为东土所宜，若欲事逸功倍〔7〕，但须舍己从人〔8〕。水仙之弟爱有山矾，树大香大，何必屈盘。

注释

〔1〕内典：佛经。唐李延寿《南史·何尚之传》："入钟山定林寺听内典，其业皆通。"

〔2〕剖符：剖分信符。汉朝封功臣时，将作为信物的符节，剖分为二，一份交给受封者保存。汉班固《汉书·高帝纪》："甲申，始剖符封功臣曹参等为通侯。"

〔3〕浣沙：即浣纱。浣：洗涤。纱：一种布料，也代指衣服。浣纱就是洗衣服。后浣纱代指西施。唐王轩《题西施石》："岭上千峰秀，江边细草春。今逢浣纱石，不见浣纱人。"

〔4〕遗世独立：脱离俗世而独自生存。宋苏轼《赤壁赋》："飘飘乎如遗世独立，羽化而登仙。"亦作"遗世绝俗"。

〔5〕贮于黄金之屋：此处化用了汉武帝金屋藏娇之典。阿娇是汉武帝姑母之女，后成为汉武帝的皇后。《汉武故事》："若得阿娇作妇，当作金屋贮之也。"

〔6〕重（zhòng）台：指复瓣的花。唐韩偓《妒媒》："好鸟岂劳兼比翼，异华何必更重台。"

〔7〕事逸功倍：即事半功倍，指费力少而收效大。典出《孟子·公孙丑上》："当今之时，万乘之国，行仁政，民之悦之，犹解倒悬也。故事半古之人，功必倍之，惟此时为然。"

〔8〕舍己从人：放弃自己的意见或利益，而遵从他人。典出《尚书·大禹谟》："稽于众，舍己从人。"

译文

莲的全身都是宝，没有哪里不是对人有益的。在大水池子里栽种是最令人畅快的，在花盆里栽种只可以供来玩赏。佛教的经典书中对莲极为重视，是因为它刚刚开花就在花里蕴含着果实。花瓣多虽然美丽，但是有莲蓬的莲花才是好的。红色莲花可以取用它的莲蓬，白色莲花可以取用它的莲藕，各个品种的好处有所不同。吴郡的陆玄白家里有一种红莲，它的莲蓬、莲藕都长得很大，而且色、香、味俱全，这种莲当然是佳品，既实用又可供观赏。莲在碧波万顷之中发芽生长，已是众多花卉中最奇异的一种了，而莲叶又常常具有一种遗世独立的高洁之美，应该用最特别的方式对待它，把它贮存在黄金做成的屋子里，就像汉武帝的金屋藏娇一样。

在花盆里种植莲并没有什么特别的巧妙方法，可以在盆底用田里的肥泥填实，填到盆的十分之六七，拿一棵长势良好的藕秧放置在泥的上方，再用以洁净的河泥覆盖在藕秧上。把盆放置在向阳的地方，经常给它浇清泉水，切记不能用肥粪水浇，这样莲花和莲实自然就会长得很茂盛，而且会络绎不绝地开花、生长下去。

茉莉在当地扦插也能成活，但到了冬天一定会枯萎的。有一种复瓣茉莉，它的花和叶子都很纤细，安徽人特别看重，把它叫作"宝珠"。这种茉莉的香气特别含蓄，而且花期长，能开很长时间也不零落，品格当然超过了其他种类。

水仙只适合在东土一带栽植，如果想事半功倍的话，就一定要放下自己的成见，按照水仙特性来培育它。和水仙的花型、颜色都相似的有山矾，其树干可高达数尺。如果木本植物的枝干长得高大的话，它的花香气息就会更浓郁。何必要把它盘屈着种植起来，限制它自由生长呢？

玫瑰香温良而味甘美，花之最有实用者，宜多植以作供。甚与鸡毛水相宜，三五年一分则茂。予近得一株，高几二丈，花作重台，大如芍药，颇异凡种。白木香有二种，紫心而小者为胜，宋人所谓荼蘼定此花也。《山家清供》[1]以入米蒸饭，亦善取用。

蔷卜花虽萎，犹胜一切花。他花萎即零落，惟栀子花初开洁白，次渐萎黄，后乃干脱，终不飘散。乃知佛无诳语[2]，而花之取重也亦以此。世人或以千叶为尚，我独取单瓣者。秋林霜子[3]，赭黄[4]可玩。

瑞香以金边橘叶为佳，而纯橘叶者更芬芳。是花也，扦插虽易活，亦易槁于虫，借用古兵法，二矛兮重兮[5]。此花与蜡梅有（抄本空一格）毒，宜稍防之。

注释

[1]《山家清供》：南宋人林洪所作的一本食谱，共二卷。另著有《山家清事》一卷。

[2]诳语：骗人的话。明吴承恩《西游记》："徒弟息怒。我们是出家人，休打诳语，莫吃昧心食。果然吃了他的，陪他个礼罢。何苦这般抵赖？"

[3]霜子：指霜。宋林逋《松径》："霜子落秋筇卓破，雨钗堆地屐拖平。不知呵止长安客，肯爱深穿冷翠行。"

[4]赭黄：自然产生而混土的褐铁矿，可做黄色颜料。此处指黄色的花。

[5]二矛兮重兮：此句或有误字。《诗经·郑风·清人》："二矛重乔，河上乎逍遥。"古代每辆战车左右两边各树一矛，故称"二矛"。重，两重，每支矛上方都有缨饰，两支矛共有两重。这里的意思是，瑞香有易活、易槁两个相对的特点。

译文

玫瑰花的香气温和优良而且味道甜美，是花卉中最具有实用价值的，应该多种植一些以供日常生活中使用。玫瑰非常适宜用鸡毛水浇灌，每隔三五年分栽一次就能长得更茂盛。我最近得到一株，几乎有两丈高，花是复瓣的，并且像芍药花一样大，和普通的玫瑰花差异很大。白木香有两个品种，紫色花心而花形较小的更好一些，宋代人所说的荼蘼一定就是这种花。林洪在《山家清供》一书中提到把荼蘼和米混合起来蒸饭吃，也是一种很好的用花之法。

蔷卜花即使是在枯萎的时候，也比其他的花都好看。别的花枯萎以后花瓣就会飘零落地，只有栀子花是刚开的时候颜色洁白，慢慢枯萎变黄，最后干枯脱落，花瓣始终不会飘散。这才知道佛家不打诳语，而栀子花之所以被佛家看重也是因为这个缘故。世上有些人认为千叶栀子比较好，而我却只喜欢单瓣的，秋天树林中寒霜降落时，只有赭黄色的栀子花可以赏玩。

瑞香花的所有品种当中，"金边橘叶"是比较好的，而瑞香花的叶子很像橘树叶子的那种更加芬芳。瑞香花扦插种植虽然很容易成活，但是也容易因为虫子钻咬而枯槁，借用古兵法的方法就是做好双重的准备工作。此外，瑞香花和蜡梅稍微有点毒性，应该稍稍防备一下。

牡丹品高则花难开，江阴人亦借芍药新接之力耳。不但菊尚细花，而牡丹、芍药亦皆有细花细叶者，其种固自超。余所见，牡丹止"绿蝴蝶""红狮头"；芍药止"皱叶红"，共三种，是真细花。"尺素"虽佳，亦粗花耳。"舞青霓"则闻而未见，然世有博物者，必能遍观尽识之。

二花虽以色著而品高者多香。"天香紫""玫瑰紫"虽中品，而香俱胜"绿蝴蝶"之香，尤清远〔1〕，是淑气〔2〕之所钟耶。芍药，香草也，自古记之矣。古芍药、牡丹不分，唐人于牡丹，始加木字以别之。宋人谱谓，牡丹之接或资人力；而芍药之佳，悉由天趣〔3〕。又芍药妙品有维扬〔4〕人二十余年始得一见者，其重之如此。芍药喜肥，必是用粪。牡丹惟宜于"玉楼春"，其他红、紫中品或有可粪者，如"绿蝴蝶"等必不可浪用。又牡丹冬前勿浇肥，若秋间发露芽叶，则明年花必不畅。牡丹、芍药皆宜有新谱，江文通之彩笔〔5〕，余日望之。仆非老懒避事，恐闻见未广，不敢叨此任耳。旧谱所载，或昔无而今有，或昔最而今殿，已大半为陈言矣。以新意阐新花，扩前谱所未发。

注释

〔1〕清远：清美，幽远。

〔2〕淑气：温和怡人的气息。晋陆机《悲哉行》："蕙草饶淑气，时鸟多好音。"

〔3〕天趣：自然的情趣。宋沈括《梦溪笔谈》："往岁小窑村陈用之善画，迪见其画山水，谓用之曰：'汝画信工，但少天趣。'"

〔4〕维扬：扬州的别称。

〔5〕江文通之彩笔：江文通指南朝诗人江淹，江文通之彩笔比喻其绝世才华。典出钟嵘《诗品》："齐光禄江淹，文通诗体总杂，善于摹拟，筋力于王微，成就于谢朓。初，淹罢宣城郡，遂宿冶亭，梦一美丈夫，自称郭璞，谓淹曰：'我有笔在卿处多年矣，可以见还。'淹探怀中，得五色笔以授之。尔后为诗，不复成语，故世传江淹才尽。"

译文

牡丹花虽然品级高，但培育难度很大，江阴地区的人也

不过是凭着用芍药嫁接的方法才比较成功的。不但菊花中有
细花的品种，牡丹、芍药也都有细花细叶的，这样的品种当
然是罕见难得。就我所见过的来说，牡丹中只有"绿蝴蝶""红
狮头"，芍药中只有"皱叶红"，总共这三种是真正的细花品
种。"尺素"虽然也不错，但并不是一种精致高雅的花。我听
说过"舞青霓"，但是没有见过，不过世上自然会有见识广
博的人，能够看到并认识这些花卉品种。虽然牡丹和芍药这
两种花是因为鲜艳的颜色而著称的，但是其中品格高贵的品
种多数都有很浓郁的香气。像"天香紫""玫瑰紫"虽然只是
品级中等的花，但是香气也很出众。"绿蝴蝶"的香气尤其清
美幽远，难道是天地间的怡人气息所集聚而生的吗？芍药是
一种香草，自古以来就有记载。古代芍药、牡丹不分，从唐
代人才开始区分牡丹，加"木"字来区分。宋代人的花谱中
还说，牡丹的嫁接需要凭借人力，而芍药的好处却都是自然
的情趣。此外，有些扬州人二十多年才得以见一次芍药中的
奇妙品种，他们对芍药的看重竟到了这样的地步。芍药喜欢
肥沃的土壤，所以一定要用粪水浇灌。牡丹中只有"玉楼春"
适合用粪水，其他的像红色、紫色的中等品种中或许也有可
以用粪水的，而像"绿蝴蝶"等品种是一定不可以鲁莽地使
用粪水的。另外，在冬天之前不要给牡丹浇肥，如果浇了肥，
在秋天就开始发芽生叶，那么第二年的花一定开得不好。牡
丹和芍药都应该重新写花谱了，我每天都在期望着有像江淹
那样的大手笔作家来写花谱新作。至于我自己，并不是因为
年纪大了或者懒惰而不肯去做这个事情，只是恐怕见闻不够

广博，所以才不敢担当这个重任。旧花谱里所记载的有关情况，要么因为以前没有的品种而现在新培育出来了，要么是以前最好的品种而现在成了最次等的，总之，已经大部分都是陈言旧论了，所以应该用新颖的观点去阐述新奇的花卉，从而增加旧谱中所缺少的有关记载。

西府[1]为真海棠，而紫绵为真西府，余皆非至物[2]。所谓"河南西府最大"，然色浅而叶粗，不足贵也，况其他乎。宋朝宸游，有所谓"小春海棠"[3]。盖木本者，一岁而再花，色尤娇好，有识者未尝不过而问焉。贴梗木瓜，棠之别族耳。秋海棠，草本而色却媚，且在霜中，尤觉可重。

世人以石岩花为真杜鹃，盖先有一种似而非真，此独取其色深红而花细密者耳。

花中真大红者莫有过于佛桑[4]。其性最为畏寒，赣州亦自落叶。遇冬暖则舶上来者，青眼半存，花乃及时而发，购者方有实用。第不堪久藏，即谨护[5]必不能存活。然四个月之花，尽可偿二百钱之费矣。又有一种肉红者次之，他色未遍观也。

夹竹桃花色媚，叶更雅，远物之易致而可久者。

注释

[1] 西府：西府指陕西宝鸡市，此处指西府海棠。

〔2〕至物：最好的事物。

〔3〕宋朝宸游，有所谓"小春海棠"：宋朝指南宋皇帝宋孝宗。宸游指帝王出巡，此处指出行游玩。这句话出自南宋周密《武林旧事》卷七："（孝宗）从太上至后苑梅坡看早梅，又至浣溪亭看小春海棠。"

〔4〕佛桑：即扶桑，植物名。指佛桑树的花。唐段成式《酉阳杂俎续集·支植上》："闽中多佛桑树。树枝叶如桑，唯条上勾。花房如桐，花含长一寸余，似重台状。花亦有浅红者。"

〔5〕谨护：严密遮护。

译文

　　西府海棠才是真正的海棠花，而其中"紫绵"这个品种才属于真正的西府海棠，其余的都不是好品种，正像人们一般所说的"河南的西府海棠最好"。但是西府海棠的花，颜色很浅而且叶子比较粗糙，其实是不值得珍视的，更何况其他品种的海棠花呢？以前宋朝的时候，孝宗皇帝跟随高宗皇帝巡视赏花，其中就有所谓的"小春海棠"一花。大概是木本植物，一年当中可以开两次花，颜色娇艳漂亮，有见识的人没有从它前面经过而不去过问的。贴梗木瓜和海棠花属于同类品种，但是状貌、性质差异较大。秋海棠属于草本植物，花色却十分艳丽，并且是在霜天中开放，尤其值得我们敬重。人们一般把石岩花作为真正的杜鹃花来看，这大概是因为在此之前已经有了一种和杜鹃花很相似，但并非真正的杜鹃花，我在这里只是选取花色深红且花瓣细密的杜鹃花罢了。

　　花卉中真正是大红颜色的莫过于佛桑花了。佛桑花最怕寒冷，即使是在江西地区也会因为气温低而落叶。遇到比较暖和的冬天可以用船只从水路运输过来，如果运气好，花能及时开放，购买者才会得到观赏奇花的好机会。只是仍然不能长久保存，即使小心谨慎地养护，也不能存活太久。不过有四个月的赏花时间，完全可以抵得上购买佛桑花所花费的二百钱了。还有一种肉红色的佛桑花，比大红颜色的稍微逊色一些，我还没有见过其他颜色的。

夹竹桃的花颜色明艳，叶子更具有雅致的韵味，它虽然是一种来自远方的花卉，但是很容易得到，并且它的存活时间也很长久。

宝珠茶皆来自蜀中，红者以春开，黄白者以秋开。今分二部，而以滇茶、白绫各为其部中之杰。

蜀茶比本地宝珠迥别，外瓣宏阔而内瓣舒畅，色倍鲜明，谱所谓石榴茶即此。有大红、深红二种，年久者亭亭如盖[1]，其红可亚佛桑。又一种外红而心如玛瑙，红白相间，名曰二乔。右三种皆蜀茶也。滇茶则来自云南，其性畏热畏寒，喜洁恶秽，花大如碗，二十余瓣一样均匀而重台交覆，色比大红略浅，娇媚无比。

黄、白千叶山茶，其瓣大同小异，俱外阔而中密，皆有微香，黄者心含自然蜜，更增一奇。白绫花开在冬初，迄于长至，比二茶颇小，亦二十余瓣，而内外均匀，其色纯白，中带淡绿，超然尘表[2]。凡百花之无香者皆可厌，惟此花也，赏心者忘其白而不香，即格韵[3]之胜可知也。

注释

〔1〕亭亭如盖：亭亭，高耸直立的样子。盖，伞。语出明归有光《项脊轩志》："庭有枇杷树，吾妻死之年所手植也，今已亭亭如盖矣。"

〔2〕超然尘表：品格超绝尘俗。语出《金刚经》："学佛人能见及此者，曰开道眼。此时急当养其道心，当令心如虚空，超然尘表。"

〔3〕格韵：格调气韵。

译文

　　我们当地的山茶花都是从蜀中地区传来的，红色山茶花的在春天开，黄色和白色的在秋天开。下面我把茶花按颜色分成两部分来记载，把滇茶和白绫分别作为每部分中的杰出代表来介绍。

　　蜀茶花和本地的宝珠茶花迥然不同，它外面的花瓣很大而内部的花瓣稀疏，颜色比一般茶花加倍的鲜艳明丽，花谱中所说的石榴茶就是指这种茶花。蜀茶花有大红和深红两种颜色，生长时间久的茶花树亭亭玉立，就像一把撑开的车盖，它的红色只亚于佛桑花的。还有一种花瓣外面是红色而花心像玛瑙一样红白相间的，名字叫"二乔"。上面所说的三种都属于蜀茶，滇茶是来自云南的，它既不喜欢炎热又害怕寒冷，喜欢干净的生长环境而厌恶污秽和肮脏。滇茶花形很大，就像碗口一样。二十多片花瓣分布得均匀而且是复瓣的，花瓣交错着覆盖在一起，颜色比大红略浅一点，非常娇艳明媚。

　　开黄色或白色花的都是千叶山茶，它们的花瓣也大同小异，都是外面的花瓣又大又舒展而里面的花瓣又小又细密，也都有微微的香气。黄色茶花的花心里含有自然产生的花蜜，更为它增添了一个奇异的特点。白绫花在初冬开放，花期一直能持续到第二年夏至。花形比上面所说的两种千叶山茶小得多，也是二十多片花瓣，但是内外分布均匀，它的颜色是纯白中带着点淡绿，显得超凡脱俗。一般来说，白色的花如果没有香气都是会令人讨厌的，只有白缕花除外，欣赏者往往忘记了它是白色而且不香的，可见白缕花的格调韵味是非常出众的。

白花无叶者取玉兰，有叶者取梨花，共为一部。

玉兰有微香，而特以素质[1]著。其得之难易今与昔殊者，缘根接[2]之得法，胜于过枝十倍也。

梨花以多为胜，而以月增妍。有一种千叶白花而结实甘美者，尤奇品也。若夫六一集[3]中千叶红梨花，则吾闻其语矣。

碧桃天趣独胜，绯桃不可无一，不可有二。粉红千叶名杨妃桃，即人面桃。有大小二种，大者开迟，特为富丽。余曾于金陵[4]四月中见其盛开，比常品其巨三倍。千叶石榴有细叶、粗叶二种，又一种名台榴，粉红黄白皆有千叶者，种种浓艳。

注释

[1]素质：白色的质地。《尔雅·释鸟》："伊洛而南，素质五采皆备，成章曰翚。"

[2]根接：即以根系作砧木，在其上嫁接接穗。

[3]六一集：北宋欧阳修的文集。欧阳修号六一居士。

〔4〕金陵：指江苏南京。

译文

　　白色花里面，没有叶子的，我选取玉兰，有叶子的，选取梨花，把它们共同作为一部分一同介绍。

　　玉兰花只有轻微的香味，但是因为拥有特别素净的气质而闻名。玉兰花在过去很难得到，现在却很容易，这是因为根接的方法很得当，成功率比枝接的方法高十倍。

　　梨花开得数量多才好看，在晴朗有月亮的夜晚欣赏，更能增添美感。有一种千叶白梨花，结的果子非常甜美，是非常奇异的品种。至于欧阳修的《六一集》中记载的千叶红梨花，我只是听这本书这样说，但从没见过红色的梨花。

　　碧桃非常独特，绯桃不能一棵没有，但也不需要太多。粉红色的千叶桃又叫“杨妃桃”，也就是“人面桃”，有大小两种。大的开的时间迟，但是有一种特别富丽的气象。我曾经在四月的江苏南京见过它盛开，比起一般的品种来，它的花有一般品种的三倍大。千叶石榴有细叶和粗叶两种，还有一种叫台榴。粉红、黄、白等颜色的石榴都有千叶的，每种都很浓艳。

　　古人所谓芙蓉，皆荷花也。灵均“集以为裳”〔1〕，固在行吟泽畔〔2〕时耶。拒霜〔3〕之称木芙蓉，自唐人始。芙蓉帐宜画莲花，乃为得体，其涂抹一林拒霜者，村汉杜撰耳。拒霜惟白者最冷落，而药中所用，乃在白不在红，固知容悦[4]与实用宜分两途。

江浙间拒霜皆大树，予往时见处州[5]府学[6]有干如梧桐而花则三醉[7]者，不知吾地可效之否也。昔闻有人云，严州木本黄菊，高如屋而不改柯，他方物产可胜究哉！

花若红时便不香，专指大红而言也。此诚遍索天涯，竟不可得。至若玫瑰、莲花、牡丹、芍药，盖二色皆非真大红耳，或紫或粉，而不妨有香。

注释

[1] 灵均"集以为裳"：灵均指屈原，"集以为裳"语出《离骚》："制芰荷以为衣兮，集芙蓉以为裳。"

[2] 行吟泽畔：行吟，边行走边吟唱。行吟泽畔语出汉司马迁《史记·屈原贾生列传》："屈原至江滨，被发行吟泽畔，颜色憔悴，形容枯槁。"

[3] 拒霜：木芙蓉的别称。冬凋夏茂，仲秋开花，耐寒不落。宋苏轼《和述古拒霜花》："千林扫作一番黄，只有芙蓉独自芳。唤作拒霜知未称，看来却是最宜霜。"

[4] 容悦：曲意逢迎以取媚于人。南朝宋范晔《后汉书·陈蕃传》："是非不谏，则容悦也。"

[5] 处州：浙江省丽水市的古称。

[6] 府学：古代府州县皆设学，直属于府者为府学。

[7] 三醉：芙蓉的一种。明王世懋《学圃杂疏·花疏》："芙蓉特宜水际，种类不同……有曰三醉者，一日间凡三换色，亦奇。"

译文

古人所说的芙蓉，指的都是荷花。屈原在诗中说要"收集芙蓉花瓣来做成下装"，应当是他在水泽旁边行走吟诵的时候写的吧。拒霜被称为"木芙蓉"是从唐代人开始的。芙蓉帐上面应该画莲花才是得体的，那些涂鸦了一片拒霜花的，只是没有学问见识的粗人杜撰之作罢了。白色的拒霜花一直最受人们冷落，但是药物中所使用的却是白色拒霜而不是红色的，可见植物的外形颜色和它的实际用途是应该区别对待的。

江浙一带的拒霜花都是大树，我以前曾在丽水的府学见到一棵拒霜花，它的主干就像梧桐树那么粗，花在一日间变换三种颜色，不知道这样的拒霜我们当地是否也能效仿着种植呢？以前我还听人说过，严州有一种木本的黄菊花，能长得像房屋一样高，其枝干也不会歪斜，远方的物产真是多到探究不完啊！

花如果是大红色的就不会有香味，这里所说的红色是专指大红色来说的，这样的大红色确实是不容易找到的。至于像玫瑰、莲花、牡丹、芍药，都不是真正的大红色，有的带点紫色，有的带点粉色，所以它们才会有香味。

梅花、玉兰倘有叶，反不称其为琼林琪树[1]。使牡丹而无绿拥[2]，则寒乞[3]相，何以得为富贵。造化亦巧矣哉。然陆叔平[4]尝绘惜春玉兰，绿叶颇茂。或者叹之，以验文太史[5]，却深赏其出奇。物理无定，而人之好尚亦殊，何可执一耶？

名花为人所眷而倍加滋植，或神气有余而变出奇巧，有遂成种性者，有乍弄丰姿者，此皆偶然际遇[6]，然亦精专所致云。

注释

〔1〕琼林琪树：树枝因披雪而晶莹洁白，如玉树一般。宋刘克庄《拟李太白冬夜》："朔风吹云冻不醒，琼林琪树垂珠璎。"

〔2〕绿拥：绿叶围拥。

〔3〕寒乞：寒酸。宋叶适《超然堂》："宅舍空荒转颓漏，驺仆蓝褛常寒乞。"

〔4〕陆叔平：明代画家陆治，倜傥嗜义，以孝友称。好为诗及古文辞，尤精通绘画。

〔5〕文太史：文徵明，画家、书法家、文学家。不事权贵，尤不肯为藩王、中官作画。

〔6〕际遇：遭遇，适逢其遇。宋陆游《老学庵笔记》卷十："盖院有僧尝际遇真庙，召见赐衣及香烛故也。"

译文

梅花和玉兰花如果有叶子衬托着，反而不能被称作是琼林琪树。但是如果牡丹没有绿叶簇拥着的话，就会显得寒酸可怜，哪里能被人们看作是富贵的象征呢？大自然的造化之功真是太巧妙了！不过明代陆治曾经画过一幅《惜春玉兰》，给玉兰花画上了非常茂盛的绿叶。有人对此觉得不妥，去向文徵明寻求验证，文徵明却很欣赏这幅画能出奇制胜。可见不仅事物的道理不是一成不变的，而是人们的喜好有所不同，世间万事又怎么可以固执拘泥呢？

那些著名的花卉会因为被人们看重和眷顾而加倍地滋养培护，或者在原来的基础上变化出更加奇异的、巧妙特点。有些特点一直保持着，就成为这种花的特性了，有些特点只是偶尔摆弄出的特别姿态，这一切虽然有偶然际遇的原因在其中，但也是人们执着于花卉的栽培才得到的。

黄蔷薇韵胜于香，刺花中当为第一。最俭陋[1]者莫过野蔷薇，而香乃擅奇，可作篱落[2]用。

麝香百合有早、晚两种：早者香浓，晚者稍让[3]。畦中多种充食，其晚者欤？

渥丹一名石榴红，别有深黄色者，予名之曰石榴黄，以黄渥丹取义无当也。

石竹与洛阳花同宗异派，《本草》所谓"瞿麦"即此。洛阳花单叶、千叶各有微长，植之颇腴，即变态[4]多端。蜀葵、罂粟、凤仙，俱能变种种色。

决明子，多食令人腰膝以下躄弱[5]。鸡冠子，婴儿弄之，误入目，能损明。此二事小，而不可不知戒。

注释

[1] 俭陋：俭朴，粗陋。
[2] 篱落：用竹条或木条编成的栅栏，亦称为"篱笆"。
[3] 稍让：稍稍减少。
[4] 变态：某些植物生长型态和生理机能，因长期受环境影响而产生变化。
[5] 躄（bì）弱：软弱无力的样子。

译文

黄蔷薇的气质韵味胜过它的香味，在刺花中应当作为第一名。长得最俭朴的莫过于野蔷薇了，但是它的香味却很奇特，可以把它编织起来作为篱笆来用。

麝香百合有花期早、晚两种：花期早的香味浓郁，花期晚的香味稍淡。如果要在菜田中多种百合用以食用，应该用晚的那一种吧？

渥丹又叫"石榴红"，另外还有一种深黄色的，我把它叫作"石榴黄"，因为如果叫"黄渥丹"的话，名字中的"黄"和"丹"意思就有矛盾，是不恰当的。

石竹和洛阳花是从同一个种类发展出来的不同植物，《本草纲目》里所说的"瞿麦"指的就是石竹。洛阳花有单瓣、千瓣两种，每种各有略微的长处，种植之后生长得很饱满，而且能经过培育变化出多种形态。还有蜀葵、罂粟、凤仙等花都能培育变化出不同颜色的品种来。

如果食用了过多的决明子的话，会使人的腰膝以下软弱无力。如果让婴儿玩弄鸡冠花的种子，容易不小心进到眼睛里损害视力。这两件事情虽然不大，但是不能不加以防备。

论果第四

花以圃中可种者为现在，而果则圃中与百里内外可充笾实[1]者兼取之，所急者在用耳。

古人五果：桃辛、李酸、杏苦、枣甘、栗盐。以五味入五脏[2]，不尚异物。然《禹贡》"厥包橘柚"[3]，则仍自贵重。

注释

[1] 笾实：祭祀或宴会中竹器中的果物。

[2] 五脏：心、肝、脾、肺、肾五种器官。亦泛指各种内脏。元秦简夫《东堂老》："则你那五脏神也不到今日开屠。"

[3] 《禹贡》"厥包橘柚"：《禹贡》，我国第一篇区域地理著作，战国时魏国的人士托名大禹的著作。"厥包橘柚"意为包裹好的橘子和柚子。

译文

上面所说的各种花是我的园圃中已种植的，而下面要说的水果，则无论是在我园圃中种的或者是来自别处、方圆百里之内的，只要可以用来食用或祭祀的就都选取记载下来，因为果子最重要的是它的功用。

古人经常说到五种水果：桃子略带辛辣，李子略带酸味，杏子略带苦味，枣子味道甘甜，栗子味道略咸。因为这五种味道是分别归入五脏的，其他的奇异水果并不被古代人们所认可。但是《尚书·禹贡》中已经说过"包裹好的橘子和柚子"，要作为扬州的贡品上贡天子。可见，橘子、柚子也是自古以来很珍重的果品。

一曰橘，凡柑、橙、金柑、香橼皆同类也。二曰梨。三曰杨梅、葡萄。后先相望[1]，风味并奇也。四曰樱桃。五曰梅，而杏附焉。六曰桃，而李附焉。七曰枇杷，来禽[2]为朋。八曰栗，而胡桃附焉。九曰柿子，曰菱芡。此外如石榴、鲜枣、银杏等辈，俱可备采择也。果有自远方来而此地可种者，不列常品中。其土果，又别而一类，如香芋、落花生、荸荠、茨菇等，别自拈出，宜加意培养，收其实用，不但尚奇。

闽中一种柑子，香如佛手而无指，其甘润乃胜之，彼地称香橼，又称香杨。予于商舶上得而植之缸中，已八九年矣。其花香甘而肥大，亦可食。自夏至秋，络绎不绝[3]。其实大约三岁二稔，或三四枚，或六七枚。叶亦芳辛，可作汤饮。性爱肥畏寒，冬时入室，藏以草囤，宜用肥水浇一二次，春深方可出之。佛手柑亦曾带来，所不同者，芽蕊初俱带红而渐青渐白，花方蜕而指即彰，祛寒尤甚，植之一岁而枯。

柚子味不甚美，而交春乃香，种亦传于远方。又一种瓤红而味甘者，闽人曾以果来售。

注释

[1] 后先相望：前后互相连属，络绎不绝。

[2] 来禽：即沙果，也称花红、林檎、文林果。或谓此果味甘，果林能招众禽，故名。

[3] 络绎不绝：形容行人车马来来往往，接连不断。语出南朝宋范晔《后汉书·南匈奴传》："窜逃去塞者，络绎不绝。"

译文

　　第一种水果是橘子，凡是柑子、橙子、金柑、香橼等都属于同一类。第二种水果是梨。第三种水果是杨梅、葡萄。因为这两种水果先后成熟上市，而且口味都很奇特。第四种水果是樱桃。第五种水果是梅子，杏子附记在后面。第六种水果是桃子，李子附记在后面。第七种水果是枇杷，沙果与之相近。第八种水果是栗子，胡桃附在后面。第九种水果是柿子、菱角和芡实。此外像石榴、鲜枣、银杏等都可以采摘使用。果类中有些是从远方传来而我们当地也可以种植的，但是不把它们列为经常使用的水果。还有一些当地在土中生长的果实也另外作为一类，如香芋、落花生、荸荠、茨菇等，之所以把这些单独列出，是因为这是本地物产，对它们应该多注意培育，从而得到更多的实用价值，不要只是崇尚奇特的品种。

　　福建有一种柑子，香味就像佛手柑一样，不过没有佛手柑那样如手指般的果瓣；而它的甘甜和水分却是胜过佛手柑的。福建当地把它叫香橼，又叫香杨。我在商船上买了一棵种植在缸里，已经养了八九年了。这种柑子的花又香又甜而且形态肥大，也可以食用，从夏季到秋季一直有花相继开放，

络绎不绝。它的果实大约是三年中成熟两次，有的结三四枚，有的结六七枚。叶子也具有芳香带辛辣的味道，可以用来烧汤喝。这种柑子喜欢肥沃的地方，害怕寒冷，所以冬天要把它拿到室内，藏在草堆里，还要用肥水浇一两次，等到深春时节才可以拿出去。佛手柑我也曾经种过，和福建香橼有所不同的是，佛手柑的芽蕊一开始都带点红色，等到花开放之后就渐渐地变成青绿色再渐渐变成白色，花才蜕下而果子的手指形状就很明显地呈现出来了。佛手柑比福建香橼还怕寒冷，我只种了一年就枯死了。

柚子的味道并不很好，而且立春的时候才有香味。柚子也是从远处传来的物种，还有一种红瓤而且味道甘甜的，福建人曾经来卖过。

柔远物则奇实归之，治圃犹治国也。频婆果性不怯寒而畏热，识性乃荣。山东糖球及榛子，此地皆可种。今甚心赏，每思致其树而植之。

予往时见旧家[1]柑橘之类，味甚佳而品甚富。今屡经世变，仅存者不及三之一耳。如就目前，草略述之。

橘以蜜橘为甲之甲，漆碟红为甲之乙，朱柑为甲之丙，麻糖囊为甲之丁，大扁橘为甲之戊，外此皆未为佳品。向闻绿橘最奇，洞庭所产，然未得尝。朱橘一名鳝血糖囊，冬底尚酸，而入春渐甘，却能耐久，以收后效，可为甲之已。更有波斯橘，皮虽粗而肉饶水，经霜则甘，盖亦寸有所长[2]。其至无用者，莫如"早红"。佳色，乍明而酸涩彻底，所谓中看不中吃。凡物之类此者，皆可深憎哉。蜕花甜[3]之夙慧[4]，反是非土产。而味佳用广者，惟衢橘。然种其核为直脚树，乃成臭囊皮[5]。又有所谓福橘种者，瓤犹半似，而皮乃膻气。噫！岂必入淮而后化为枳[6]耶！

本地柑佳种，所谓乾柑者，外貌光圆，内肉硬脆，其味在甘酸之间。又一种沙橘者，形大而质厚，皮香而肉甘，盖橘其名而柑其类者也。闽中来者，一名昆卢柑，大于沙橘，而香味觉胜。然二果骤观甚似，细辨乃殊焉。

注释

[1] 旧家：久居其地而颇有名声的家族，也称"故家"。唐李商隐《为同州侍御上崔相国启》："此皆相国推孔李之素分，念国高之旧家。"

[2] 寸有所长：寸比尺短，但用于更短处即显其长。比喻平平常常的人或事物，也会有他的长处。语出屈原《卜居》："夫尺有所短，寸有所长。"

[3] 蜕花甜：橘柑的一种。明周文华《汝南圃史》："枝叶繁碎，形巨肉甘。皮黄如蜡，光泽可爱。花落后即堪啖，故得名，然亦须霜后味始全美。此果耐久，可蓄，人多重之。"

[4] 夙慧：生来就有的悟性，此处指天然甜味。

[5] 臭囊皮：即臭皮囊，佛教术语，指人的躯体。此处指树的外形。

[6] 入淮而后化为枳：比喻同样的东西会因环境的不同而引起变化。语出《晏子春秋·内篇》："橘生淮南则为橘，生于淮北则为枳。"

译文

如果对远方物产怀着包容的态度加以培育就能得到许多奇异的果实，从这个道理来看，治理园圃也像治理国家一样

啊。比如，频婆果不怕寒冷却害怕炎热，所以一定要清楚地认识每种植物的特点，才能让它们生长得繁荣茂盛。山东的山楂树和榛子树，我们当地都能种，我心里对这两种树也非常喜欢，常常想着要得到这两种树苗来种。

我以前见过当地颇有名声的家族里种有柑橘类水果，味道很好而且品种特别丰富。到现在经过了多年的世事变迁，仅存下来的已经不到原来的三分之一了，所以我现在就只把目前所有的水果简略地记述一下。

橘子类中把蜜橘作为甲品中的甲品，"漆碟红"作为甲品中的乙品，朱柑作为甲品中的丙品，"麻糖囊"作为甲品中的丁品，"大扁橘"作为甲品中的戊品，除了以上这些，其他的就都不是好品种了。我一向听说洞庭出产的绿橘是最奇异的，但是从来没有得到机会品尝。朱橘又叫"鳝血糖囊"，放到冬末还带有酸味，而放到第二年春天之后却能慢慢变甜，优点是能够储存很长时间，放很长时间也能保持较好的味道，可以作为甲品中的己品。还有一种叫波斯橘，它的皮虽然粗糙但果肉却有很多汁水，经过霜打之后味道还特别甜，这大概就像古语说的"寸有所长"的道理一样了。橘子类中最没用的要数"早红"了，颜色好看，一吃却又酸又涩，正是人们常说的"中看不中吃"，大凡是有这种特点的事物都是非常令人憎恶的。"蜕花甜"有天然的甜味，反而不是当地出产的。味道既好吃，用途又广泛的只有衢橘，但是把它的核种下去却只能长出直脚树，果实又小又硬，成了徒有虚名的橘树。还有一种叫作福橘的，果肉的味道和橘子的有点儿像，果皮却有一股膻味儿。唉！谁说橘树一定要迁入到淮河以北之后才能变成枳树呢！

本地出产的柑子中，较好的品种是叫作乾柑的，外形光滑圆润，里面的果肉又硬又脆，味道介于酸甜之间。还有一种叫沙橘，外形长得既大又厚实，果皮有香味，果肉也很甜，统称为橘而实际上是柑子之类的吧。从福建传来的柑子又叫"毗卢柑"，外形比沙橘大，而且香味也觉得比沙橘要好，但是这两种柑子猛然间看上去很相似，要仔细辨别才能看出它们的区别。

橙有三种：香橙以气胜，蜜橙以味胜，蟹橙为下品。又一种波斯橙，香、味俱平平，所长者，形质伟然耳。

金柑圆者实美，牛奶者实蕃。又有一种大于橡柑而色稍深者，名罗浮柑，来自武林[1]，此土可植，宜于盆中，来年黄弹[2]，长夏尚鲜。予特印可[3]之，爱作颂[4]曰："嘉树珍果，厥名罗浮。柑橘其体。香味兼优。根连株附，来自杭州。吾土比邻，移植可谋。烁烁[5]金丸，隔岁仍留。长夏庭实，宛若暮秋。"此虽戏谑，亦可见其奇也。

香橼二种：皮细而小者先芳，皮粗而大者继芳，皆可取用。书室中盆贮数枚，恰如兰芳袭人。或和菊花同制汤，亦佳。

凡永嘉黄柑、福建橘辇致此地，俱香味不减，然种核辄不能佳。傥好事者就彼境致原树种之，但加意避寒，能久荣其枝，美实必可冀也。佛手柑、衢橘仿此。

凡柑橘、金柑、香橼之花，皆有妙香，暂以果掩其美，然终不可没也。

宗门有一偈^{〔6〕}云："不惜过秋霜，图教滋味长。总然生摘得，终是不馨香。"此以摘橘为进道之喻，宜深味之。

注释

〔1〕武林：杭州的别称，以武林山得名。

〔2〕黄弹：黄色弹丸。

〔3〕印可：佛教用语，佛教谓师父承认弟子对佛法的修学或体悟是正确的。《维摩诘所说经》："若能如是坐者，佛所印可。"

〔4〕颂：《诗经》分风、雅、颂三部分，其中"颂"为宗庙祭祀之乐。此处的"颂"，是作诗赞美之意。

〔5〕烁烁：光芒闪动的样子。唐韩愈《芍药》："浩态狂香昔未逢，红灯烁烁绿盘笼。"

〔6〕偈（jì）：佛教语，是一种略似于诗的有韵文，通常以四句为一偈。下文是元代清珙禅师之偈。

译文

橙子有三个品种：香橙的气味香浓，蜜橙的味道甜美，蟹橙是位于最次的一种。还有一种叫波斯橙，香气和味道都很平常，它的长处只是外形、质地看起来很大气罢了。

圆形的金柑味道鲜美，牛乳形的金柑果实很多。还有一种比橼柑大而且颜色稍微深一些的，名叫罗浮柑，这种柑是从杭州传来的，我们当地也可以种植。罗浮柑适宜种植在花盆中，它结像黄色弹丸一样的果子，一直到隔年的夏天还能保持新鲜。我特别欣赏这一点，于是模仿《诗经》颂诗说："有一种美好珍贵的果树，它的名字叫作罗浮。它虽然属于柑橘一类，难得的是香气和味道都很出色。它的根互相连缀着，是从杭州传来的。我们这里和杭州离得很近，所以可以移来种植。它的果子就像闪烁的金丸，来年仍能保留在枝头上。漫长的夏天里庭院里一直有果实悬挂着，令人宛如身处果实累累的金秋。"这虽然只是一些玩笑话，也可以看出罗浮柑的奇异之处了。

香橼有两种：外皮细致而形状小巧的那种先开花，外皮粗糙而形体较大的那种后开花，两种都可以供来使用。在盆里贮存几个香橼果子再放到书房里，就会散发出好像幽兰一样的芳香，沁人心脾，或者和菊花一起做成汤喝，味道也不错。

不管是永嘉的黄柑还是福建的橘子，它们被运输到我们当地来之后，香气和味道都不会有所减少或变化，但是如果用它们的核种植培育，却总是长不好。我想有心种植的人可以到那里运来他们当地育好的树苗，路上只要注意避开寒冷，应该能使树苗保持新鲜，那么在我们当地长出鲜美的果实来也一定是有希望的。佛手柑和衢橘的栽培也可以仿效这个做法。

凡是柑橘、金柑或香橼等水果，它们的花都是有奇妙的香气的，不过暂且被果实掩盖了这个优点，但始终是不可埋没的。

有一段佛语说："之所以不吝惜果实，而让它经受秋霜的浸染，是为了让它的滋味更加深长。即使可以把它提前摘下来，味道总是不够醇厚香浓。"这句话的意思是说，有些瓜果必须经过风霜才能成熟，提前采摘，其口味并不佳。用采摘橘子的事情比喻人修行得道的过程中不能操之过急，我们应该深刻地体会和理解它。

梨出洞庭山，家园亦可植。有短柄金花、玉柄水桥二种，俱佳品。其秋白，若能至冬方啖，当亦佳。今每每[1]早摘，不待其熟，故味多酸涩。予昔年偶于吴门[2]市得本山消梨[3]，甚美，后不再遇。大率梨之佳者，本地与客货相半，宜兼用之。

杨梅或拟敌闽荔，虽未遽许，然要为此地佳果。西山以铜坑至里玉泉寺为胜，皆核小而味甘。然不甚大，当由美蕴诸中，非以貌耶。兹目前只黑炭团为贵，然真黑者味甜，而染黑者味淡，宜审择之。是夏晴雨得中，则杨梅必胜。取给山中，美而且便，或植园林，但取妆点景物耳。别有白者名圣僧梅，色奇而味终劣。

葡萄紫胜于白，秋深过熟，食之方可于口。予近于嘉定得二种，内一种大几如枣而味亦胜，园植己盛。又于北方得一种，熟迟，至冬方啖，皆奇品也。此则植而未蕃。右二果熟不同时而风味相埒[4]，故总居一部，定品为丙。

注释

〔1〕每每：常常；不止一次。

〔2〕吴门：指苏州或苏州一带。历史上作为苏州的别称之一，为春秋吴国故地，故称。宋张先《渔家傲》词："天外吴门清霅路，君家正在吴门住。"

〔3〕消梨：即香水梨。南朝梁萧子显《南齐书》："宋泰始既失彭城，江南始传种消梨。"

〔4〕埒（liè）：等同。

译文

　　梨出产于洞庭山，在自家的园圃中也可以种植。有"短柄金花""玉柄水桥"两个品种，都是好品种。它的果子在秋天还有点发白，如果能放到冬天的话，应该就比较好吃了。现在往往都是早早地摘下来，也不等梨子成熟，所以吃起来味道多是又酸又涩的。我前些年曾经偶然在苏州买到了本山的香水梨，味道非常好，可惜之后再没遇到。大概来说，梨子的好品种里，本地出产的和外地贩卖来的各占一半，应该两者兼用。

　　有的人打算把当地的杨梅比作福建的荔枝，虽然我还不想对此立即表示同意，但杨梅确实是我们这里的好水果。西山铜坑到玉泉寺一带的杨梅最好吃，都是核很小而味道又甘甜的。不过果子不算大，应该是因为优点蕴含在果实里面，不是只图修饰外貌吧。到目前来看，只有"黑炭团"是最宝贵的一种，但只有真正成熟变黑的味道才甜，而那种人工染黑的味道是很淡的，所以购买的时候要仔细挑选。如果这个夏天晴雨适中，那么杨梅的味道一定不错。拿来供山居人家食用，不仅味美，而且方便；如果种植在园林里，就只是用它来装点景色了。还有一种白色的杨梅，名叫"圣僧梅"，它的颜色虽然奇特，但味道却是低劣的。

紫色葡萄的口味胜过白色的，但是要等到深秋的时候，果子熟透，吃起来才比较可口。我最近从嘉定得到了两个葡萄品种，其中一种的果实像枣子一样大而且味道也很好，现在在我园中种植着，已经长得很茂盛了。另外，我还从北方得到的一种，成熟的迟，要到冬天才能吃，都是奇特的品种。虽然北方的这一种已经种下了，但是还没长大。上面所说的两种水果成熟的时间不同，但是风味可以相互媲美，所以把它们放在一起，我给它们评定的品级是丙。

樱桃，百果中最为早达[1]，故古人重之，特以荐庙[2]。家园[3]胜市求者，因摘鲜与隔宿迥别也。一种不甚大而淡红带黄者，名蜡樱桃，甘美独步。

生啖莫如消梅，熟啖莫如宣城梅。消梅落地可碎，而宣城梅十六枚满一勺[4]，其奇处固自较然[5]也。鹤顶梅色红味甘而甚大，但生子颇稀。凡老人多怯梅酸，然其佳者，擅一种自然之甘，乃胜他果。除熟啖外，或以沙糖、薄荷制风雨梅，或以炒盐、紫苏、鲜椒、甘草、姜丝制青梅汤，或以白糖、紫苏、姜丝为细酸，皆有风韵。缕为乌梅、霜梅、梅酱，俱切于日用。以霜梅汁浸诸花，则香色不改。用鲜青梅同捣，则花色尤鲜。香橼橙囊汁亦可代之。

杏，此地不乏，家园独多，但味淡于北方。其树久
而不衰，与梅皆可为林间古木。八丹杏，其美在仁，此
地亦有传种而结实者。

注释

〔1〕早达：年少显达，此处指早熟。

〔2〕荐庙：祭献祖先。

〔3〕家园：家乡、故乡。南朝宋范晔《后汉书·桓荣传》："常客佣以自给，精力不倦，十五年不窥家园。"

〔4〕觔（jīn）：同"斤"。

〔5〕较然：明显、显著。汉司马迁《史记·刺客列传》："然其立意较然，不欺其志。"

译文

樱桃是所有水果中最早成熟的，所以古人很重视它，特意用它来祭祀祖先。在自家园圃种植的比去市集购买来的好，因为刚摘下的新鲜樱桃和摘下来隔了一宿的味道差别非常大。还有一种个头不太大，颜色是淡红中带着黄色的，名叫蜡樱桃，味道甘甜鲜美，可以说是独一无二的。

梅子生吃的话，没有比消梅更好的，熟吃的话，数宣城梅最好。消梅落到地上就会破碎，而宣城梅十六个就能满一斤，这两种梅子的奇特之处本来就是与众不同的。鹤顶梅颜色鲜红、味道甜美而且个头很大，但果子长得很稀少。一般来说，老人大多都害怕梅子的酸味，但是比较好的梅子都有一种自然的甘甜，反而胜过其他水果。除了熟吃以外，还有人用砂糖、薄荷制成"风雨梅"；有人用炒盐、紫苏、鲜椒、

甘草、姜丝做成青梅汤；有人用白糖、紫苏、姜丝做成"细酸"，都是别有风味的。把梅子切成丝，做成乌梅、霜梅、梅酱，日常生活中都有很多用处。用霜梅汁浸泡花枝，花的香味和颜色就不会改变，用鲜青梅捣碎混在霜梅汁中，那么花的颜色尤其鲜艳。香橼、橙汁也可以代替霜梅汁来用。

我们当地不缺杏子，在自家园圃里种的特别多，但味道比北方的淡。杏树能存活很久也不显得老朽，和梅树一样都可以成为树林中的古木。八丹杏的好处在于它的果仁，我们当地也有从外地传来种植而结果实的。

桃多佳实，金桃、墨桃、水蜜桃，悉名品也。吴郡陆玄白家一种，早熟而殷红味甘。蒸造成膏，色不让山东糖球，而鲜腴更胜，尤为桃之上乘。桃易衰，亦易成，老人手植，尚可几番见效。每啖过，即埋核于肥土中，则明年易生，若以佳品接头尤速。矮桃盆植，本颇耐久，而花艳实弘，此天然寿意图也。

玉黄子，北京种也。李之佳者仅此。向松江[1]袁君贻柰一种，绿皮红肉，味极甘美，今不再见。

枇杷，甘果也，而负雪之花尤可重。又本能耐久，浓荫可庇。其子有深黄而味淡者，有淡黄而味甘者，惟嫌于多核，故一种独核者为奇。

来禽，即今之花红也。吴郡者胜[2]山野，而竹塘寺者甲于郡城。家园略种几株以备物[3]点景可也。论得策，则不如以地种桑而收桑利，以市佳果。

注释

[1] 松江：今上海市西南部。

[2] 胜：尽，全。

[3] 备物：备办各种器物。《易·系辞上》："备物致用，立成器以为天下利，莫大乎圣人。"

译文

桃子的好品种很多，像金桃、墨桃、水蜜桃都是著名的品种。吴郡的陆玄白家有一种桃子，成熟时间早而且颜色殷红、味道甘甜。把它蒸熟制造成果膏，颜色不输山东糖球，而且鲜艳丰腴的外观还胜过了山东糖球，这种桃子尤其是上好的品种。桃树容易衰老，也容易成活，即使是老年人亲手种植的，也可以吃得到几年的果实。每当吃过桃子之后，立即把核埋到肥沃的泥土中，第二年就容易成活，如果用好品种作接穗，生长得就尤其迅速。矮桃适合在盆里种植，它的树本很耐久，而且花色艳丽、果实很多，组成了一幅天然的祝寿图。

玉黄子是北京来的品种，李子中的好品种仅此一种。以前松江的朋友袁君曾送给我一种李子，果皮是绿色的，果肉是红色的，味道非常甜美，现在也没有再见过。

枇杷是一种甘甜的果子，而能顶着雪开放的枇杷花尤其值得被看重。枇杷树能存活很久，它的浓密的树荫也可以作为人们的庇护所。枇杷的果子有一种是深黄色而味道淡的；

有一种是淡黄色而味道甜的，只是果核较多，所以有一种只有一个核的枇杷，就成为奇异的品种了。

来禽就是现在所说的花红。吴郡的那种适宜在山间野外生长，而竹塘寺的那种在城中是生长最好的。自家里的园圃可以种几棵来充实植物种类或者点缀景色。如果论获利的多少，则不如用空地来种桑树，获利以后再用钱去买市场上的好果子划算。

栗多仰给于客货，而恨着水作伪，真味顿减。广用未免市求，惟风干宜于洞庭，加意置取，其真率[1]者用之，自是不同也。常熟境内鼎山种，倘能求其贴子[2]，接植家园，秋来荐新[3]，气味俱超，又在洞庭栗之上，一可当百。

胡桃鲜者，园中旋摘剥新，似用昆吾刀切玉如泥，此皆不必多，便可适兴。物有以少为贵者，故以二果总为一。

海门、罐柿皆美种，接而又接则无核。果之肥大甘冷，莫过于此。吾所独惬者，尤在霜叶腻滑，可供郑虔隶书[4]。

菱莫美于鸳湖[5]，在吴郡者名娄县，出昆山。甘而小，名奇窑荡者在城南。甘而大，又有淡红，稍晚，曰雁来红者，乃胜奇窑荡。菱之鲜蒻，争乎顷刻，故以远近为优劣，咫尺顿殊。田园自种者最妙，然味总逊于鸳湖。

　　鸡头大而糯者方佳，亦以新摘为美。杭州绿荚，种现传于吾土也，但向所尝者大，而今所传者少也。宜更询访[6]，冀得其良。别种有刺者，古名鹰头。向在辇下[7]，偶遇海子[8]中所阑出[9]，极肥大甘美。后又市得，则刺虽同而琐碎涩硬，每叹美物未易再值。右菱、荚皆水产，而田园自种者独良，故同为果之癸。

注释

[1] 真率：坦率直爽，不造作。唐杜甫《乐游园歌》："长生木瓢示真率，更调鞍马狂欢赏。"

[2] 贴子：即接穗。嫁接果木时用来贴在砧木上的枝或芽。

[3] 荐新：中国古代祭祀风俗，在刚刚收获新物之际，将其新物献祭于神灵。《仪礼·既夕礼》："朔月，若荐新，则不馈于下室。"

[4] 郑虔隶书：郑虔，唐代名士，唐玄宗因为之更置广文馆，虔为博士。广文博士一职自郑虔始设。好琴酒篇咏，善图山水。能书，苦无纸，于慈恩寺贮柿叶数屋，遂日就书殆遍。尝自写其诗并画，表献之，玄宗大署其尾曰："郑虔三绝。"

[5] 鸳湖：即鸳鸯湖，地处浙江嘉兴。

[6] 询访：征询访问。南朝宋范晔《后汉书·李固传》："远寻先世废立旧仪，近见国家践祚前事，未尝不询访公卿，广求群议，令上应天心，下合众望。"

[7] 辇下："辇毂下"的省称，犹言在皇帝车舆之下，代指京城。汉司马迁《报任安书》："仆赖先人绪业，得待罪辇毂下，二十余年矣。"

[8] 海子：北方方言，指湖沼。宋沈括《梦溪笔谈》："中山城北园中亦有大池，遂谓之'海子'。"

[9] 阑出：无凭证擅自出边关，后泛指不受约束，擅自出疆界。汉司马迁《史记·汲郑列传》："愚民安知市买长安中物而文吏绳以为阑出财物于边关乎？"

译文

　　我们这里吃的栗子大多是靠外地客商贩运来的，可恨的是商贩总是把栗子浸到水里来造假，使栗子的味道减少了很多。如果用得多，当然免不了还是要到市场上购买。如果需要风干的栗子，可以到洞庭当地细心选购，货真价实的洞庭栗子自然与别处的大不相同。常熟境内有一个栗子品种叫鼎山，如果能得到它的种子，嫁接种植到自家园圃中，秋天收获的新鲜栗子，气息、味道都很出众，超过了洞庭栗子，真可以说是一个抵一百个。

　　还有新鲜的核桃，也要种在园中，采摘下来以后立即剥开，就好像用昆吾刀切玉如泥一样爽快，这样的水果都不必太多就可以让人得到满足。有的东西是以稀为贵的，就像上面所说的栗子和核桃，所以把它们放在一起来论述。

　　海门柿和雕柿都是好品种，连续嫁接两次之后就是无核的了。水果中形状最肥大、味道又甘甜又清爽的就要数它了。而使我最称心的，尤其是它的叶子经过霜打之后会变得又细腻又光滑，我可以像郑虔一样用它来练习书法。

　　菱角中最好的是鸳鸯湖出产的，在吴郡叫娄县，来自昆山。其中味道甘甜而外形较小的一种，名叫"奇窑荡"，出自城南，味道甘甜而外形较大、又带着淡红颜色的，上市稍晚一些，名叫"雁来红"，味道还要好过"奇窑荡"。菱角的新鲜与否，往往就在顷刻之间，所以要按照产地距离远近来评定优劣，咫尺的差距也会使菱角的味道顿时变得不一样。在自己的田园里栽种是最好的，因为采摘方便，但是味道总是比不上鸳鸯湖出产的。

鸡头米个头大且有糯性的才好吃，新摘下来的更美味一些。杭州的绿芰，现在也传到我们当地来种了，但以前我品尝过的绿芰个头较大，而现在传来的长得个头大的已经很少见了，应该再好好找一找，希望能得到它的优良品种。另外还有一种有刺的鸡头米，古代叫鹰头，一向是出自京城，我曾经偶然吃到过，不仅外形肥大，而且味道甜美。我之后又曾经买到过类似的，虽然都带着刺，但是又小、又涩、又硬，只能感叹好的事物不容易再次遇到。上面所说的菱角和鸡头米都是水里生长的，而且田园里自家种植的又特别好吃，所以把它们一同评为果类中的癸品。

石榴结果，其湘的、朱房可爱，求实用则富阳种最优。

银杏有佛手、梅核两种，总取甘糯为良。经霜而收，乃可久藏，而夏间嫩者，尝新却美。要之，成人小子皆勿多食。

鲜枣，赤色者佳，市取甚便。然枣花独香，可于园林随意植之，且供鼻观[1]。

落花生，有苦有甘，其花黄色。别有一种生红子者，味胜，冰后方佳。

香芋亦有甘有淡，不拘早晚可用。

茭菰大者甘而微苦，颇有风味，但不益人。荸荠红黄者美味，肺家〔2〕所忌，而能解烦热，消壅滞，生熟皆可啖。

山药，北来者佳，可蒸可烹，本地者只可入肴。然种为景物颇佳。吴文定公《玉延亭诗》〔3〕甚称之。

芋，紫梗者嘉，虽陆种，亦甘糯，名为旱水芋。出金陵者尤良，其种可致。东乡一种名波罗芋者更精。大抵蒸煮不透，似熟尚生，故难克化，湿纸包裹，煀火〔4〕煨熟，则香甜益人。

注释

〔1〕"鼻冠"误。宋苏轼《和黄鲁直烧香二首》"不是闻思所及，且令鼻观先参。"

〔2〕肺家：肺部。

〔3〕吴文定公《玉延亭》：吴文定公，指吴宽，明代名臣、诗人、散文家、书法家。成化八年（1472年）状元，授翰林修撰，官至礼部尚书，卒赠太子太保，谥号"文定"。《玉延亭》："薯蓣年来初种成，楣间有客便题名。凭谁为报坡翁道，我亦能烹玉糁羹。"

〔4〕煀火：即小火。

译文

石榴树能结果子。它的花丝是红色的，花药是浅黄色的，花瓣又火红，组在一起，鲜艳可爱。如果论实际用途，那么富阳的石榴个大味美，是最好的品种。

银杏有"佛手""梅核"两个品种。总体来说，口味甘甜香糯的才好。经过霜打之后再收获的果子才可以长久储藏，但是夏季里的嫩果子，拿来尝鲜也很美味。总之，不管是成人或小孩，都不要多吃。

鲜枣要颜色赤红的才好，市场上购买也很方便。不过枣花有一种独特的香味，所以可以在园林里随意地种植几棵，用来增添田园的芬芳气息。

落花生有的味苦，有的味甜，它的花是黄色的。还有一种果仁是红色皮的，味道比较好，但要初冬结冰后采收才好吃。

香芋也有的甘甜，有的味道淡。不管早上还是晚上，都适宜食用。

个头大的茨菇，甘甜中略带点苦味，口味倒不算差，但是对人没多大益处。荸荠颜色红里透黄的味道比较好，但是，有肺病的人最好忌食。荸荠的功效是能解心烦燥热，消除身体里壅滞不通的地方，不管生吃或熟吃都可以。

山药在南北方都可种植，不过北方产的味道比较好，既可以蒸着吃，也可以烹饪成菜肴。我们本地产的山药只可以做菜。但是，把它作为景物来欣赏也是很好看的，明代吴宽所写的《玉延亭》就特别称赞了这一点。

芋头的种类很多，紫色梗的那种口味更好一些。虽然芋头是陆地上生长的，但味道甘甜而香糯，所以人们叫它旱水芋。出自金陵的芋头品种尤其好，我们这里也可以得到这种芋头种子。东乡还有一种叫"波罗芋"的，比金陵的那种还要好一些。大概来说，如果蒸或煮芋头没有熟透的话，半生不熟的，吃了以后不好消化。如果用湿纸包裹着放在炭火灰里，慢火烧到熟烂，就会又香又甜，并且对人有益。

倦圃蒔植记 总论卷下

论蔬第五

葵为菜中之王,《本草》居第一。此地既绝无之, 问人亦未审。姑阙以待博询。蔬品既虚此席, 故不复甲乙。

葵菜似非僻味, 在他方想当资为日用。记撮《本草图经》[1]及《齐民要术》所云, 载入此编, 以便资访, 庶可得而致之。

注释

[1]《本草图经》: 又名《图经本草》, 北宋苏颂等编撰。本书搜集全国各郡县的草药图, 参考各家学说整理而成。

译文

葵菜是蔬菜之王, 在《本草纲目》里也位居第一。我们这里却从来没有这种菜, 向别人打听也没有得到确定的答案, 只能暂且空缺着, 等以后再多方询问吧。蔬菜类既然空缺了首席, 所以就不再用甲、乙等名目给蔬菜评定不同的品级了。

葵菜似乎不是什么冷僻的菜品, 可想而知在别的地方应当是常见菜。我收集摘取《本草图经》和《齐民要术》中的相关资料记载到本书, 以方便人们去寻找, 希望可以得到并带到我们当地来。

菘菜，箭干者色白，味轻而脆；匾者色青，味重而腴，各有所长。四时可用，而冬月旨蓄[1]，其用尤端，吴中呼为藏菜。其法，宜先以粪壅土令肥，栽后只浇清水，则洁净无垢。正在大雪[2]节内砟取，须去根精选，风日中久摊令干，用无灰盐轻重得中腌之，更以重石压扁。要久藏者，半熟时即将汁澄清，煎滚放冷，以菜入新净甏中填实，急用泡汁浸之。逐旋取用，虽春末夏初，色味尚佳。又一法，择菜洗净，逐层以碎切生姜、橘皮夹和，轻糁淡盐，加入河水、清米汤对停[3]，共浸为蕫。此可经久，同汁旋取，随意用之，仆尝著《冰壶先生传》[4]。

菘菜有一种香者，其馨远透。米之粳、糯二种，各有香子。而香子粳又有红、白二种，皆物之至精品也。

注释

[1] 旨蓄：储备的美味。《诗经·邶风·谷风》："我有旨蓄，亦以御冬。"

[2] 大雪：二十四节气之一，每年十二月七日或八日，冬季的第三个节气，标志着仲冬时节的正式开始。

[3] 封停：封好妥帖。

[4]《冰壶先生传》："冰壶先生"，指腌制咸菜的瓮罐。宋赵与虤（yán）《娱书堂诗话》："太宗命苏易简讲《文中子》，……上因问：'食品何物最珍？'对曰：'物无定味，适口者珍。臣止知齑汁为美。臣忆一夕寒甚，拥炉痛饮。夜半吻燥，中庭月明，残雪中覆一齑盎，引缶连沃。臣此时自谓，上界仙厨鸾脯凤腊殆恐不及，屡欲作《冰壶先生传》纪之而未暇也。'上笑而然之。"

译文

菘菜有几个不同的品种，茎秆像箭的那种叶子发白，味道轻淡、口感清脆；形状有点儿匾的那种，叶子颜色青绿，味道浓重、口感丰腴，各有各的长处。菘菜一年四季都可以吃到，而冬天腌制咸菜的时候，它的作用就更加显著了，吴中地区把它叫作藏菜。菘菜的种法是：先把粪培壅到土里，使土地变得肥沃。栽好以后只浇清水，这样菘菜才干净。收菜要在大雪节气内，要把菜根去掉，精心挑选。在有风的日子中摊开晾晒，使菜变干，再用适量的盐腌制起来，还要用很重的石头放在上面，把菜压实。如果想要长久储藏，可以把菘菜放到开水中煮一小会儿，到半熟的时候立即捞出来。把锅里的菜汁澄清，再烧开放冷，把煮到半熟的菘菜放入干净的新坛子里填满，再赶快用已经烧好放冷的菜汁浸泡起来。以后就可以随取随用，即使到了来年春末夏初，菜的颜色和口味也依旧很新鲜。腌制菘菜还有一个方法，就是把菘菜清洗干净，放到坛子里，然后放一层切碎的生姜和橘子皮，轻轻撒入一些淡盐粒。这样逐层交替着放好，最后加入河水和清米汤调配妥当，一起浸泡成腌菜。这种腌制的菘菜可以存放很久，吃的时候把菜和菜汁一起取出来，可以随意烹饪使用。我曾经写过一篇《冰壶先生传》，记载了这种腌菜。

菘菜中还有一种香气特别浓的，它的香气能传到很远的地方。米有粳米和糯米两种，各自又有味道特别香的品种，这种香米的梗有红、白两种颜色。上述这些都是食物中最为精致名贵的品种。

芥菜必冬间与白菜同腌者乃可耐久。须摊晒十分干枯，姑以重盐腌之，则芳香可人。尝谓熏、莸[1]判于干、湿，惟腌芥为然。春腌者亦必冬末所栽之菜，然后堪用。有人传来江南芥菜，俱在春腌，而色味半年如新。只是全不见水，摊晒干透，重腌盐藏，至食时方以水浇之。或好洁者，腌时以布略拭，仍晒干而后入盐。夫既滴水莫犯，则宜纤秒勿沾。以此知种芥菜尤宜先壅肥土而栽后，只浇清水，乃为得法矣。

蔓菁居芥、菘之间，而佳处在根为多。北方携种，吾土可植。友人某栽根制簇，悉诸其法，常以相饷。

黄芽菜，郡中吴九华先生满讲，宦燕携归，种之家圃，一照覆壅之法。黄芽根亦中食。予屡蒙其惠，既分种子，而根芽生、熟复备尝之，真菜中之超群者也。南京一种名瓢儿菜者，比菘菜肥厚而甘美，色深绿，盛于冬春之交，其品可亚黄芽。友人某传种多年，用之不竭[2]。

注释

[1] 熏（xūn）、莸（yóu）：熏，蕙草。古书中的一种香草，又泛指花草的香气。莸，古书上指一种有臭味的草。

[2] 用之不竭：无限制的取用也不会枯竭。宋苏轼《赤壁赋》："唯江上之清风，与山间之明月，耳得之而为声，目遇之而成色，取之无禁，用之不竭。"

译文

芥菜必须在冬天和白菜一起腌制才可以存放得时间长久。腌制之前，要把芥菜摊开晾晒到十分干枯，再多用盐把它腌起来，这样做出来的芥菜特别芳香可口。我曾经说过，菜晒干的程度很重要，能影响到腌菜的香味浓淡，而腌制芥菜尤其是这样。春天腌制芥菜也必须是上个冬末所栽的菜才可以用。有人曾传来江南的芥菜，都是在春天腌制的，颜色和味道在半年之后依然像刚做好的一样新鲜。它的做法是：不要沾到一点儿水，把芥菜摊开，晾干晒透，用盐把它腌制起来，到要吃的时候再浇上水浸湿。有的人特别爱干净，也可以在腌制之前用布把芥菜略微擦拭一下，仍然要完全晒干后加盐腌制。既然连一滴水都不能沾，那么，当然一点儿脏的也不能沾了。由此可知，种芥菜也应提前培壅肥土，而栽好以后就只能浇灌清水，这样才是正确的方法。

蔓菁的品质处于芥菜和菘菜之间，它的好处多在根上。北方的种子在我们这里也可以种。我有位朋友用蔓菁根制成菜肴，也是用上述腌制芥菜的方法，他还经常送一些给我品尝。

黄芽菜，是我们郡里在京任职的吴九华先生，从北方仕宦归来时带来的。他在自家园圃里种了一些，完全按照北方那种覆盖、培壅的方法。黄芽菜的根也可以食用。我多次承蒙吴先生好意，不但分给我种子，而且菜的根、芽；生的、熟的都品尝过，真是一种不错的蔬菜。南京有一种名叫瓢儿菜的，比菘菜长得肥厚，而且口味甜美，颜色是深绿色的，在冬春交替的季节长得尤为茂盛，它的品质可以位居黄芽菜之下。我有位朋友已经种了许多年了，每年按时种植，用之不竭。

南京瓮菜，闻是中贵郑和[1]从番舶瓮中携种，故称名焉。今闽中亦多此品，盖海道所经，则其说是也。吾土想亦可传，但味虽脆美而苦不益人，故为之不勇[2]耳。

水芹野生者故自佳，而性复益人，然虑其或沾蛟螭遗沫，家园隙地种之，却为稳便。

同是白萝卜，而味有美恶之殊，地耶？人耶？损血皓首，过乃不细，而消食开郁，功尤不小。其子之效更敏。昔有西土沙门[3]入中国，见面曰："此方人宜有大病。"见萝卜曰："赖有是耳。"观此，则其摧锋陷阵[4]之猛可知，未容以地黄、何首乌之反而没其善也。用是推之，蒜有大毒而利小水[5]，作劳敌秽者尤不可缺。韭甚昏目而血瘀血，壮阳道，昔人称"草钟乳"。芫荽气味俱劣，而辟恶、宣滞、痘疹必资其疗。著达庸陋不堪而旋剥旋长，田家取给独宜。此所谓恶而当知其美者。故虽有兰茝，不弃草菅；虽有姬姜，不弃憔悴。老于世故[6]者，其言自别。

注释

[1] 中贵郑和：指明代郑和（1371—1433），航海家，外交家，曾七次下西洋。中贵，显贵的宦官。

[2] 不勇：不踊跃热烈。

[3] 西土沙门：西方僧侣。

[4] 摧锋陷阵：摧挫敌锋，攻破敌阵。南朝梁沈约《宋书·武帝纪》："高祖常被坚执锐，为士卒先，每战辄摧锋陷阵。"

[5] 小水：小便。

[6] 老于世故：老练而又富处世经验。

译文

南京有一种瓮菜，听说是郑和从外国船只的瓮中带回来种植的，所以给它起名叫瓮菜。现在福建地区也有很多这种菜，大概是因为福建是海上航线所经过的地方吧，这样看来，上面的说法应该是对的。我们这里想来也可以流传、种植，但瓮菜的味道虽然清脆可口，却对人没有太多好处，所以我不大愿意栽种它。

野生的水芹菜当然很好，而且对人有益，不过考虑到野生的或许会沾上水中生物吐出的有害泡沫，所以在自家园圃的空隙里种植是最稳妥方便的。

都是白萝卜，而味道却有好坏的不同，这是因为地域的原因还是人为的因素呢？白萝卜能损耗气血，使人容易生白头发，这个害处可是不小；而它又能开胃消食、舒缓郁结，功效也不算小。白萝卜子的功效更快捷有效。以前有位西域僧人来到中国，见到我们吃的是面食，说："这个地方的人应该会生大病。"等他看到萝卜又说："幸好有这样的菜啊。"看到这里，我们就可以知道萝卜健胃消食的功效是巨大的，不能因为地黄、何首乌与它一起吃会起反作用，而忽略了它的好处。用这样的道理来推论，像大蒜毒性大，但是有利于排除人体内的小便，日常劳作中经常接触污秽的人尤其不可缺少大蒜。多吃韭菜会使眼睛昏花模糊，但是却能活血化瘀、强壮肾阳，所以以前人们叫它"草钟乳"。芜荑的气味、味道都很低劣，但是避开恶气、散发瘀滞造成的痘子、疹子等，就一定要用它来治疗。叶用甜菜是一种非常普通的菜，但是

它可以随意剥取使用，特别适合农人家里取用，这就是所谓的不好的事物，我们也应当知道它的优点。所以虽然有兰、茝这样的香草，还是不能抛弃茅草；虽然有珍贵美好的东西，也不能抛弃寻常的东西。不过对于那种富有社会经验的人来说，他们的言论自然会与一般人所说的不同。

莴苣[1]，此地甚多而腌制不如京口[2]，彼境亦甘露寺者独胜。想得法处在用手按揉，令其收缩耳。

同蒿菜[3]软美带香，宜于作和头[4]，此与波菜可相上下。胡萝卜性甘，以和他物，或资其味。冰后乃堪食。切取净心，汤焯半熟，嵌入砂仁米[5]烘干，亦可备不时之需。五荤[6]惟葱性颇和缓，调食、引药常用为多。此在菜部，盖小人中之君子也。持斋[7]，以香椿嫩叶细切代之，是为素葱。薤之力半于蒜，农家赖之。

苋淡薄而素食者便焉，然其味，家不如野。凡马齿苋[8]、鹤顶红、薄荷、荷叶之类皆有水碾，而食之者略无少毒。盖砂永，惟见火则杀人，草惟冷淡，或仅似石药[9]之不见火者耶。

薄荷，吴郡府学前出者最为地道。食中、药中用俱佳。

紫苏[10]，嫩用叶，老用子，差遣良多，宜于隙地种之。

注释

〔1〕莴苣：一年生或两年生草本植物。叶子长圆形，花金黄色。茎和叶可作蔬菜。通称莴笋。唐杜甫有《种莴苣》。

〔2〕京口：地名。汉代称京口里，东吴置京口镇。今京口区为江苏省镇江市辖区。

〔3〕同蒿菜：蔬菜名。元王祯《农书》卷八："同蒿者，叶绿而细，茎稍白，味甘脆。春二月种，可为常食，秋社前十日种，可为秋菜。"

〔4〕和头（huó tou）：这里指菜肴中的配料。清陈世爵《笑林广记》"和头多"："有请客者，盘殖少而和头多。因嘲之曰：'上的食品忒煞富贵相了！'主问：'何以见得？'曰：'葱、蒜、萝卜都用鱼肉片子来拌的，少刻鱼肉上来，一定是龙肝凤髓做和头了！'"

〔5〕砂仁米：即砂仁的果实。砂仁是姜科多年生草本植物，茎散生，叶片长披针形。蒴果椭圆形，成熟时紫红色，干后褐色，可供药用，也有观赏价值。

〔6〕五荤：也叫"五辛"，指五种带有刺激性味道的蔬菜。《本草纲目·菜部》"蒜"："五荤即五辛，为其辛臭昏神伐性也。炼形家以小蒜、大蒜、韭、芸薹、胡荽为五荤；道家以韭、薤、蒜、芸薹、胡荽为五荤；佛家以大蒜、葱、慈葱、韭菜、洋葱为五荤。"

〔7〕持斋：佛教修行制度之一，指遵行戒律，不吃荤食。

〔8〕马齿苋：一年生肉质草本植物。茎多分枝，圆柱形，带紫红色，常伏卧地面。叶倒卵形，肥厚多汁。花淡黄色，生于枝端。全草入药。明李时珍《本草纲目·菜二·马齿苋》："其叶并比如马齿，而性滑利似苋，故名。"

〔9〕石药：指矿物类药物。魏晋至唐代人多喜服用。宋李昉《太平广记》卷二四七引《启颜录·魏市人》："后魏孝文帝时，诸王及贵臣多服石药。"

〔10〕紫苏：一年生草本植物，具有特异的芳香。全株可入药，嫩叶可食用。

译文

　　莴苣我们当地很多，但是腌制后的却不如京口当地腌制的好吃，而即使在京口，也只有甘露寺腌制的最好吃。我想这其中的微妙之处可能在于用手按揉的力度、让莴苣收缩的过程有所差别吧。

茼蒿菜质地柔软，味道鲜美，又带着香味，适合放在菜肴里作配菜，这个特点和菠菜是一样的。胡萝卜味道甘甜，既可以用来调和别的菜，又可以利用它本身的味道做菜，冰过之后食用，味道更佳。把胡萝卜切开，取出里面的萝卜心，放到热水中焯一下，半熟以后捞出来，再嵌入砂仁米一起烘干，也可以作为简易的菜肴来用。在五种具辛辣味的菜品中，只有葱的性质是最温和的，所以给菜肴调味或者作药引子时经常用葱。在菜部里，葱就像"小人"中的君子一样。如果要吃素斋饭，可以把香椿的嫩叶切细代替葱，这叫素葱。薤的味道有蒜的一半辛辣，是农家里必备的调味菜。

苋菜的味道很淡，对素食者来说很适宜。但是自家种的不如野生的味道好。凡是马齿苋、鹤顶红、薄荷、荷叶等类植物内都含有水银，但是吃的人却不会中毒。这大概是因为水银之类的矿物质性质比较稳定，只有在遇火煅烧后才会具有活跃的毒性，从而对人有害；而蔬菜的性质都是很稳定的，可能与没经过火煅烧的石药相似吧？

薄荷以生长在吴郡府学前的味道为最纯正，食用和药用效果都很不错。

紫苏的用途也很广泛，嫩的时候可以吃叶子，长老了的可以用种子，适宜在园中的空隙处种植。

鹤顶[1]作茹，古谓羹藜[2]。庭边隙地，略植几株，朱颜微醉，仍带清癯，霜余收取，扶老偏宜。

荠菜一名香菜，野生者殊可口，且取用多端。若能收子，治地种之，更佳。

菊芽嫩时，凡味甘者皆可食。若常用供籁，则寒菊[3]茎叶嫩滑，独为相宜。

吕公茭[4]，夏生，郡所独也。张公茭，秋生，他所同也。此物喜鲜而恶蔫，故田园自种，采取为宜。

茄有长、圆二种，新出美味久用，为贫家所便。同嫩豆作鲜豉[5]，甚佳。惟以肥土壅根，则生子倍多倍甘。

注释

[1]鹤顶：即上文中的"鹤顶红"。清张宗法《三农纪》"灰藋（diào）"："《本草》云，鹤顶红乃苗之红心者，俗名灰藋菜。老则茎可为杖扶人。"

[2]羹藜：藜，野菜。羹藜即煮野菜羹。后泛指粗劣的饮食。

[3]寒菊：菊花的一种。清陆廷灿《艺菊志》："寒菊十二月始花，枝叶……青翠灿然。"

[4]吕公茭：和下文的"张公茭"都是茭白的不同品种。明王世懋《学圃杂疏》："茭白以秋生，吴中一种春生，曰吕公茭。以非时为美，初出时煮食甜软。"

[5]豉（chǐ）：即豆豉，是中国传统的豆制品。以黑豆或黄豆为原料，泡透后蒸熟或煮熟，再经过发酵而成。可作调味料，也可入药。

译文

鹤顶红可以作成菜羹，古代叫做"羹藜"。在庭院边上有空隙的地方略种几棵，它的样子就像一位微醺的红颜美女，不过仍有一种清瘦的神态。下霜之后收获，其老硬的茎秆还可以给老人作手杖。

荠菜又叫香菜，野生的非常可口，并且用途广泛。如果能摘收野生荠菜的种子，在自家园圃中种植就更好了。

菊花芽在嫩的时候，只要是味道甘甜的，都可以食用。如果经常用来做菜的话，那么寒菊的茎叶嫩滑，是最合适的。

吕公茭是在夏季收获的，这种茭白是我们这里所独有的。张公茭是秋天收获的，和其他地方的一样。茭白这种菜新鲜的最好吃，蔫了就不能吃了，所以应该在自家田园里种植，方便采摘使用。

茄子有长椭圆形和圆形两种，新摘的味道鲜美，是贫寒人家所必备的菜。用茄子和嫩豆子一起作成鲜豆豉，味道非常好。只要用肥土培壅茄根，茄子就会长得多，而且味道会更甜。

论瓜第六

食瓠饮水，古人以为贫者之乐[1]，味之诚然哉。王瓜[2]以早取重，削时辨之宜早，勿以苦者为甘者之累。甜瓜之用，熟不如生，酱菜中百役俱供者，惟此物也。丝瓜香者最胜，素食独优。甘之受和[3]，冬瓜有焉。

西瓜佳品，吴中荐福寺为最，栅桥次之。出颇同时，在六月末、七月初，正酷暑时也。太仓、嘉定、昆山家园所种青皮、白皮二种，形长而味美，间有红镶边、黑镶边瓜子者更胜，但熟在七月末、八月初，仅可消残暑。或其秋早凉，则恨得瓜之晚也。

注释

[1]贫者之乐：安贫乐道者的生活乐趣。《论语·述而》："子曰：饭疏食，饮水，曲肱而枕之，乐亦在其中矣。不义而富且贵，于我如浮云。"意思是吃粗粮，喝冷水的简陋生活，对有理想、有志向的君子来说也是乐在其中的。

[2]王瓜：一种瓜菜。清黄叔琳《夏小正注》："王萯（fù），疑即王瓜。王瓜有四种：……一种生吴地，大径寸，长五六寸。盐以为菹，柔脆可食。"

[3]甘之受和：语出《礼记·礼器》："甘受和，白受采，忠信之人可以学礼。"唐孔颖达疏："甘为众味之本，不偏主一味，故得受五味之和。白是五色之本，不偏主一色，故得受五色之采。以其质素，故能包受众味及众采也。"这里指冬瓜性质甘甜温和，可与其他蔬菜搭配使用。

译文

　　吃瓜菜、喝冷水，古人认为是贫者的生活乐趣，仔细体味一番，也确实如此啊。王瓜季节早，四月份就可成熟上市，一向被人们看重。但吃的时候要提前分辨清楚，不要把味苦的混到里面，以免把味甜的也染上苦味。就甜瓜来说，熟吃不如生吃。做酱菜的时候，不管哪种酱菜中都可以放进去的，也非甜瓜莫属了。丝瓜以有香味的为最好，用来作素食最合适。味道甘甜纯正，可以和别的菜一同使用，具有这一优点的，就数冬瓜了。

　　西瓜中的好品种以无锡荐福寺的为最好，栅桥出产的次之。这两种瓜差不多同时上市，都在六月末、七月初，正是酷暑难耐的时候。太仓、嘉定、昆山一带家园中所种的，有青皮瓜、白皮瓜两种。形状是长椭圆形的，味道甜美，其中有红镶边、黑镶边的瓜子的就更好了。但这种瓜的成熟时间是七月末、八月初，只能用来消消残留的暑气。如果这年的秋天来得早，就只能遗憾瓜的上市时间太晚了。

论豆第七

白扁豆种分好丑，黑者置勿论矣，白者多佳。然其美或钟于壳或钟于子，间有二美兼之者，此至物也，却不可多得。其壳美者，宜粃用以为簌；其子美者，定绽用以为果，毋求备于一豆可也。龙爪青、白二种，其味在皮不在肉，正所谓宜簌者哉。有一种子白而多，且味甘者，壳乃独硬，要在随材取用耳。然吾细求白扁豆之理，别有一巧法：此豆外壳内肉，其味俱甘。唯壳之内、肉之外、第二层贴身皮独为苦涩。用时先剥外皮，留放一边。次以豆子入冷水煮滚，待熟，除弃贴身之皮，单用净肉，置茶盏中。然后另取佳水煮汤，待滚，方投入外皮，勿盖汤罐，急火再煮。候滚，却捞去外皮，注净汤于净子内，如常食之。如此，则其汤清白香甘，而子亦软美有味，真能取其所长而避其所短[1]矣。一种香子扁豆，隔室馨透，尤是精品。凡此豆早者虽奇，然夏间味必未足，直待秋深露重[2]，其味乃全。大抵新摘为佳，停留则味顿减。

注释

〔1〕取其所长而避其所短: 语出《资治通鉴·周纪》:"子思曰:'夫圣人之官人,犹匠之用木也,取其所长,弃其所短;故杞梓连抱而有数尺之朽,良工不弃。今君处战国之世,选爪牙之士,而以二卵弃干城之将,此不可使闻于邻国也。'"

〔2〕秋深露重: 语出宋吴文英《朝中措》:"秋深露重,天空海阔,玉界香浮。木落秦山清瘦,西风几许工夫。"

译文

白扁豆的种子分好、坏两种。黑色的就不用说了,白色的一般比较好,然而它的好处或在豆壳上或在豆子上,如果两者兼备,就是最好的种子,却又不可多得。那种壳子味美的,适宜连壳带子的一起做成菜肴;那种豆子味美的,一定要等豆子成熟后,剥出作为豆子来用,只是不要对这一种豆子求全责备。龙爪扁豆有青色和白色两种,它的味道在皮不在肉,正是适宜做菜肴的。还有一种豆子是白色的而且长得很多、味道又甘甜的,豆壳却很硬。总之,关键是要根据各自特点来使用罢了。不过我仔细研究了白扁豆的特点,找到了一个巧妙的方法:这种豆子外面的壳和里面的肉,味道都很甜。只有壳的里面、肉的外面,第二层贴身的皮是苦涩的。用的时候可以先剥下外皮,放在一边;然后把豆子放到冷水里面煮开,等豆子熟了,再除掉那层贴身的皮,把里面的豆子放在茶盏里。然后另外用好水煮汤,等水烧开了,再把外皮放进去,不要盖盖子,用大火再煮。等水再一次烧开,却要把外皮捞出来,把烧好的汤放到茶盏里的豆子肉子上,就可以像平常一样吃了。这样做的话,汤清爽香甜,而豆子也柔软美味，真是既取用了它的长处，又避开了它的短处了。还有一种香子扁豆，隔着房间都能闻到它的香味，尤其属于精品。不过这种豆子能早上市，虽然令人惊奇，但是夏天上市的豆子味道就不够浓厚，一直要等到秋深露重以后，它的味道才会完全浓郁醇厚。一般来说，新摘下来的豆子味道较好，稍微放一会儿，鲜美的味道就会减少很多。

　　毛豆有极早者，只取其新，有中秋，有最晚，就中各有佳品。紫黑褐色者虽亦可用，终不如水白纯青者为上。大抵扁阔者良，亦有香子者尤良。此物郡城独富，市求甚便，但当辨其鲜与隔宿耳。家园自种，求己胜于求人〔1〕一策也。凡扁豆、毛豆、蚕豆、豌豆，虽不可大粃〔2〕，而佳在新嫩，其过绽而老者不堪。

　　蚕豆唯云南种为佳，极大而甘糯者是也。每岁拣大而又大者留种，若混用，则渐小矣。须家园植之，旋采旋用，半日以外，真味之存者寡矣。

　　豌豆郡中最早最多，然惟极嫩极鲜者方可口。

　　刀豆以酱食为常，亦可蜜可醋，间有苬〔3〕而尝之者，其子绽时煮食略堪。

　　江豆长而软者嫩时为簌甚美，素食所便也。

　　绿豆煮粥益人，单作汤亦清凉，芽为菜亦佳。蚕豆、豌豆芽皆可食，其苗嫩时皆可淖熟，以麻油、盐、姜、醋拌为菹[4]。或曰此东坡所谓"元修菜"[5]也。凡蔬笋、豆、卜、菱、藕之类，随其生熟，用麻油、姜、盐、醋浇拌，皆可充素食。然须最初用麻油拌透，次用盐花或酱油，次用姜，然后用醋。若乱次序，便不适口。其味勿轻勿重，务在调停得中，仔细先尝，以渐加减。但轻者可加，而重者不可改也，慎之慎之。素食或有宜砂仁者、宜花椒者、宜莳萝[6]者，又在随时斟酌。

注释

[1]求己胜于求人：语出《论语·卫灵公》："君子求诸己，小人求诸人。"这里的意思是，家园自种的毛豆可随摘随吃，新鲜而有营养，胜过从市场买来的。

[2]粃（bǐ）：也写作"秕"，指谷类子实不饱满。这里指豆子未成熟。

[3]芼（mào）：即把生菜（或生肉）放在沸水中焯一下，可以使蔬菜颜色更鲜艳，质地更脆嫩，减轻涩、苦、辣味，还可以杀菌消毒《诗经·关雎》："参差荇菜，左右芼之。"

[4]菹（zū）：同"葅"。原指为了利于长时间存放而经过发酵的蔬菜，也就是泡菜。这里指凉拌菜。

[5]元修菜：一种野菜，又名野豌豆。宋苏轼有《元修菜》诗，其序曰："元修菜，菜之美者。有吾乡之巢故人巢元修嗜之，余亦嗜之。元修云：'使孔北海见，当复云吾家菜邪！'因谓之元修菜。"清牟应震《毛诗名物考》"薇"："茎、叶、气味皆似豌豆，故名野豌豆。其花叶翘摇可观，故又名翘摇。巢元修喜食之，东坡名之曰元修菜。"

[6]莳（shí）萝：多年生草本植物，羽状复叶，花小形，黄色，果实椭圆形，用以调味，亦可入药。

译文

毛豆有上市特别早的，人们只是看重它的新鲜；有中秋上市的；有最晚上市的，其中又各有好品种。紫黑褐色的毛豆虽然也可以用，但总是不如纯青色的好。大概来说，形状扁平宽阔的毛豆品种优良，如果还带着香味就更好了。我们这里有很多毛豆，购买非常方便，不过一定要辨别是新鲜的，还是隔了一宿的。在自家园圃里种植，自己有不必求别人也是一个好方法。凡是扁豆、毛豆、蚕豆、豌豆等，虽然有的长得不饱满也不好，但是鲜嫩，那种长得太老、豆荚都快绽开的就不能吃了。

蚕豆只有云南的品种是最好的，那种个头非常大而且又甜又糯的就是。每年要拣出最大的豆子留着作种子，如果不加挑选地混用，那么蚕豆就会越长越小了。还有一点，必须在自家园圃里种植，即采即吃，因为摘下放了半天以后，原本的味道就所存不多了。

豌豆在我们这里是最早上市的，数量也最多，但是只有非常嫩且非常新鲜的才可口。

刀豆一般是做成酱来吃，也可用蜜或者醋来泡制，间或也有人把它放在开水中煮一下就吃的，它的豆子十分成熟、将要破荚而出的时候，煮着吃比较好。

江豆在它又长又软、非常鲜嫩的时候作成菜十分美味，适合素食者吃。

绿豆煮成粥对人很有益处，单做汤也很清凉，绿豆芽做菜也很好吃。蚕豆、豌豆芽都可以食用，其嫩苗都可以在水中淖熟，再用麻油、盐、姜、醋拌成腌菜，有人说这就是苏轼所说的"元修菜"。大凡蔬菜中的笋、豆、萝卜、茭白、藕等，不管是生的还是熟的，浇上麻油、姜、盐、醋拌匀，都可以作为素食。但是必须先用麻油拌透，然后加上盐花或酱油，再加姜，最后加醋。如果打乱了这个次序，味道就不可口。味道不能调轻也不能调重，务必调得非常适中，仔细地先品尝，边尝边慢慢加调料，直到合适为止。味道轻可以加，而味道重就不好改了，所以一定要慎重。素食菜中有的适宜放砂仁、有的适宜放花椒、有的适宜放小茴香，这个又要根据情况不同再做决定了。

白扁豆可照豆腐法制用，此素食之最精奇者。红蓝花[1]、罂粟子作腐[2]俱奇，荸荠亦可为腐。又用胡桃、松子照麻腐制造，尤美。凡素食纵精凿[3]，然所费终俭，罪过亦轻，以此引进富人修行戒杀，且或供养道德高厚之人，非此筴以伸敬。心无穷而物有限，或借果类或伏酥蜜[4]，凡可以致精尽美者，何不用也？经文所谓或羞百味，正指素馔而言耳。古者国王、大臣、长者、贵族奉佛虔诚，甚或身为床坐[5]，布发掩泥[6]，何惜作供丰腴乎？

经言"盛供辄举黑白石[7]"，即此土之黑白砂糖。外国以此二物为贵重，如廉希恕[8]（当为廉希宪）不受阿合马沙糖，亦一故实也。谚曰："字忙不及草书，贫家不办素饭。"用是而知素馔精洁，却比击鲜更难。予述此编，凡近于茹素者，皆特详之。夫素能胜腥，则诸天众增而修罗众[9]减，是可贺也。

薏苡〔10〕仁可作粥、作饭、蒸糕，皆于粳米中加入也。东土人呼为"陆谷"。种在家园者，用其鲜叶，可助粥之色味；或作汤饮，亦佳而益人。凡白米陈者，以嫩叶助之，庶几〔9〕如新。水田香稻青叶，秋间摘以煮粥更佳。

注释

〔1〕红蓝花：一种野生植物。明朱橚（sù）《救荒本草》"红花菜"："《本草》名红蓝花，……苗高二尺许，茎叶有刺，……梢结梂（qiú）彙（huì），亦多刺。开红花，蕊出梂上，……梂中结实，白颗如小豆大，其花曝干以染真红及作胭脂，花味辛，性温无毒，叶味甘。"

〔2〕腐：是豆腐的省称。这里指豆腐样的食品。下文"麻腐"见清顾仲《养小录》："芝麻略炒，和水磨细，绢滤去渣，取汁煮熟，加真粉少许，入白糖饮。或不用糖，则少用水，凝作腐。或煎或煮，以供素馔。"

〔3〕精凿（záo）：春去谷物的皮壳，也指舂过的净米。《史记·平津侯主父列传》："食一肉脱粟之饭。"司马贞《索隐》："脱粟，才脱谷而已，言不精凿也。"这里指精致讲究的素食。

〔4〕酥、蜜：蜜指蜂蜜。酥，指酥酪，是一种奶制品，主要用羊奶、牛奶等制成，现在通常叫"奶酪"。

〔5〕身为床座：指虔诚供佛，舍己身供佛入座。《维摩诘经讲经文》："施身为床座，求闻妙法。"

〔6〕布发掩泥：散开头发，遮掩泥土，以示对佛虔诚。《经律异相》卷三十五："佛答曰：'昔阿僧祇劫时，世有佛，名曰定光。我时为梵志，字曰超述。时定光佛方欲入城，我即中路相逢，解发布泥上，令佛蹈过。'"

〔7〕黑白石：指黑砂糖和白砂糖。《十诵律》卷二十六："作粳米苏乳糜，和以黑白石蜜上佛。"明李时珍《本草纲目》："时珍曰：按，万震《凉州异物志》云，石蜜非石类，假石之名也。实乃甘蔗汁煎而曝之，则凝如石而体甚轻，故谓之石蜜也。"

〔8〕廉希恕：当为"廉希宪"，维吾尔族，元代名臣。阿合马，回族，本是奴隶，后为元世祖忽必烈的近臣之一，官至宰相。明宋濂《元史·廉希宪传》："希宪尝有疾，帝遣医三人诊视，医言须用沙糖作饮。时最艰得，

家人求于外。阿合马与之二斤，且致密意。希宪却之曰：'使此物果能活人，吾终不以奸人所与求活也。'"

[9] 天众、修罗众：天众，佛教中指二十诸天以及其他天神。阿修罗众，是天众的对立面，意思是欲界天的大力神或半神半人的大力神。《起世经》卷七："作如是言，我诸天众渐当增长，阿修罗众渐当损耗。"这里用"天众"指素食者；用"修罗众"指多吃荤腥之人。

[10] 薏苡（yì yǐ）：禾本科一年生草本植物，秆直立丛生，具多节，节多分枝。薏苡种仁叫薏米，是传统食品，也有药用功能。

译文

白扁豆可以按照做豆腐的方法加工制作，这是素食中最精致奇妙的一道菜。红蓝花和罂粟籽（编者注：罂粟籽是罂粟的种子，又称"御米"，罂粟籽本身不含任何致人上瘾的毒素，是一种世界广泛使用的调味料。）做成腐乳味道都很奇特，荸荠也可以做成腐乳。也可以用核桃仁、松子按照做豆腐的方法加工制作，尤其美味。大凡素食，即使再精雕细凿地制作，所花费的终究还是不多的，所以罪过也轻。素食还可以用来引导富人们修行戒杀，或者用来供养道德高尚淳厚的人，没有素食就不能表达虔诚的恭敬之心。虔诚的心意没有穷尽之时，而外界的事物却是有限的，或者借用果类，或者使用酥蜜，凡是可以做成精美食物的东西，哪有什么不可以使用的呢？经文上所说的"进献美味的食品"，正是就素食而言的啊。古代的许多国王、大臣、长者、贵族，他们奉佛都很虔诚，甚至把身体施舍为佛的坐床，散开头发来为佛遮掩路上的泥土，他们又怎么会吝惜丰厚的供品呢？佛经上说"供奉佛祖要用黑白石蜜"，这里说的"黑白石"，就是我们这里出产的黑砂糖和白砂糖。外国把这两种糖看作贵重物品，像元代的大臣廉希宪宁愿病着，也不愿意接受权臣阿合马送来的砂糖，就是一个很有代表性的典故。谚语说："写字匆忙的时候来不及写草书，贫寒的人家里不能备办素斋饭。"这句话说明，素斋饭精致洁净，却要比用新鲜鱼肉做荤菜有更高的要求。我在写这一篇文章的时候，凡是适合做素食的菜品，都特别详细地加以介绍。因为如果我们的素食能在口味各方面都胜过腥荤肉菜，那么吃素食的人就会越来越多，而因吃荤杀生而犯下罪过的人也就越来越少了，这可是一件值得庆贺的事情啊。

薏米可以用来煮粥、作饭或者蒸糕，都是在粳米中加入薏米一起做成的。东土人把薏苡叫做"陆谷"，种在自家园子里的，还可以用它的新鲜叶子放到粥里一起煮，能增加粥的颜色和味道；或者用来做汤也很好喝，而且对人有益。如果家里的白米因时间长久而变得陈旧了，可以在煮饭的时候加点薏苡嫩叶一起煮，煮出来的饭差不多就像新米做的一样鲜美。还有水田里长的香稻，秋天摘下它的青叶子和米一起煮粥，味道也相当好。

论竹第八

"此君"卓尔不群，诚宜别有著述，今姑草略论之。除杂蔬所列外，佳品别有粉筋竹者。叶细密而材坚韧，笋早，次于燕来，而色白、味甘、肉厚。因新竹节含腻粉，而质性柔中有刚，故名曰粉筋。杜少陵诗题有《觅绵竹栽》[1]者，岂即此耶？又有名水竹[2]者，性喜水而节特稀，每相去两倍于常竹。其材亦中器用，长逾他种，而大则不减焉。又有曰猴竹[3]，曰淡竹[4]，皆佳品也。猫竹[5]宜于山，而园地填高亦可种。材大而叶细，笋味亦佳，所宜蓄也。方竹[6]远来之种为奇，此土可植。斑竹[7]笋虽微苦，而过熟仍甘，未可轻訾。篱竹，此土亦有植者，笋乃实心，可取也。天目绿笋[8]，闻鲜者味甚美，亦拟致其种栽之。闽竹多而长大，与慈竹[9]略相似，实非一类也。笋干出闽者，波及[10]数千里，其衍繁可知矣。凡竹叶，初年粗而稀，次年细而密，不独一紫竹[11]也。此数件略有小异，其余皆同杂蔬。

种竹诀曰："深种，浅种，稀种，密种。"谓之"四法"。深种者，土要培厚；浅者，以墩置地上种之，不必掘潭；稀者，每墩排开；密者，须择竹丛三五枝一墩者移来。此虽巧妙语，亦善种法也。

注释

〔1〕《觅绵竹栽》：杜甫《从韦二明府续处觅绵竹三数丛》："华轩蔼蔼他年到，绵竹亭亭出县高。江上舍前无此物，幸分苍翠拂波涛。"

〔2〕水竹：竹子的一种。谢灵运《谢康乐集·山居赋》："其竹则二箭殊叶，四苦齐味，水石别谷……"自注曰："水竹依水生，甚细密，吴中以为宅援。"李采修《万历嘉定州志》："水竹可作篾丝、竹篦理发，颇有名。"

〔3〕猴竹：竹子的一种。清·苏益馨《嘉庆石门县志》："猴竹，《前溪逸志》一作篌竹，短细而丛生。"清陈鼎《竹谱》："篌竹，江南、两浙有之。节稀，枝叶短少，生道边水次。一丛止三五竿或一二竿，笋与常竹不同。"

〔4〕淡竹：竹子的一种。幼竿密被白粉，无毛，老竿灰黄绿色。节间长，壁薄，竿环与箨（tuò）环（竹秆每节下方有彼此相距很近的两道环，上为竿环，下为箨环）均稍隆起，同高。竹材韧性好，可编织各种竹器，也可整材使用。

〔5〕猫竹：竹子的一种。清厉荃《事物异名录·树木·竹》："猫竹，一名猫头竹，其根类猫头，又名潭竹。"

〔6〕方竹：竹子的一种。清陈鼎《竹谱》："方竹，……节茎方正如益母草状。深秋出笋，经岁成竹，高者二丈许。无甚大者，为拄杖最佳。"

〔7〕斑竹：竹子的一种。宋魏泰《临汉隐居诗话》："竹有黑点谓之斑竹，非也。湘中斑竹方生时，每点上苔钱封之甚固，土人斫竹浸水中，用草瓤洗出苔钱，则紫晕斓斑可爱，此真斑竹也。"

〔8〕绿竹：竹子的一种。清陈鼎《竹谱》："绿竹丛生，浙东及七闽多有之，极高大。其色深绿，竹不堪用，笋味极甘美。"

〔9〕慈竹：竹子的一种。明王世懋《学圃杂疏》："慈孝竹，丛生。笋以冬生，皆在丛外，若护其母，故曰慈孝。"

〔10〕波及：波浪所及，后指牵连、影响或扩散到。《左传·僖公二十三年》："其波及晋国者，君之余也。"

〔11〕紫竹：竹子的一种。清陈鼎《竹谱》："紫竹出江浙两淮，……或大或小，但色有浅深，通名紫竹。有初绿而渐紫者，有笋出即紫者，世谓之真紫竹。用之伞柄、拄杖甚佳，亦有制箫笛者，根亦紫色。"

译文

　　竹子的风度卓尔不群，确实应该为它单独写一本书加以介绍，现在暂且粗略地说一下。除了以上所列出的以外，竹子的好品种还有粉筋竹。粉筋竹的叶子细密、材质坚韧。出笋时间早，在每年燕子从南方回来不久之后。笋的颜色洁白、味道甘甜，而且肉质厚实。因为新竹子的竹节内含有一种细腻的粉末状物质，而且竹竿又是柔中有刚的，所以叫作粉筋竹。杜甫有《觅绵竹栽》诗，这里的"绵竹"，难道说的就是这种粉筋竹吗？还有一种叫水竹的，喜欢近水生长，而且竹节长得特别稀疏，每个竹节间的长度有平常竹子的两倍。水竹也适宜做器具，材质比其他竹子优良，竹子的大小或高度也不比其他竹子逊色。另外还有几种，像猴竹、淡竹，都是好品种。猫竹，适宜种在山上，而自家园圃里把地面填高也可以种植。猫竹高大、叶子细腻，竹笋的味道也不错，应该多种植一些。方竹是北方传来的奇异品种，我们这里也可以种植。斑竹的竹笋虽然微微带点苦味，但是等到竹笋生长成熟以后仍然是甘甜可口的，所以不要轻率地对它加以批评。篱竹，我们这里也有种植的，它的竹笋是实心的，这一点很可取。天目绿笋，听说新鲜味美，我也很想栽种。闽竹的数量多，而且长得很高大，和慈竹略微有点儿相似，实际上它们并不是同一类的。现在福建出产的笋干已能运输到数千里之外，那里竹子的盛况就可以推知了。大概来说，竹子叶在刚栽的第一年是粗糙而稀疏的，第二年就长得细腻而密集了，不仅是紫竹，其他品种也同样如此。上面所说的这几种竹子之间只是稍有差异，其余的竹子品种和这里所论述的大致相同。

关于种竹子，有个口诀说："深种，浅种，稀种，密种。"这叫"种竹四法"。"深种"的意思是，种竹子的土要培得深；"浅种"是指把整丛竹子直接放在地面上培土种植，不必挖坑；"稀种"是说每丛竹子要排开种、距离稍大一点；"密种"是说必须选择有三五棵竹子长在一起的一丛竹子移来种植。这些话总结得很巧妙，也的确是种竹子的好方法。

竹之风节一也，而其用大都两途：取材，取笋，有兼有专。取材之事，姑待异日详之，兹先论笋。凡僧赞宁[1]谱中之言，可谓切中肯綮[2]矣。今人粗率，多违其戒。盖苟且隔宿，弊端既多；而蒸食欠熟，徒为刮肠之篦[3]，尤可怜悯。夫笋停留多一日，则难熟加一倍，固已暗受其病；又煮未久而即取食，是通国皆食生笋而不觉也。刺喉致疾，何益之有？凡知味者，傥欲远取供用，宜遣人于出产处入园目击，多多买鲜。即就本地带壳击碎，宽水匀火，耐心煮之，自侵晨至黄昏方歇。乃以缸器贮笋，并汁持归，从容旋用。其初煮也，略用陈米几合，数滚后，捞米澄清，略加盐花，同净汁再煮，如此，则盐酸略存，可以耐久。如天热虑味变，则或三日或五日，仍入锅以笋同汁滚一次，再于冷时用之，一二旬不坏。其后每次调和，俱用原汁熟笋同入，斯乃一劳永逸，不亦便乎？或只随便买食，或家园多笋而虑日久易老者，此法皆可通用。至于逐次新鲜，亦必如意，务令熟透。此虽细务，而实养生远病之一端也。

湖州有酸羹笋，现成市卖，其意颇同。此地虽迩，未及致耳。

笋性本至难熟，熟益人而生甚损，不可不慎。今食鲜而致病，不如守拙而食干。干笋出于柴炭俱贱处，反能熟透。然先浸而煮，煮久复浸，亦须多加火功，方能适用，况生者而可造次[4]乎！

注释

[1] 赞宁：北宋僧人，吴兴德清（今属浙江）人，学识渊博，著述很多，有《大宋僧史略》《笋谱》等。

[2] 肯綮：筋骨结合的地方，比喻要害或关键所在。《庄子·养生主》："技经肯綮之未尝，而况大軱（gū）乎？"切（qiè）中肯綮，比喻切中要害，找到了解决问题的正确办法。

[3] 刮肠之篦：篦（bì）是一种梳头用具，俗称"篦子"。篦子齿比梳子齿密集的多，可用来梳理、刮除头发中的灰垢或寄生虫。此处指生竹笋对肠道无益，就像刮过肠道的篦子一样。宋赞宁《笋谱》："笋虽甘美，而滑利大肠，无益于脾，俗谓之'刮肠篦'。"

[4] 造次：轻率；随便。

译文

竹子虽然有很多品种，但其形态和性质都相差不大，而用途也大都是两个：或取竹子作为日常使用的材料，或取竹笋作为食材。有的竹子兼有这两个用途，有的竹子只有某一个用途。取作材料的情况，等改天再详细谈论，这里先说以竹笋作食材的情况。北宋僧人赞宁《笋谱》中的话真是切中要害，但是现在的人们往往麻痹大意，大多违背了他的告诫。把鲜竹笋放一晚上会导致很多弊病；而如果竹笋没蒸熟就吃，那就只像刮肠子的篦子一样了，这种吃法尤其让人可怜。竹笋多放一天，做熟的难度就会增加一倍，这本来就已经在不经意中埋下了疾病隐患；如果又煮不熟就食用，简直是全国人都在吃生竹笋而不自知了。不熟的竹笋不但刺激喉咙，而且致人生病，怎么会对人有益呢？凡是讲究烹饪的人，如果想要到远方取竹笋使用，应该派人到出产地，进竹园子里看着，一定要是新挖的才好。然后，就在当地把带着壳的竹笋敲碎，多用点水，用均匀的火耐心地煮，从天刚亮煮到黄昏再停火，再用干净的缸等容器盛着笋和汁一起带回来，慢慢取用。在开始煮笋的时候，可以在水里加几把陈米，水烧开几次以后，把米捞出来，把汤澄清一下，略加一点盐，再和澄清的汁一起煮。这样煮的竹笋，既有盐味又有酸味，可以储存很久。如果天气热，担心竹笋变味，可以每三天或五天，把竹笋和汁一起放到锅里烧滚一次，等冷却以后再用。这样就能存放一二十天不变质。以后每次烹饪的时候，用原汁和熟竹笋一同入锅，可以说是一劳永逸，难道不是很方便吗？如果只是随便买一点吃，或者自家园里有很多竹笋，怕时间久了容易老，上面所说的方法都可以用。按照这个方法，就可以随时品尝到新鲜的竹笋菜，一定能满足心意。不过一定要把竹笋煮透，这虽然看似小事，但实在是养生、避免生病的重要事项啊。

湖州出产一种酸斋笋，当地市场上有现成的出售，做法和我上面所说的很相似。我们这里离湖州虽然很近，但是我还没有买到过。

　　竹笋的质地坚韧，本来就非常难煮熟。而只有熟竹笋才对人有益，生竹笋对人损害很大，所以不能不慎重对待。如果吃鲜竹笋容易导致生病，倒不如采取笨办法，吃笋干。制作笋干花费不多，反而还容易做熟、做透。不过要先浸泡再煮，煮过以后还要再浸泡，也要多烧点火才好。笋干尚且如此，更何况是生竹笋，哪能马虎大意呢！

论草第九

古人园中多种药物，《本草》诸药，草部居首〔1〕。独乐园〔2〕至简易矣，尚不乏此。曾见宋御制〔3〕画人参、地黄二品甚精细，乃知时尚如此。今之为园者，此风殊不讲矣。今据现在者颇及一二，聊以存，以俟他日更推广之。

黄精，蔓生，略似山药，叶间子亦如之。其蒸、曝正复用根。

黄蒸〔4〕非黄精，此可另作一段议论。

淡竹叶能利小水〔5〕，而花奇妙，枝叶亦雅。

鱼腥草，其气虽腥，亦不甚恶。他方乃有蕺菜〔6〕救饥之说，想蒸熟或殊也。治痔取效甚速，白花亦可观。

芝草〔7〕，山中多产，野人或取售之，殊易与〔8〕耳。曾见有四五十茎者，甚奇，然未觉其香。或云，同米蒸饭，其香始升瑞〔9〕。未敢必，姑为雅玩。

天门冬，一名天棘。蔓生，青翠，或以架承之，亦佳。

阶前草，或曰即麦门冬，未知是否。

忍多藤，良药也，解毒而益元气。凡冬翠者，往往驻颜，一名金银花。花之功居多，而亦可玩，或用为屏。

牵牛，亦一药也。其花碧色，秋容入画。

注释

〔1〕草部居首：明李时珍的《本草纲目》五十二卷，其中第十二卷至第二十一卷都为"草部"，即中草药类，数量居首位。

〔2〕独乐园：即宋司马光的园林住宅，遗址在今洛阳城东。李格非《洛阳名园记》："司马温公在洛阳，自号迂叟，谓其园曰独乐园。园卑小，不可与它园班。……温公自为之序，诸亭台诗颇行于世。所以为人欣慕者，不在于园耳。"

〔3〕宋御制：指经过宋高宗（赵构）御批的画作。明李日华《六研斋三笔》："宋思陵（高宗）得李伯时画人参、地黄二药，装潢之，御书东坡二赞。笔法浑厚纯美，有钟太常家法。"

〔4〕黄蒸：酿酒用的酒曲。清杨万树《六必酒经》："《释名》：黄蒸，又名麦黄，米制名米黄。"

〔5〕小水：中医学用以称小便。

〔6〕蕺（jí）菜：即鱼腥草，有鱼腥气味，故名。茎扁圆柱形，表面棕黄色，具纵棱数条，节明显，下部节上有残存须根；质脆，易折断。可入药。

〔7〕芝草：俗称灵芝，多孔菌科类，一年生植物，有很高的药用价值。《后汉书·明帝纪》："是岁，甘露仍降，树枝内附，芝草生殿前。"

〔8〕易与：容易对付。含有轻蔑之意。这里指芝草很容易得到。

〔9〕其香始升瑞：升瑞，古代献玉器以做凭信，喻取信于他人。晋张华《王公上寿诗》："九宾在庭，胪赞既通。升瑞奠贽，乃侯乃公。"《诗经·大雅·生民》："昂盛于豆，于豆于登，其香始升。"此处指用灵芝和米一起煮饭，其香气就会散发出来。

译文

古人在园圃里大多会种植一些药用植物，《本草纲目》中所记载的药，草药数量最多。北宋司马光的独乐园规模非常简陋，但也种植了一些草药。我曾经见过高宗赵构御批的画作，画中的人参、地黄画得很精致，于是知道宋代的风俗也是这样的，现在营造园林已经不大遵循这个习惯了。在此，只是就我园中现有的草药简略地说一下，等以后有时间修订此书的时候再多记载一些。

黄精是蔓生植物，形状有点像山药，叶子间长的果实像山药籽。而用来蒸食或晒制成药的也正是它的根，这一点，也与山药相同。

"黄蒸"和黄精不同，这个问题可以另外再做一段考证文章了。

淡竹的叶子能利小便，而且花很奇妙，枝叶的外形也很雅致。

鱼腥草的气味虽然很腥，但也并不是很难闻。别的地方还有吃鱼腥草救饥荒的说法，蒸熟以后或许味道就不一样了。鱼腥草治疗痔疮见效很快，它的花是白色的，也可以用来观赏。

灵芝草，产于山中的有很多，山里的农民会挖来出售，很容易得到。我曾见过一棵芝草有四五十根茎，特别令人惊奇，但是也没觉得它的味道有多香。有人说用它和米一起蒸饭，它的香气才会浓烈。不过我没试过，不敢确定，平时只是把它当作一件雅致的物品用来观赏。

天门冬又叫天棘，是蔓生植物，颜色青翠，或者搭个架子来承托着也很不错。

有人说，阶前草就是麦门冬，不知道对不对。

"忍多藤"是一味好药，不仅能解毒，而且能益气。凡是冬天还很青翠的植物，往往会有驻颜美容的功效。"忍多藤"又叫金银花，它的花药用功效最强，也可供观赏，多栽植一些，还可以当作屏风用。

牵牛花也是一味药。它的花是碧色的，秋天开放的时候非常漂亮，看起来就像一幅美丽的风景画。

车前草〔1〕，俗名"虾蟆草"。性淡利水，能止泄泻，亦愈便血。野人或用为茹。

马兰草〔2〕，气香性凉，嫩时可食，味颇佳而亦解毒。

奶酣草〔3〕，一名醒头草，南京、吴门皆多。

"珊瑚"〔4〕二种：品相近桃叶者，年久滋长。又，蔓生者为"雪里红"，品虽劣，而子汁和酒，可为血药。

薜荔〔5〕在墙壁屋角，有山林气。

翠筠草易生，然亦多忌，好洁，喜阴，年久弥郁葱。

缠枝牡丹〔6〕，蔓生，一名"千叶耳聋花"，殊亦娇媚。

朱藤〔7〕，一名紫藤，年深者古意可爱。可花蒸熟，糖醋浸食。

"老少年"〔8〕，纯红、纯黄、纯浅红，凡三色，并"十样锦"而四焉。多种则变态出奇。

鼠精子，豆科所宜。

苍耳草[9]入浴，汤辛有益，子亦可和米作饭。

川芎劳[10]，虽不抚而亦（抄本有空格）烈。

蛇床子[11]，鲜者用浴，能除痒疖。

注释

[1] 车前草：一年生或两年生草本植物。叶基生，呈莲座状，叶片纸质，椭圆形。穗状花序细圆柱状。全株有药用价值。《诗经》中叫作"芣苢（fú yǐ）"，《诗经·周南·芣苢》："采采芣苢，薄言采之。"

[2] 马兰草：菊科马兰属多年生草本植物，幼叶通常作蔬菜食用，俗称马兰头。根状茎有匍枝，全草药用，有清热解毒等功效。

[3] 奶酣草：一种兰草。下文"醒头草"又名"省头草"。清赵学敏《本草纲目拾遗》："泽兰，今人呼为'奶孩儿'者是也。此草方茎紫花，枝根皆香，人家多植之，妇女暑月以插发，入药，入血分。'省头草'，叶细碎如瓦松，开黄花，气微香，生江塘沙岸旁，暑月土人采之，入市货卖，妇人亦市以插发，云可除脂垢。"

[4] 珊瑚：此处是植物名。明王世懋《学圃杂疏》："珊瑚，盆中可种。水珊瑚最易生，乱植竹林中亦佳。蔓生者曰'雪里珊瑚'，不足植也。"清孙让修《嘉庆怀远县志》"雪里红"："蔓生，七八月结实，小雪始红，故名。"

[5] 薜荔：植物名。又称木莲。常绿藤本，蔓生，叶椭圆形，花极小，隐于花托内。果实富胶汁，可制凉粉，有解暑作用。

[6] 缠枝牡丹：藤科草本、多年宿生根耐高寒植物。莲花形花座，花色粉色，重瓣，不露花芯，不结籽。花色艳丽，叶形美观，欣赏价值较高。根系过于发达，生命力顽强，是一种入侵物种。

[7] 朱藤：即紫藤，别名藤萝。蔓生木本植物，茎缠绕他物，花紫色蝶形，可供观赏，也可食用。

[8] 老少年：植物名。清陈淏子《花镜》："'老少年'一名'雁来红'。初出似苋，其茎叶、穗子与鸡冠无异。至深秋本高六七尺，则脚叶深紫色而顶叶大红，鲜丽可爱，愈久愈妍。"

（9）苍耳草：菊科一年生草本植物，有疏生的具钩状的刺，刺极细而直。地上部分可供药用。

[10] 川芎䒷（xiōng qióng）：多年生草本植物，叶似芹，秋开白花，有香气，根茎皆可入药，以产于四川的最好，故又名川芎。晋张华《博物志》卷四："芎䒷，苗曰江蓠，根曰芎䒷。"

[11] 蛇床子：一年生草本植物蛇床的果实，有药用价值，其茎直立或斜上，多分枝，中空，表面具深条棱，粗糙。明李时珍《本草纲目·草三·蛇床》："蛇虺喜卧于下食其子，故有蛇床、蛇粟诸名。其叶似蘼芜，故曰墙蘼。"

译文

车前草的俗名叫蛤蟆草。它味道清淡，利小便，能止泻，也能治愈便血。农民有时用它作为蔬菜。

马兰草具有香气，性凉。叶子嫩的时候可以吃，味道不错，而且还有解毒的功用。

"奶酣草"又叫醒头草，南京、苏州一带有很多。

珊瑚草有两种，品相近似桃叶的那种，生长时间长而又繁殖力强。还有一种是蔓生的，又叫雪里红。它的品相虽然低劣，但是种子和汁液可以用来调制酒，可作为补血的药物。

薜荔成片地生长在墙壁或屋角处，浓荫墨绿，给人一种身在山林的感觉。

翠筠草很好成活，但是也有需要注意的地方。它喜欢干净阴凉的地方，生长时间久了以后更加葱郁。

缠枝牡丹是蔓生植物，又叫作千叶耳聋花，也是非常娇艳漂亮的。

朱藤又叫紫藤，生长得年岁久远的，其枝条遒劲，特别具有一种古朴的意境，令人喜爱。它的花还可以蒸熟以后用糖醋浸泡食用。

"老少年"有纯红、纯黄、纯浅红共三种颜色，再加上"十样锦"，就有四种了。只要多种植一些，就容易互相传播花粉，从而产生出新奇的花样。

鼠精子，把它归于豆科植物比较恰当。

苍耳草可以用来泡水洗浴，用它煮的汤有辛辣味，对人有益，它的籽也可以和着米做成饭。

川芎莠，即使不实施人工培植，也能生长得很旺盛。

新鲜的蛇床子可以用来洗浴，能消除瘙痒。

论盆树第十

盆树有二途：凡种之贵重者及奇古已成者，只宜细心爱养，勿更穿凿，虑以纷更招损。若未经造就者，名为生坯[1]，多用轻微种类，略不姑息任意。尽力屈折裁剪，则纵横变化多于险处生奇，乃有佳致耳。

人有恒言[2]，曰："一盆，二石，三花草。"予则颠之倒之[3]：夫花草最急，石次之，盆稍缓。亦犹丝不如竹，竹不如肉[4]，渐近自然耶。

有盆有景，玩之全也。景而不盆，徐图换盆。盆而不景，速当觅景。不盆不景，是亦不可以已乎？

天趣为上，天与人葠[5]焉亚之，人而不天，吾何以观？

不曰盆树，而曰盆景，何居？盖最似画家小景，所谓寸马豆人[6]者地步之。规模虽隘，而意匠之包涵甚弘，是为得之。

花园子[7]所结方圆扁实者，号"鸦鹊巢"，但可入俗眼。略解事者，或用盛子昭[8]画意，尚为下乘。知音者乃效马远[9]，为不取齐整满足，但枯硬写意而已，此为庶几。余尝戏题"倪云林一景"，或者称之。

注释

[1] 生坯（pī）：本指陶、瓷土等耐火材料经加工、成形、干燥但尚未烧制的半制品。这里指尚未加以修剪的盆树。

[2] 恒言：经常说的话。《孟子·离娄上》："人有恒言，皆曰天下国家。"

[3] 颠之倒之：语出《诗经·齐风·东方未明》："东方未明，颠倒衣裳。颠之倒之，自公召之。"此处指把顺序颠倒过来。

[4] 丝不如竹，竹不如肉：丝，指弦乐器。竹，指管乐器。肉，指人声。东晋陶渊明《晋故征西大将军长史孟府君传》："又问：'听妓，丝不如竹，竹不如肉？'答曰：'渐近自然。'"

[5] 葠（shēn）：同"参"，药草名。此处抄本疑误，或为"渗"，混合。

[6] 寸马豆人：一寸长的马，像豆子大小的人。形容画中远景，人、物极小。五代梁荆浩《山水诀》："丈山尺树，寸马豆人，远山无皴，远水无痕……"

[7] 花园子：指以制作盆景为生的艺人。明·黄省曾《吴风录》："（北宋佞幸）朱勔（miǎn）子孙居虎丘之麓，尚以种艺垒山为业，游于王侯之门，俗呼为花园子。"

[8] 盛子昭：即盛懋，字子昭。元代画家，嘉兴（今属浙江）人。

[9] 马远：南宋绘画大师。祖籍河中（今山西永济），生长在钱塘（今浙江杭州）。出身绘画世家，擅画山水、人物、花鸟。

译文

盆景的管理有两种途径：凡是品种名贵或是已经修剪成型、具有意境的，只需要细心培护，不要随意挖掘或变动，因为这样容易对盆景造成损伤。那些还没有经过修剪栽培的盆景可以叫"生坯"，大多是用一些不太名贵的植物种类，就不必吝惜，可以尽力曲折和修剪，这样才会使其枝条纵横变化，险处生奇，创造出令人称道的好景致。

关于盆景，人们经常说："首先要选好盆，第二要使用合适的石头，第三是栽种合适的花草。"我却认为应该把这句话颠倒过来，花草是最重要的，石头次之，花盆更可以缓一缓。这个道理就像欣赏音乐一样，弦乐不如管乐，管乐不如人声，因为它们是一个比一个更接近自然的状态。

既有好盆，又有奇景，才算是完美的盆景。有好景而没有好盆，可以慢慢计划着换个好盆。只有好盆，而没有好景，则应该赶快构造出好景。如果盆不好，景也不美，这样的盆景难道不是应该丢弃的吗？

盆景以充溢着自然的趣味为最好，自然的趣味和人为的修饰相结合的次之。如果只有人为的痕迹，没有自然的趣味，那还有什么值得观赏玩味的呢？

盆景也是盆中有树，但不把它叫作"盆树"，而称作"盆景"，这是为什么呢？大概是因为盆景的构思过程和画家笔下的小景最为相似。所谓小景，就是那种构思精细，人物尺寸很小的画境。它的规模虽然狭小，但其中的创意和构思都是很弘阔的。制作盆景也要做到这一点，就能具有诗情画意般的境界了。

如果盆景艺人制作的盆景只是或方或圆，像是结实耐用的器皿，那就号称"鸦鹊窝"，只能是给俗人观看的。略微懂点园林道理的盆景艺人，或许会采用元代画家盛子昭画中的意境，把盆景营造地精致有加，十分巧妙，但这还只是下乘之作。只有最具审美眼光的盆景艺人才会效仿南宋绘画大师马远的创作风格，不刻意构建整齐的外形，只追求情意相交、生趣盎然的意境，就像绘画中的写意图一样，这才算是真正的盆景艺术。我曾经为一个盆景题写过"倪云林一景"之语，这个题词虽然有点开玩笑的意味，但实际上和其盆景的意境是相符的。

石菖蒲第一。漱石枕流[1]，不食烟火，殆非尘寰间物耶？种似虎须[2]，为最圆细劲直者是也。须用昆山水窠之玲珑露顶者，栽根而多历年所，斯为上乘。其古盆中久植者次之。

蚰蜒松[3]第二。细针瘦枝，长不满尺，而风骨古老、蟠虬偃盖之美悉备。

福建水竹第三。苍颜劲节，茂密成林，而根株、枝叶均匀细巧，几案间顿有嶙谷、渭滨[4]。又时时抽笋，尤助雅兴。

古梅[5]第四。须梅贴梅，更以形小而意大、骨老而颜童者为佳。方寸之木，而虬枝、椒眼、琼芳、青子、绿阴、黄叶，随时消长，诚可玩也。

虎刺[6]第五。以其具体而微，出于天然，不须矫揉也。白花、青子与来年红实并缀于碧翠丛中，固自奇观。其妙尤在老稚低昂，什伍参错，新芽旋苗，层台竟耸，为小景中之大观耳。令览者如入山阴道中，应接不暇[7]。细叶者佳，粗叶勿用。然性多避忌，大率喜阴而好洁者也。

注释

〔1〕漱石枕流：本应作"枕石漱流"。枕石，把石头当枕头枕着。漱流，用流水漱口。比喻隐居生活。语出南朝宋刘义庆《世说新语·排调》："孙子荆年少时欲隐，语王武子'当枕石漱流'，误曰'漱石枕流'。王曰：'流可枕，石可漱乎？'孙曰：'所以枕流，欲洗其耳；所以漱石，欲砺其齿。'"此处指盆景石菖蒲生长于水石之间，有高洁隐士之态。

〔2〕虎须：植物名，为菖蒲中的一种。清谢堃《花木小志》"虎须草"："无花无叶，挺生数百茎，似虎须，故名。色不枯槁，然非水浸根不能活。"

〔3〕蚰蜒（yóu yán）松：一种松树。蚰蜒是多足虫的一种，像蜈蚣而略小，体色黄褐，有细长的脚十五对，生活在阴湿地方，捕食小虫，有益农事。

〔4〕嶰（xiè）谷、渭滨：嶰谷，传说中昆仑山北山谷的名字，传说黄帝使伶伦取嶰谷之竹以制乐器。渭滨，指渭水之滨。此处用来比喻盆景的意境悠远。

〔5〕古梅：梅树的一种。宋范成大《范村梅谱》："古梅会稽最多，四明、吴兴亦间有之。其枝樛（jiū）曲万状，苍藓鳞皴封满花身，又有苔须垂于枝间，或长数寸，风至，绿丝飘飘可玩。"

〔6〕虎刺：植物名。常绿小灌木，枝条屈曲，叶卵形，叶腋间有针状刺一对。因其植株寿命长，常被用作祝寿礼品。

〔7〕应接不暇：山阴，浙江绍兴市古县名。刘义庆《世说新语·言语》："王子敬（王献之，王羲之第七子）云：'从山阴道上行，山川自相映发，使人应接不暇。若秋冬之际，尤难为怀。'"

译文

通常用来制作盆景的植物当中，石菖蒲位居第一。石菖蒲生长于水间石隙，给人一种不食人间烟火的高洁之感，甚至会使人疑惑，它大概不是人世间的产物吧？菖蒲的种类较多，其中一种的茎叶像老虎的胡须，叫作虎须菖蒲，就是茎叶最圆细劲直的那种。做盆景最好是用昆山水窦中自然生长的、玲珑剔透、刚从水中露出头的虎须菖蒲。栽好以后，长上几年，就能成为上等的盆景。至于那种在古旧的花盆中栽植了很久的菖蒲，可以算是次一等的。

蚰蜒松位居第二。这种松，针细，枝瘦，高度不足一尺，但是风骨苍劲古老。它的枝条像盘曲的虬龙，树冠像倾斜的车盖，各方面的美都具备了。

福建水竹位居第三。水竹具有苍翠的颜色和劲直的枝节，一片片生长成茂密的竹林，而且根株、枝叶都均匀纤巧。把它放在书桌上，使人有身处巏谷、渭滨的出世之感。它还能不时地长出新笋，显出勃勃生机，给人增添雅兴。

古梅位居第四。古梅必须用梅树芽来嫁接，那种外形小巧而意趣深广、树干苍老且花朵娇艳的最好。在只有方寸大小的梅树上，虬屈的枝条、如花椒籽大小的蓓蕾、皎洁的花瓣、青绿的梅子，还有绿荫、黄叶，这些景色随着季节的不同或萌发或消逝，整个过程确实值得我们细细品味玩赏。

虎刺位居第五。因为虎刺天然具备微小而完整的植株，不需要加以人工矫正或修饰。在其枝头往往能同时看到白花、绿果和前一年成熟却仍悬挂在枝头的红色果子。它们一起点缀在翠叶丛中，这本身就是一种奇观。更奇妙的是，盆景中的虎刺会呈现出老叶子和新芽相互辉映之美。它们长得高低错落，有的地方密集，有的地方疏朗。等到新芽萌发的时候，只见嫩绿苗壮的新叶子层层叠叠、竞相向上，耸立生长，呈现出一派勃勃的生机，真是小盆景中的大景致。眼前小小的盆景，能使观赏它的人们仿佛置身于山阴县的山林道路中，好山美景应接不暇。做盆景还是用小叶子的虎刺，不要用大叶的。此外，养植虎刺也有很多需要避免的问题，大概来说，

它是喜欢阴凉和洁净。

迎春第六。质本便于屈曲，而年久则鳞皴[1]自成。然裁剪折伏，良工苦心，其所由来者渐矣。献岁新花，更觉增美。

黄杨[2]第七。厄闰[3]本树所苦，而侏儒反为弄臣[4]。因病成奇，物固有之。然惟闽中所致者枝叶倍细，想别是一种。其奇古老干，亦自不凡。

乌子爵梅[5]第八。产于崎岖硗确[6]之地者，赋质已先险怪。而助以人力屈折，年久更奇。

榆树、冬青第九。亦取其瘠地所产、凋残已极，瘦骨峥嵘，甚或有皮无肉者，略加人力裁成，遂为佳景。

贴梗海棠第十。枝黑而劲，天质本近。就中拔尤，束缚斤斤[7]。点缀红英，更添风韵。铁网珊瑚[8]，佳名雅称。

他如石榴、徽州栀子，便于盆植，久则更佳。又有水盆景一法，如"白鹤"、"紫鹤[9]"、"巳时花"及芭蕉、吉祥草，皆可为之。冬青、野榆、紫薇、栀子，亦可为水树。清泉白石，根似银须，聊适一时之兴而已。

注释

[1] 鳞皴（cūn）：像鳞片般的皲皮或裂痕，此处形容迎春花年久后枝条开裂的样子。

〔2〕黄杨：常绿灌木或小乔木。春季开花，花小，黄色而有臭味，簇生。果实有三个短角状突起，熟时裂为三瓣。

〔3〕厄闰：旧说黄杨遇闰年不长，因以"厄闰"喻指境遇艰难。苏轼《监洞霄宫俞康直郎中所居退圃》："园中草木春无数，只有黄杨厄闰年。"自注："俗说黄杨长一寸，遇闰退三寸。"清高士奇《北墅抱瓮录》"黄杨"："黄杨木理细腻，枝叶繁多，性坚而韧。然滋长最难，世传此木终岁长不盈寸，遇闰月年则顿而不长，盖物理之至奇者。"

〔4〕弄臣：古代为帝王所宠幸狎玩的臣子。《史记·张丞相列传》："（汉）文帝度丞相已困通（邓通），使者持节召通，而谢丞相曰：此吾弄臣，君释之。"

〔5〕乌子爵梅：木名，即郁李。古代又称唐棣。蔷薇科落叶小灌木。春季开花，花淡红色。果实小球形，暗红色。其材可为器具，果仁入药。

〔6〕硗（qiāo）确：指土地坚硬贫瘠。

〔7〕斤斤：谨慎。《后汉书·吴汉传》："及在朝廷，斤斤谨质，形于体貌。"

〔8〕铁网珊瑚：对贴梗海棠的雅称。形容贴梗海棠枝条劲健，花朵红艳。

〔9〕白鹤、紫鹤：植物名。"白鹤"即玉簪花。明王世懋《学圃杂疏》："玉簪一名白鹤花，宜丛种。紫者名紫鹤，无香。"清高士奇《北墅抱瓮录》"紫鹤花"："紫鹤茎叶、花蕊与玉簪不异，故亦称紫玉簪。玉簪有香，紫鹤无香，而便娟靓艳，却自远胜。"

译文

迎春花位居第六。迎春的枝条本来就便于弯曲，年岁长久之后，枝条上还会自然出现像鳞片般的皴皮。不过长期以来，优秀的盆景艺人们在每个盆景的裁剪设计过程中也积累了许多好的经验，其中自然包含着工匠们的良苦用心。每当新的一年来到时，迎春适时地开出鲜艳的花朵，分外美丽。

黄杨树位居第七。遭遇闰年的厄运本来是黄杨树的不幸，但就像是古代的侏儒反而容易成为帝王的弄臣，因为某种病态而成为奇异的特征，在植物当中本来就有这样的情况。不过福建地区的变生黄杨树枝叶格外细小，我想它可能属于另外一个品种吧。福建黄杨树的枝干看起来特别奇异，有古老的意境，当然是不同凡响的。

乌子爵梅位居第八。这种梅树出产于崎岖贫瘠的山地，它的生长环境已经先天赋予它险怪的特征，再加上后天人为的设计，对它有意地加以屈曲弯折，年岁长久之后的形态就更加奇特了。

榆树和冬青树位居第九。这两种树也要采用贫瘠的土地所生长出来的。因为它们先天不足，本来就长得凋零残破，像人瘦骨嶙峋的人，甚至是有皮没肉一样干瘪，所以只需略微加点人工剪裁，就可以成为漂亮的盆景。

贴梗海棠位居第十。它的枝干黝黑弯曲如铁丝，本来就比较适合做盆景。又从中选出尤富韵味的植株，把它的枝条小心谨慎地束缚好，点缀上红色的花朵，更增添了特别的风韵。有人叫它"铁网珊瑚"，是个雅致而好听的名字。

其他的像石榴、徽州栀子也都适宜做盆景，生长时间久了之后更加赏心悦目。还有一种做水盆景的方法，"白鹤""紫鹤""巳时花"，以及芭蕉、吉祥草都可以用，冬青树、野榆树、紫薇树、栀子树等也可以用来作水中盆树。盆内有清泉白石，树根如银色须线，这样的景致确实可以使人适意遣兴啊。

亚于盆景为缸景，远方奇物如铁蕉、凤尾蕉、棕竹、天目松等，以大为畅，此缸景之贵重者也。本地所出，或以花盛而佳，或以树奇而古，虽不登几案，而亦可列庭阶者，则为缸景之第二流焉。天目松亦以小为贵，而奇古者复不嫌于大。

凡盆景之有花者，枝干从恕。有果更胜，有花，三者备美之至也。

盆中花卉或爱肥，而用粪则不雅。惟先预造肥土，随时加壅，最为上策。或于他处隔远置缸器，贮肥水，以盆树轮流浸养半日，旋移供养，亦妙。此有三便：一，远秽；二，润燥；三，寒水不从顶淋，膏泽自下而升，其益尤多。

古人秉烛夜游[1]，一何[2]兴之高耶！然琼筵坐花，羽觞醉月，未免脂粉气耳。得趣于盆景者，夜间以纸镫火照看，尔时菖蒲、虎刺、松竹等，色奇碧异绿，百倍于日间所睹，恍若蔚蓝天之帝青宝[3]也。尘世中富者之祖母绿[4]、贵者之翠羽葆[5]，何足道哉！其花之红者、白者，在绿叶间，色相亦自迥别。

盆树天生短小者，因其势而裁酌之则佳。或用大根株强就削截，局促安顿，一二年间，元气渐乏，每见倏萎。此时可暂诳浅识者。

注释

〔1〕秉烛夜游：意思是拿着蜡烛在晚上游玩赏乐。比喻及时行乐。《古诗十九首·生年不满百》："昼短苦夜长，何不秉烛游。"
〔2〕一何：何其，多么。

〔3〕帝青宝：佛教所称的青色宝珠。唐慧琳《一切经音义》卷二十三："帝青，……是帝释宝，亦作青色，以其最胜，故称帝释青……。"宋释延寿《宗镜录》卷九："菩提心者，如帝青宝，出过世间三乘智故。"

〔4〕祖母绿：是一种通体透明的浓绿色宝石，成分中含有铁、铬，是最宝贵的宝石之一。

〔5〕翠羽葆：帝王仪仗中以鸟羽联缀为饰的华盖。亦泛指帝王或王公大臣出行的卤簿。

译文

盆景之外，还有缸景。有些远方的奇异植物，像铁蕉、凤尾蕉、棕竹、天目松等，形体庞大、气势酣畅，是缸景中所用的贵重植物。我们本地出产的缸景，有的花开得茂盛，有的树生得古朴，虽然没有资格安放在茶几、书桌上等醒目的地方，但是也可以摆放在庭院的台阶两边，可以算是缸景中的第二等。天目松以形体小巧的为好，但如果外形奇异古朴的，也不嫌它长得大。

凡是能开花的盆景，它的枝干美不美就可以忽略不计；如果能结果子，就更好了，再加上花，三者兼备就是最美的盆景了。

有的盆中的花卉喜欢肥土，但是用粪又不雅观。只有预先造好肥土，随时追加是最好的办法。或者也可以在别处较远的地方放置一些大缸，里面贮存着肥水，把盆树轮流放在肥水里浸泡，半天后再移出来，也是个巧妙的方法。这个方法有三个优点：一是远离污秽，二是能滋润干燥的盆土，三是冷水不从树头淋下，而有营养的水能自根下而吸收上升，益处确实不少。

古人有秉烛夜游的习惯，他们的兴致是多么高啊！不过，在精美的筵席上坐拥鲜花，或在清朗的月色下一饮而醉，这些活动都不免带着脂粉气。能从盆景欣赏中得到趣味的人，还可以在夜间用灯笼照着观看。在夜色中，菖蒲、虎刺、松竹等，颜色格外碧绿，仿佛是碧色的珠宝一样。与之相比，世间富人家的祖母绿宝石、贵人家的华贵车盖，又哪里值得一提呢！它们的花有的红、有的白，在绿叶间映衬着，呈现出不同的视觉效果。

有的盆树的树苗先天就不会长得很高，所以只要就着它本来的姿态加以剪裁就可以了。但有的人却喜欢把大树强行砍削，又把它安顿到局促的花盆里，只一两年的时间，树的生命力渐渐丧失，很快就枯萎了。这种盆景只能暂时骗骗见识浅陋的人罢了。

论第十一

予庭中卉木丛杂，佳者半，而陋者亦半。客谓予何不沙汰之，默然良久。因以请，则莞尔而笑[1]曰："养其梧槚，不舍樲棘[2]，我法门[3]固自别也。"

远方花卉适用而著者，既分入各类矣。其未甚显者，今总记于此：曰含笑花[4]，紫花单瓣，青叶光长。曰龙头花，其花小而繁，白而香。曰红绣球，一名山丹花，即杂蔬所述。曰藤本红绣球，引蔓为屏，绿叶劲厚，花粉红而心深赤，谢未久，而旧蒂复发新花。曰夜合花，木本三尺，叶如枇杷，较小而光。花如琢玉，白色带绿，气似椒芳。曰红蕉，无花，而叶如芭蕉，其色鲜红：皆予所尝试而不甚可恶者。大率闽芳有兰，所谓一夔足[5]矣。

注释

[1] 莞（wǎn）尔而笑：微笑。莞尔，形容微笑的样子。《论语·阳货》："夫子莞尔而笑曰：'割鸡焉用牛刀？'"

[2] 养其梧槚（jiǎ），不舍樲（èr）棘：梧槚，亦作"梧榎"，木名，指梧桐树与山楸。两者皆良木，故以并称，比喻良材。樲棘，木名，即酸枣树。《孟子·告子上》："今有场师，舍其梧槚，养其樲棘，则为贱场师焉。"此处的意思是，各种花卉、草木应兼收并蓄。

〔3〕法门：佛教术语，本指修行者入道的门径，泛指修德、治学的途径。此处指修治园圃的理念。

〔4〕含笑花：植物名。宋鹿亭翁《兰易》："含笑花，花如兰，形、色俱似。开不满，若含笑，随即凋落。生广东。"

〔5〕一夔（kuí）足：夔，人名。相传为舜时的乐正，仅有一只脚。《吕氏春秋·察传》："鲁哀公问于孔子曰：'乐正夔一足，信乎？'孔子曰：'昔者舜欲以乐传教于天下，乃令重黎举夔于草莽之中而进之，……重黎又欲益求于人，舜曰：……若夔者，一而足矣。故曰夔一足，非一足也。'"后来用"一夔足"或"夔一足"表示真正有才干的人有一个就够了。此处的意思是，福建的花卉中，兰花是最重要的代表。

译文

我院中花木丛杂，其中品种好的有一半，不好的也占一半。有客人问我，为什么不把那些不好的淘汰掉，我沉默了很久。客人再次来询问，我于是微笑着说："种了梧桐与山楸，也不舍弃酸枣树，我的治园方法本来就和别人不一样的。"

上面已经把远方传来的、各类用途显著的花卉分类记载下了。此外还有一些用途不太显著的，现在把它们一起记载如下：一种是含笑花。它的花是紫色的，单瓣，叶子油绿修长。一种是龙头花。它的花型小，但数量多，花是白色的，有香味。一种是红绣球，又叫山丹花，在杂蔬中已叙述过了。还有一种是藤本红绣球，可以把它的蔓引接成屏风。这种花的叶子墨绿厚实，花是粉红色的，花心是深红色的。旧花凋谢不久，原来的花蒂又会萌发出新花。一种是夜合花。它属于木本植物，高三尺左右，它的叶子像枇杷叶，只是小一点，而且是光滑的，花就像是用玉雕琢成的一样，白色中带点绿色，气味像花椒的芳香。还有一种叫红蕉。它不开花，叶子形状像芭蕉叶，颜色鲜红。上面所记的这些花卉，都是我曾试种过且观赏效果不差的品种。大概来说，福建的花卉中，兰花是最重要的代表。

凡物造极则离群。兰，草本也，而冠众芳；梅，果花也，而魁诸馥；莲，艳质也，而以馨著；菖蒲，溪毛也，而弁[1]小景。圃虽细务，而立贤无方之理寓焉。惟牡丹、芍药本称天香，而以国色首选，此如李卫公本河汾高第[2]，而名在《百将传》[3]耳。

扁豆、葡萄，陆植而水棚引蔓，此常熟谭氏之法可采用者。稼穑艰难[4]，固在旷野大田处知之矣。圃中另留亩许，朝夕命园丁培护，尤为亲切有味。

桥分木石，舫兼大小，皆不可无。池本蓄鱼，有奉佛持戒者废之而栽莲，其宅心[5]诚可尚也。然宾祭[6]之需，吾儒似合通融，则种竹养鱼，姑宜从众。内典所论"在家菩萨，不能无罪过，须立殊胜大功德以赎之。"此理亦须识得。

注释

[1] 弁（biàn）：排列在前面。明高棅《唐诗品汇·总序》："各立序论，以弁其端。"此处指位为第一。

[2] 李卫公本河汾高第：李卫公，即李靖，隋末唐初军事家，封卫国公。河汾，黄河与汾水的并称，亦指山西省西南部地区。高第，名门望族。

〔3〕《百将传》：即《十七史百将传》，北宋张预撰。《四库全书总目提要》："其书采历代名将百人，始于周太公，终于五代刘鄩，各为之传，而综论其行事。"

〔4〕稼穑艰难：稼，耕种。穑，收获。泛指农业劳动。稼穑艰难，指农业劳动非常艰辛。《尚书·无逸》："厥父母勤劳稼穑，厥子乃不知稼穑之艰难。"

〔5〕宅心：用心。

〔6〕宾祭：指招待贵宾和举行大祭。《左传·襄公十年》："鲁有禘乐，宾祭用之。"

译文

凡是某种特点达到极致的事物，都会超越于它的群体之上。像兰花本属草本植物，其芬芳却在众花中夺冠；梅花只是一种能长果子的花卉，其清香却也在众花中夺魁；莲花娇艳，却以花的馨香著称；菖蒲只是溪水边生长的一种草，却能在小景制作中位列第一。治理园圃虽然是不起眼的小事，但其中也包含着不拘一格用人才的治国理念。牡丹花和芍药花就不必说了，它们本来就香气不俗，品格高贵，又因为出众的花色而被誉为花卉中的魁首。这就像唐代的卫国公李靖，他出身名门，是河汾地区的世家贵族，而也被选入到《百将传》中。

扁豆、葡萄可以在陆地上种植、在水面上搭棚引蔓，这是家住常熟的一个姓潭的农民的方法，值得采用。种植庄稼的艰辛，本来就是在广旷的田野中才了解的最清楚啊。我在园圃中特意留出了一亩多的地方，让园丁从早到晚地细心培育，体会完整的劳动过程，令人觉得亲切有味。

桥有木桥和石桥，船有大的，也有小的，不同的事物有不同的用途，都是不可或缺的。园林中的水池本来就是用来蓄养鱼类的，有的人奉佛持戒，不愿意吃鱼，就在水池中栽植莲花，这种虔诚的心意的确值得称赞。但是因为招待贵宾和举行大祭的时候都需要用鱼，我们儒者似乎应该善于通融才对。所以池边种竹，池内养鱼，也最好采取普通人的做法。当然，佛教典籍中说过："在家修行的居士不可能一点罪过没有，必须做出更大的功德来赎罪。"这个道理我们也必须明白。

蜂蝶恋花，出于天性。盖蝶本青虫所化，而细腰[1]无雄，蜂亦螟蛉幻成虫，又食卉木之叶以孳生者。"同类易施功，非种难为巧"[2]，有味其言之也。

花有爱护太过而反坏，故知《郭驼传》[3]不可不读。吾有福建水竹二盆，其一茂密者，以爱护太过而槁。其一稀者，以漫不加意而幸存。

汉武帝作扶荔宫[4]，移植荔枝百株，无一生者。连移不息，一株稍茂，终无花实。一旦萎死，守吏坐诛者数十人。迩来闽中乃有巧法：择就树生根枝，移植桶内，待舶运至，遂获食鲜。弘治[5]中，常熟民家有致此者，远迩竞观，沈石田、文衡山[6]各为赋诗。何天子不能致者，乃能致之耶？

东坡云"棕笋[7]状如鱼，剖之得鱼子，味如苦笋而加甘芳。蜀人以馔，佛僧甚贵之，而南方不知也。笋盖花之方孕者，正二月间可剥取。过此，苦涩不可食矣。取之无害于木，而宜于饮食。法：当蒸熟，略与笋同。蜜煮酢浸，可致千里外。今饷殊长老〔8〕。诗云：'赠君木鱼三百尾，中有鹅黄子鱼子。夜叉剖瘿意分甘，篘龙藏头敢言美。愿随蔬果得自用，勿使山林空老死。问君何事食木鱼，烹不能鸣固其理。'"右东坡集中所载云尔。予尝四月剥取，既在正二月之后，而蒸熟蜜酢之法又未尽合，尝之未适于口。故备此全文，待他日依时依法再试之。

注释

〔1〕细腰：土蜂的别名。《庄子·天运》："乌鹊孺，鱼传沫，细要者化。"成玄英疏："蜂取桑虫，祝为己子。"晋张华《博物志》卷二："细腰无雌，蜂类也。"唐韩愈《孟东野失子》诗："细腰不自乳，举族长孤鳏。"

〔2〕同类易施功，非种难为巧：语出汉魏伯阳《周易参同契》，意思是只有物种性质相同或相近才能互相影响。

〔3〕《郭驼传》：即唐柳宗元《种树郭橐驼传》。其中说明"养树"的原则是"顺木之天，以致其性"。

〔4〕扶荔宫：宫殿名。《三辅黄图》卷三："扶荔宫在上林苑中。汉武帝元鼎六年破南越，起扶荔宫以植所得奇草异木，宫以荔枝得名。"

〔5〕弘治：明朝第九个皇帝明孝宗朱佑樘的年号，使用年代为1488—1505年。

〔6〕沈石田、文衡山：沈石田，即沈周，号石田。明朝画家，是明代中期文人画"吴派"的开创者，与文徵明、唐寅、仇英并称"明四家"。文衡山，即文徵明，号衡山居士，擅长诗文书画，绘画师法沈周。

〔7〕棕笋：即棕苞，是棕榈树含苞未放的蓓蕾，可食用。一般6~8年的成熟棕树才能结出少量棕苞。在赣南等南方地区，被视为一种天然的名贵食品。

〔8〕殊长老：即僧人仲殊，北宋安州（今湖北安陆）人。

蜂蝶喜爱花朵大约是因为它们的天性。因为蝶本来就是一种青色的昆虫化生而来的，而细腰的土蜂中没有雄性，土蜂的繁殖也是由螟蛉幻化成昆虫，又是吃花木的叶子而长大的。"同类事物可以相应而变化，这是出于天然的规律，也易于成功；如果事物并非同类，就白费心力，难以奏效。"这句话很有深意啊。

有些花会因为人过度爱护反而更容易凋零，因此可知，《种树郭橐驼传》确实不可不读。我种植了两盆福建水竹，其中一盆本来长得很茂盛，因为过多的爱护管理，反而枯槁而死了。另一盆长得稀疏的，却因为我对它的管理漫不经心而有幸存活了下来。

汉武帝曾经修建了一座扶荔宫，从岭南移植了上百棵荔枝树种在里面，却没有一棵活下来。他不肯放弃，又连续移植，终于有一棵生长得稍微茂盛一些，也始终没有开花结果。突然有一天，连这棵也枯萎而死了。负责看守这棵荔枝树的官吏因此被杀掉了几十人。最近，福建人已经想出了一个巧妙的方法，就是选择当地生长茂盛的荔枝树，把它移植到大木桶里，用船运到北方来。这样，就可以从树上直接摘到新鲜荔枝吃了。明代弘治年间，常熟的一户人家就用这样的方法得到了荔枝树。当时，附近的人都争相前去观看，沈石田和文衡山还特意为这件事赋写了诗篇。为什么古代天子也不能做到的事情，现在却能比较容易地做到呢？

苏东坡说："棕笋的形状像一条鱼，把它剖开，又能看到一粒粒像鱼子一样的小花苞。它的味道有点儿像苦笋，但又多了点儿甘甜芳香的味道。四川人用棕笋做成食品，佛教僧人尤其看重它，但是南方人却不知道这个菜。棕笋其实是正处于孕育期的棕榈花，正月至二月间可以剥取食用，过了这个时间，它的味道就又苦又涩，不能吃了。取下棕笋对棕榈树并不会造成伤害，而美味的笋又适宜作为食品。棕笋的做法是：首先应当蒸熟，这一点和竹笋是相同的。然后可用蜜浸煮，加醋浸泡，就可以运往千里之外而不变质。我现在做了一些，送给我的朋友仲殊长老，并附诗说：'我送给您三百条木鱼，木鱼腹内还有鹅黄色的鱼子。就像是丑陋的夜叉剖割瘿疣，我的心意是要与您分享美食；又如同笨拙的鼷龙埋头地下，哪里敢自夸美味无比。希望您把它们看作蔬菜果品，尽管放心食用，不要让它们在山林中白白地死去。如果您要问为什么可以食用这些木鱼，恐怕道理就在于烹调的时候它们并不会鸣叫吧。'"上面的内容是苏轼诗集中所记载的。我曾经在四月的时候剥取过棕笋，时间已经是在正月和二月之后很久了，而蒸熟后再加蜜和醋的方法又没有完全照办，所以尝起来不太好吃。在此先把苏轼的方法完整地记下来，等有时间再按照正确的方法试一试。

　　随处附寄，裁丰约^[1]之中地。园可二十亩，以十分为率，室庐一之，稻田、桑园三之，菜果二之，竹园二之，池塘二之，花卉不得专吾地焉。

若不能全廿亩之地，宜分为内、外两园。内园五六亩，外园十五六亩。一亩之田须在内园，其桑园、池塘分属于外园。室庐，内七外三。

香从臭里出，臭腐化神奇，物未有不伏粪而肥者。或别用他壅，亦多臭秽物耳。小用尚可取巧，大用必须从直，然须腊月预蓄为妙。

芋头可备荒，《货殖》所谓"巴蜀蹲鸱"〔2〕者是也。他如蕨菜〔3〕、榆皮〔4〕之类，皆云暂足疗饥，此固慈心者所宜预识。然在他方地广人稀处乃可取给，若吴下、吾郡，寸土起科〔5〕而生聚繁庶，以上诸策似未能有所救也，莫若常平义仓〔6〕等法为有实效耳。

勿嫌圃俭于独乐园，但虑人不如司马君实〔7〕耳。

石可拜而山不必叠，但使疏池取土，堆一土冈，列树石之奇古者，多少随意，更以修篁作伴，如此足矣。

注释

〔1〕丰约：丰，意为"多"。约，意为"少"。丰约，即数量多少。白居易《中隐》："唯此中隐士，致身吉且安。穷通与丰约，正在四者间。"

〔2〕巴蜀蹲鸱："蹲鸱"也作"蹲鸱"。《史记·货殖列传》："蜀卓氏之先，赵人也，用铁冶富。秦破赵，迁卓氏。……唯卓氏曰：'此地狭薄。吾闻汶山之下沃野，下有蹲鸱，至死不饥。民工于市，易贾。'"唐张守节《史记正义》："蹲鸱，芋也。"

〔3〕蕨菜：草本植物。蕨菜幼苗小而尖，卷曲地向内弯抱，形似猫爪状，呈青绿色，可食用。根状茎在地下横生，外长一层黑褐色茸毛，内含大量优质淀粉，可提制蕨粉。宋朱松《蔬饭》："蕨菜婴儿手，笋解箨龙蜕。"明周宪章《万历归化县志》："蕨菜似薇而差小，无芒，形如小儿拳，味甘美。春生蕨粉，掘蕨根捣碎，水镫取粉可食。"

〔4〕榆皮：即榆树皮。榆皮中含有大量的植物黏液，主要由糖蛋白和多糖组成。可食，可入药。榆树皮磨成面，加入玉米或高粱粉中，可增强其韧性。

〔5〕起科：指官府对农田征收钱粮。

〔6〕常平义仓：又叫"常平仓"，是古代政府为调节粮价、储粮备荒，以供应官需民食而设置的粮仓。即在市场粮价低的时候，适当提高粮价，进行大量收购，存于常平仓内；在市场粮价高的时候，适当降低价格进行出售。

〔7〕司马君实：北宋司马光，字君实。独乐园是他的园林名。

译文

在这里顺便附记一下，对园林土地面积的安排和使用一定要比例适当。假设园林面积大约有二十亩的话，以十等份为标准进行计算，屋舍面积要占十分之一，稻田和桑园可以占十分之三，蔬菜、水果的种植面积可以占十分之二，竹园占十分之二，池塘占十分之二。至于花卉，则不必专门规划栽种的地方，插空种植就可以了。

如果没有完整的、连为一体的二十亩地，也可以把园林分成内、外两个园子。内园可以有五六亩，外园有十五六亩。其中，有一亩的农田必须放在内园，桑园和池塘都应该安排在外园。至于屋舍，在内园里的数量应该占七成，在外园里的占三成。

芳香往往从腥臭里产生，臭腐又可以化为神奇。就植物而言，没有不需要粪肥就能茁壮生长的。即使不用粪肥而用别的东西来代替，也大多是有臭味的污秽之物。如果肥料需要的量不大，还可以投机取巧，用点别的东西来替代；如果需要用很多，就只能选用粪肥。不过要在腊月里预先储备，使之充分发酵，这样的粪肥效果最好。

芋头可以储备起来，以在饥荒之年充当食物，《史记·货殖列传》中所说的巴蜀之地的"蹲鸱",指的就是芋头。其他的像蕨菜、榆树皮等都可以暂且充饥,这当然是心地慈悲的人应该提前考虑到的。不过,只有在地广人稀的地方,这些植物才能在野外随处找到。像苏州或我们当地,土地早已被利用得十分充分,可以说是寸土寸金,靠上面所说的各种备荒方法似乎不能产生很大的救济效果,不如设置常平义仓的方法有实效。

不要嫌自己的园林比独乐园还简陋,而要多想想自己的品德学问能否比得上先贤司马光。

只要有山有石,就可以观赏膜拜,假山也不必层层叠叠地堆砌太多。只要开凿出一个水池,取出其中的泥土,堆成一座假山,在假山上种植、布置一些形状奇特古朴的树木和山石,多少随意,再配上修长翠绿的竹子,有这样的景色,就足够我们欣赏了。

附录

《倦圃蒔植记》提要

国朝曹溶撰。溶有《崇祯五十宰相传》，已著录。兹编乃溶自山西阳和道归里，筑室范蠡湖上，名曰倦圃，多植花木其间，因记其圃中所有。分花卉二卷、竹树一卷，各疏其名品故实及种植之法。溶学本赡博，故引据多有可观。惟下语颇涉纤仄，尚未脱明季小品积习。前有自序，题康熙甲子。案，溶卒于康熙二十四年乙丑，年八十三，则此书乃其晚年游戏之笔也。（出自［清］纪昀《四库全书总目》卷一百十六）

作者生平资料选辑

（一）曹溶，字鉴躬，嘉兴人。明崇祯十年进士，官御史。清定京师，仍原职，寻授顺天学政。疏荐明进士王崇简等五人，又请旌殉节明大学士范景文、尚书倪元璐等二十八人，孝子徐基、义士王良翰等及节妇十余人。试竣，擢太仆寺少卿。坐前学政任内失察，降二级。久之，稍迁左通政，上言："通政之官，职在纳言，请嗣后凡遇挟私违例章疏即予驳还，仍许随事建议。"又言：

"王师入关，各处驻兵，乃一时权宜。今当归并于盗贼出没险阻之地，则兵不患少。其闲散无事之兵，遇缺勿补，遇调即遣，则饷不虚糜。且当裁提镇，增副将，以专责成。"又言："诸司职掌无成书，请以近年奉旨通行者，参之前朝《会典》，编为《简明则例》，以重官守。"擢左副都御史，疏请"时御便殿，召大臣入对，赐笔扎以辨其才识，有切中利弊者，即饬力行，勿概下部议"，帝并嘉纳。擢户部侍郎，出为广东布政使，降山西阳和道。康熙初，裁缺归里。十八年，举鸿博，丁忧未赴。学士徐元文荐修明史。又数年，卒。有《倦圃诗集》。（出自民国赵尔巽《清史稿》列传二百七十一）

（二）曹溶，字洁躬，又字秋岳，号倦圃，嘉兴人。崇祯丁丑进士，补行人，考选御史。顺治元年起河南道御史，督学顺天，迁太仆寺卿，再迁副都御史，掌院事，擢户部侍郎，左迁广东右布政使，遭丧归里。服除，补山西按察副使，备兵大同，裁缺。后签发四川军前候，用丁忧不复出。有《静惕堂集》。康熙十七年，举博学鸿儒，以病辞。荐修明史，不赴。进崇祯朝邸报五千余册，时未有实录，乃取之，辑为长编，作史始有所称考。又著《续献征录》、《五十辅臣传》。其《崇祯疏钞》，传谕录上史馆。禾西南隅有范蠡湖，宋岳珂著书所金陀遗迹在焉。溶筑圃于其地，曰倦圃。一游越中，与朱彝尊同和王司理《秋柳诗》云："霸陵原上百花残，堤树无枝感万端。攀折竟随宾御尽，萧疏转觉道途寒。月斜楼角藏乌起，霜落河桥驻马看。正值使臣归去日，西风别酒望长安。"《得陈章侯书》绝句云："细雨章台老狭邪，八年相望隔天涯。君如尚忆高阳侣，径诣余杭卖酒家。"晚年有《春草诗》四章，和者遍三吴。雄才博赡，与龚定山齐名，人称龚曹。好收宋元人文集，有《静惕堂书目》，所收宋自柳开以下凡一百八十家，元自耶律楚材以下凡一百十有五家，可谓富矣。辑《学海类编》，采四百三十一种，尽唐宋元明以来秘钞之本也。门人陶艾邨又续《类编》一百四种。晚留意学道，以微疾卒。（出自［清］钱林《文献征存录》卷十）

（三）曹溶，字洁躬，号秋岳，一号倦圃，浙江秀水人。居邑之金陀坊，晚号金陀老人，又号锄菜翁。前明崇祯丁丑进士，官监察御史。国朝官至户部侍郎，出为广东布政使，左迁山西阳和道，裁缺。补用，保举签发四川军前。著有《崇祯五十宰相传》一卷，《明漕运志》一卷，《金石表》一卷，《倦圃莳植记》三卷，《刘豫事迹》一卷，《粤游草》一卷，《学海类编》，《续献征录》六十卷，《静惕堂诗集》四十四卷。

溶记诵淹博，诗文亦富。然其集初无定本，篇帙多寡不一，有作三十卷者，有作正集八卷，续集三卷者，皆不知何人所编。此本为雍正乙巳刊行，凡古今体诗几四千首，乃其外孙朱丕戴所裒辑，溶生平吟咏盖具在于是矣。（出自［清］纪昀《四库全书总目》卷一百八十一）

（四）曹溶，字洁躬，号秋岳，秀水人。崇祯丁丑进士，官御史。国朝顺治间，历副都御史、户部侍郎，出为广东布政使，左迁山西阳和道，裁缺归里，卒年八十三。溶肆力于文章，尤工尺牍，长笺小幅，人共赏之。晚筑室范蠡湖，名曰倦圃。多藏书，勤于诵览，辑《续献征录》六十卷、《崇祯五十辅臣传》五卷，外有《静惕堂诗文集》三十卷。（出自［清］嵇曾筠《浙江通志》卷一百七十九）

（五）曹侍郎秋岳好收宋元人文集，尝见其《静惕堂书目》所载，宋自柳开以下，凡一百八十家，元自耶律楚材以下，凡一百十有五家，可谓富矣。（出自［清］秦瀛《己未词科录》卷四）

（六）曹溶，字洁躬，号秋岳，嘉兴人。明崇祯丁丑进士，官御史。入国朝，历官户部侍郎，降广东布政使，再降山西阳和道。康熙戊午，举博学鸿词，以丁忧未赴。有《静惕堂集诗话》。阮亭《秋柳诗》，和者甚众，以亭林、秋岳为绝唱。秋岳少有诗名，中年风格日进。李天生称其五古如羚羊挂角，无迹可寻，而浑金璞玉中，奕奕自露神采。又云，意取其厚词，取其自然，所以复汉京也；调取其俊逸，格取其整，所以明选体也。又云，七古向有献吉如龙，仲默如凤之喻。龙变化不测，凤文采斐然，可谓深知何李者。要知二李亦未能偏废，先生双提并挽，而行奥衍宏深，不顾时眼，大有郊祀鼓吹之遗。世无言汉诗者，吾珍此自赏耳。集中古体诸诗，当之无愧。五七律根柢浣花，间涉昆体。盖魄力深厚，故能奄有众长也。秋岳家富藏书，勤于诵觉。好收宋元人文集，天性爱才，闻人有一艺，未尝识面，誉不去口。主诗坛者数十年，才士归之，如水赴壑。晚年自号锄菜翁，又号金陀老圃，筑室范蠡湖，颜曰倦圃。杂栽花竹，文宴无虚日，时有"北海宾朋，东山丝竹"之目。（出自〔民国〕徐世昌《晚晴簃诗汇》卷二十）

（七）（曹）溶，字洁躬，号秋岳，平湖人，居秀水。崇祯丁丑进士，由行人授御史。入本朝以御史视学畿内，历副都御史，户部侍郎，外转广东布政使，后降补山西阳和道，裁缺还里。甲寅，逆藩叛，阁臣荐为边才，随征福建，丁母忧，不受职而归。戊午，以宏博征，复荐修明史，俱辞不赴。乙丑八月卒，年七十三。（按：曹溶卒年有八十三、七十三两种说法。沈季友为曹溶同乡，与之游，其说似应更可信。）

溶天性梗直，为御史劾辅臣谢升，削籍。熊开元密参周延儒廷杖，溶疏白其冤。甲申，为流贼所执，拷掠三昼夜，委厕中得不死。后任副宪时，遇热审，多平反。居塞上五年，岁饥，力请赈救。生平长于经济，未竟其用，乃独肆力于文章。诸体雄骏，而尺牍尤多，长笺小幅，人争宝之。其诗源本少陵苍老之气，一洗妩调，与合肥龚鼎孳齐名，世称龚曹。晚年自号锄菜翁，筑室范蠡湖，颜曰倦圃。蒔花种竹，置酒倡和无虚日。爱才若渴，四方之士倚为雅宗者四十年。家多藏书，勤于诵览。尝以明季门户纷争，是非失实，辑《续献征录》六十卷。

又痛崇祯朝辅相失人，著《五十辅臣传》五卷，外有《静
惕堂诗文集》三十卷。年来予每从倦圃游，始叹先民风
流未坠。兹录其诗，概置已刻者，惟取闽游集及癸亥迄
乙丑之作，用冠斯卷。一代巨公，足以起衰式靡矣。（出
自［清］沈季友《槜李诗系》卷二十三）

《静惕堂诗集》序

　　倦圃先生以诗名噪宇内者近百年，胸中艺海，笼盖
一切，而道气常胜不露，圭角非寻常所得测其涯涘。早
年与先君子井社还往，交深把臂，风窗雪案，多投赠倡
和之作。先君子爱先生诗，每录之。尝枉驾过梅里，憩
吾庐，兼旬累月，盘桓弗厌，如是者累有年岁。嗣复与
太史朱竹垞先生家秋锦，诗酒留连，为一时盛会。余时
年未弱冠，幸获随从左右，窃闻余论。向后不自意为先
生许可，因设砚席于先生家。是时辄喜先生凡有著作，
甫脱稿，即缮写纸上，往往成诵。坐起眠食，无或庋
（guǐ）置，于诗学虽未能窥见窔（yào）奥，然亦得其
向导之路矣。流光倏忽，先生谢世日久，令嗣宦成，后
守清白之遗，囊无余蓄，家集未经刊刻。余私心景仰，
每思觅先生全诗，勘雠参校，诠次成编，传之来许，俾
后学者有所规准。徒以游宦四方，数十年来不获一归里
门，造问贤嗣，访求遗集，心怀忽忽，若有所失，亦迄
于今兹。比来衔命莅保州，适先生外孙朱子恺仲至，因
言及先生诗集，欣然就笥中出其手录全稿示余。余受而

读之，宿尘前梦，为之顿空。再四翻阅帙中，检得世俗流传者若干首，先君子旧录者若干首，后来高馆成诵者若干首。虽字句之间，间有小异，而研究印证，辄复心目了然。《广陵散》去人不远，殊属生平大快事也。其在恺仲克勤，不忘荟萃全美，外孙仁祖，可谓于今再见，斯尤足深人叹慕者。昔宋潜溪为黄、柳、吴三家门下士，能纂述其集传世。巩栗斋诗，理胜味清，亦得其门生故旧为之编次。余素随先君子，后亲炙休光，谊比从游之末，表章前贤，匪异人任。又自念岁月奔驰，筋力就衰，当此勿谋，后将莫及。用弗敢私自藏弃，亟为缕版以传。非惟不忘平昔之怀，亦所以承先志也。综计集中，乐府古今体诗四千余首，为卷四十有四。于戏！先生迄今殁且数十年，不幸负当世之重名，而身后遗集尚未开雕。凡缙绅士夫，仰承风雅，传抄不乏，然亥豚混淆者多矣。幸于其外孙秘籍，考核无讹，益信兰亭自有真本，而不朽之业久而必扬。其考或隐或显，于先后之间，固自有一定之数哉。雍正乙巳同里后学李维钧序。（出自［清］曹溶《静惕堂诗集》）

倦圃图记

　　倦圃距嘉兴府治西南一里，在范蠡湖之滨。宋管内劝农使岳珂倦翁尝留此著书，所谓金陀坊是已。地故有废园，户部侍郎曹先生洁躬治之以为别业，聚文史其中，暇则与宾客浮觞乐饮。其以倦圃名者，盖取倦翁之字以自寄。予尝数游焉，乐之而不能去于怀也。岁癸卯，先生左迁山西按察副使，治大同。踰明年，予谒先生于塞上。时方九月，层冰在川，积雪照耀，岩谷弥望。千里勾萌尽枯，无方寸之木。相与语及倦圃山泉之深沉，鱼鸟之游泳，蔬果花药之蓊郁，情景历历如目前事，先生抱膝低徊者久之。嗟夫，故乡之乐，人之梦寐在焉，以予暂游者犹不能释于怀，况先生之寝处笑语其中者哉。先生之门人周君月如工绘事，为先生图之，为景二十。于是三人各系以诗，先生复命予记其事。予尝览前代园亭山水之胜，往往藉人以传，又必图绘之工而后传之可久。若王维之辋川，顾瑛之玉山，百世而下，观其画图不独想见两人之高，而其所与游如丘为、裴迪、崔兴宗，下至袁华、于立、卢熊、郯韶之徒，览者亦希慕之不已，然则图绘之作故可少哉！今先生方欲任天下之重，援斯民于饥溺，虽欲遗章组之荣，息影江湖之上以遂其所好，盖难几矣。是倦圃之所有山泉鱼鸟蔬果花药之乐，先生且不得而私，而予与周君翻得藉圃之图以传，为可乐也。周君名之恒，山东临清人。尝为江西参政，罢官后，遂移家江浦云。（出自［清］朱彝尊《曝书亭集》卷第六十六）

倦圃说

　　曹秋岳先生有游息之园，在嘉兴城西偏，宋岳倦翁宅址也。多古树，又多水焉，高高下下，水出其间，倦翁手植梅今在墙际。名曰倦圃，或曰："先生休矣，今可以倦，故名。"客曰："倦，非先生意也。"先生顾谓魏子曰："何如？"魏子曰："吾何知哉！虽然，吾尝爱陶公《归去来》之辞曰：云无心而出岫，鸟倦飞而知还。云之出也，天气降，地气升，山川郁勃，鼓翕于其中，云于是乎出。其布于天，弥漫乎高岫平原，则风为之驱，而云何知焉。若夫鸟终日飞，不远其巢。鹏搏扶摇　上九万里，而不能不去，以六月之息故。物之穷大，久必乐反其故居者，情也。是故，云之出也无心，鸟之倦而还也有知，古人之善言物情也。然庄生曰：去以六月息。息，生也。犹鸟之倦而还焉，而将复飞。故曰：水之积也不厚，则其负大舟也无力。风之积也不厚，则其负大翼也无力。是故，倦，所以培风也。今夫水流而不息，然而必有盈涸焉。孟子曰：盈科而后进。科者，水之所以息其倦也，而不可以止。是故四时以冬为心，至日闭关，商旅不行。贞，然后元生焉。诸葛武侯曰：宁静以致远。文子曰：天地尚犹爱其神明。此古人之善用倦也。是故鸟倦而后知者也，倦而知，则其明不息。昔者舜尝曰：吾倦于勤矣。然而尧之倦也，勤于舜。舜之倦也，勤于禹。则知人之说也。"先生笑曰："吾何知哉！"客去，于是书为《倦圃说》。（出自［清］魏禧《魏叔子文集外篇》卷十五）